AF504407

Europäische PPP-Vergleichsstudie

Eine Untersuchung zur Wirtschaftlichkeit der Lebenszykluskosten von über 1000 konventionellen Gebäuden und 18 PPP-Projekten in Deutschland

Jörg Christen, Mainz

Stand: 24.11.2024

Zum Autor

Dr. Jörg Christen befasst sich seit 1991 in unterschiedlichen Funktionen mit dem Thema Public Private Partnership (PPP) bzw. Öffentlich Private Partnerschaften (ÖPP). Im Ministerium der Finanzen Rheinland-Pfalz war er von 1991 bis 1994 zuständig für eine Pilotprojektreihe von Immobilien-Leasingprojekten. Von 2004 bis 2022 leitete er dort das PPP-Fachreferat. Auf Bundesebene übernahm er von 1997 bis 1999 die Co-Leitung der Arbeitsgruppe Wirtschaftlichkeitsuntersuchungen bei Parallelausschreibungen (Mietkauf, Leasing und Miete) im Bundesministerium für Raumordnung, Bauwesen und Städtebau. Nach 2001 wurde er Projektkoordinator des Lenkungsausschusses PPP im Öffentlichen Hochbau unter der Leitung des Parlamentarischen Staatsekretärs Achim Großmann, MdB. Von 2004 bis 2009 war er Leiter der PPP Task Force des Bundes beim Bundesministerium für Verkehr, Bau und Stadtentwicklung. Seit 2000 hat er als Lehrbeauftragter an der Hochschule Mainz am Fachbereich Technik mehrere Master- und Bachelorarbeiten zur Thematik „Evaluierung der PPP-Wirtschaftlichkeit" betreut, in den letzten Jahren auch in Kooperation mit anderen Hochschulen und Universitäten (Fachhochschule Münster, KIT/TU Karlsruhe). Kontakt: joerg.christen@web.de.

Impressum

© 2024 Dr. Jörg Christen, Mainz

Bildnachweis Titelseite:

1. Zeile:	Bernd Lohse, Dohle+Lohse	Wolfgang Kariger	Richard Stöhr
2. Zeile:	Karl Müller	Logo EU	Johannes Seyerlein
3. Zeile:	Michael Voigt	Logo Deutschland	Markus Lugert
4. Zeile:	emptyform/tjie	Christoph Schroll	Christoph Schroll

Layout Cover: Erik Kinting, Hamburg

Verlag und Druck: tredition GmbH, Ahrensburg

ISBN: 978-3-384-19670-5

Diese Studie wurde mit größtmöglicher Sorgfalt und im Einklang mit allgemein anerkannten wissenschaftlichen Methoden und Standards erstellt. Der Autor übernimmt jedoch keine Verantwortung für die Vollständigkeit und Richtigkeit der in dieser Publikation enthaltenen Informationen und haftet auch nicht für die Folgen, die sich aus deren Verwendung ergeben. Diese Publikation enthält darüber hinaus auch Links zu externen Websites Dritter. Der Autor übernimmt keine Verantwortung für den Inhalt dieser externen Links. Insgesamt erfolgt das Vertrauen auf die in dieser Publikation enthaltenen Informationen auf eigenes Risiko des Nutzers.

Bibliografische Information der Deutschen Nationalbibliothek:

Die Deutsche Nationalbibliothek verzeichnet diese Publikation in der Deutschen Nationalbibliografie; detaillierte bibliografische Daten sind im Internet über http://dnb.d-nb.de abrufbar.

Vorwort

Als im Juli 2004 die PPP Task Force des Bundes im Bundesbauministerium als Stabsstelle beim damaligen Parlamentarischen Staatssekretär Achim Großmann eingesetzt wurde, war dem eine dreijährige Gründungsphase vorausgegangen, die mit der sog. Kanzler AG begonnen hatte, aus der dann der sog. PPP-Lenkungsausschuss Öffentlicher Hochbau hervorging, ein Gremium aus Ministerien von Bund und Ländern, Kommunalen Spitzenverbänden, Verbänden aus Bau- und Kreditwirtschaft, der Bundesarchitektenkammer und Gewerkschaften. Parallel hierzu tagte im Bundestag von 2003 bis 2009 eine fraktionsoffene Arbeitsgruppe unter Leitung von MdB Dr. Michael Bürsch. Die Arbeiten standen unter dem Leitmotiv, mit dem PPP-Lebenszyklusansatz – also dem Verzahnen von Planen, Bauen, Finanzieren und Betreiben - Effizienzvorteile zu erzielen und durch einen Vergleich des neuartigen Verfahrens mit dem traditionellen Verfahren einen Impuls zur Verwaltungsmodernisierung zu geben. Schlüssel für den Start der Arbeiten waren zum einen Erfahrungen aus dem Ausland (wie z.B. ein sehr positiver Bericht des britischen National Audit Offices) und zum anderen eine Liste mit 46 deutschen PPP-Vorläuferprojekten aus den 90er Jahren, bei denen Einsparungen von 20% berichtet wurden. Bei den Arbeiten herrschte eine großartige Aufbruchstimmung, man fühlte sich als aktiver Teil der Agenda 2010.

Dass die Zielsetzung der Effizienzsteigerung ernst gemeint war, konnte man der Arbeit der PPP Task Force entnehmen: Zuerst wurde mit zwei parallel tagenden interministeriellen Arbeitsgruppen von Bund und Ländern unter Beteiligung der Rechnungshöfe mit dem Leitfaden „Wirtschaftlich-keitsuntersuchungen bei PPP-Projekten im öffentlichen Hochbau" ein Messverfahren erarbeitet und in Kooperation mit der PPP Task Force des Landes Nordrhein-Westfalen und ihrem Leiter Dr. Frank Littwin im Jahre 2006 der Finanzministerkonferenz vorgelegt; die hier festgelegten Grundsätze sollen bei jedem PPP-Verfahren zur Anwendung kommen. Dazu kam die Freischaltung der Website www.ppp.projektdatenbank.de, in die die Ergebnisse der PPP-Projekte transparent eingebracht werden sollen. Von der PPP Task Force des Bundes wurden 10 Pilotprojekte ausgewählt, die mit Evaluierungsklauseln versehen waren, um die Wirtschaftlichkeit der Projekte während der Betriebsphase überprüfen zu können. Außerdem erfolgte 2008 der Start für ein Evaluierungs-programm von 50 Schulprojekten als Einstieg in eine fortlaufende Evaluierung.

Diese Fokussierung auf das Thema Wirtschaftlichkeit trug schon bald erste Früchte: Bei einer DIFU-Bestandsaufnahme im Jahr 2005 benannten 83% der befragten 231 Gemeinden und 80% der befragten 63 Landkreise die Erwartung von Effizienzgewinnen als Hauptgrund für die Durchführung von PPP-Projekten. In der PPP-Projektdatenbank sind die Ergebnisse von 118 der bislang 281 Projekte mit Einsparungen von durchschnittlich 13% (zwischen 1 und 32%) gemeldet. Es mangelt allerdings an Transparenz und Glaubwürdigkeit, weil die Untersuchungen nicht öffentlich zugänglich sind. Hieran entfaltete sich auch ein Schwerpunkt der Kritik der letzten Jahre, was sich letztlich zu einem wesentlichen Grund für den drastischen Rückgang der jährlichen Projektzahlen im Hochbau entwickelte: Gab es im Spitzenjahr 2007 noch 32 Vertragsabschlüsse, waren es im Jahr 2019 nur noch vier Projekte. Im Jahr 2023 stieg die Projektzahl allerdings wieder auf zehn an und das mit der höchsten bisher gemessenen Summe an PPP-Investitionskosten pro Jahr (1,2 Mrd. Euro). Es wird interessant sein zu sehen, ob das nur ein Nachholeffekt der Pandemie ist oder ob möglicherweise die sehr guten Ergebnisse der PPP-Schulstudie 2019 einen Stimmungsumschwung bei den Entscheidungsträgern eingeleitet haben.

Vor diesem Hintergrund freue ich mich nunmehr sehr, 20 Jahre nach Gründung der PPP Task Force des Bundes erstmals die Ergebnisse einer Querschnittsuntersuchung zur Wirtschaftlichkeit des PPP-Lebenszyklusansatzes von 18 PPP-Projekten vorlegen zu können. Ich bin sehr dankbar, dass ich nach dem Übergang der PPP Task Force in die Partnerschaften Deutschland AG im Jahre 2009 diese Evaluierungsarbeiten über meinen Arbeitsplatz im Finanzministerium Rheinland-Pfalz und meinen Lehrauftrag am Lehrstuhl von Prof. Dr.-Ing. Ulrich Bogenstätter an der Hochschule Mainz, Fach-bereich Technik durchführen konnte. Die Evaluierungsarbeiten - Wirtschaftlichkeitsuntersuchungen zu einzelnen PPP-Projekten, Kita-Studie 2015, PPP-Schulstudie 2019, PPP-Instandhaltung und Betreiberhaftung 2020 (in Kooperation mit der FH Münster) sowie PPP und Energieeffizienz 2022 (in Kooperation mit der TU Karlsruhe/KIT) - profitierten dabei sehr von dem Engagement und der Begeisterung der Studierenden bei ihren Bachelor- und Masterarbeiten, die ich den letzten Jahren betreuen durfte.

Bei der PPP-Schulstudie 2019 wurde der Schwerpunkt auf den Zusammenhang von Planung, Bau und Instandhaltung gelegt, weil die Instandhaltungskosten den größten Betriebskostenblock nach den Finanzierungskosten darstellen und sich hier besonders gut der PPP-Lebenszyklusansatz mit der Verzahnung von Planung, Bau und Betrieb darstellen lässt. Die vorliegende Arbeit erweitert den Untersuchungsrahmen nunmehr auf die gesamten Lebenszykluskosten über die vereinbarte Vertragsdauer. Untersucht werden konnten dabei nicht nur 16 PPP-Schulprojekte, sondern erstmals auch zwei Projekte aus dem Teilsektor Verwaltungsgebäude. Im Rahmen einer am KIT-Institut der TU Karlsruhe erstellten Masterarbeit wurde parallel das Thema Energieeffizienz bei PPP-Projekten bearbeitet, Teil-Ergebnisse daraus sind in die vorliegende Untersuchung eingeflossen.

Wie bereits bei der PPP-Schulstudie (2019) hat die Kommunale Gemeinschaftsstelle für Verwaltungs-management (KGSt) anonymisierte Daten von 816 Schulgebäuden und darüber hinaus auch von 174 Verwaltungsgebäuden aus der gebäudewirtschaftlichen Vergleichsarbeit zur Verfügung gestellt; wir sind der KGST dafür zu großem Dank verpflichtet, nicht zuletzt weil sich im europäischem Rahmen gezeigt hat, wie schwierig es ist, Daten von konventionellen Projekten zu erhalten. Zur Ermittlung der Lebenszykluskosten für 25 Jahre wurden bei der KGSt-Variante ergänzend BKI-Kennwerte für die Baukosten herangezogen. Das aus diesen Daten ermittelte Ergebnis wird als KGSt-Variante bezeichnet. Zu betonen ist, dass die in der Studie enthaltenen KGSt-Werte sowie die ermittelte sog. KGSt-Variante weder von der KGSt berechnet noch interpretiert wurden.

Die vorliegende Untersuchung wäre nicht möglich geworden ohne die Mitwirkung vieler: Wir danken daher insbesondere den PPP-Firmen GOLDBECK Public Partner GmbH, HOCHTIEF PPP Solutions GmbH, VINCI Facilities Solutions GmbH sowie ZECH Facility Management GmbH, die die Vertragsunterlagen ihrer Projekte zur Verfügung gestellt haben. Dank gilt auch den beteiligten Mitarbeiterinnen und Mitarbeitern von 13 Kommunen, die ihr Einverständnis zur Teilnahme ihres Projektes an der Studie erteilt haben und stets für Rückfragen zur Verfügung standen.

Ein besonderer Dank gilt Herrn Professor Dr. Ing. Ulrich Bogenstätter für seine Unterstützung und seinen fachlichen Rat ebenso wie Herrn Prof. Dr.-Ing. Dipl.-Wi.-Ing. Kunibert Lennerts und Frau Dr.-Ing. Dipl.-Wi.-Ing. Heike Schmidt-Bäumler sowie Herrn Sebastian Vöst für die Kooperation im Rahmen der Masterarbeit. Das Gleiche gilt für Herrn Professor Dr. Frank Riemenschneider-Greif, FH Münster für die an seinem Lehrstuhl betreute Bachelorarbeit von Herrn Konstantin Scheidt zur Betreiber-haftung bei der PPP-Instandhaltung, die mit der Befragung von über 300 Kommunen wichtige Informationen zur aktuellen Lage beim konventionellen und PPP-Instandhaltungsmanagement gebracht hat. Darüber hinaus möchte ich mich für so manche konstruktiv-kritische Anmerkung im Projektverlauf auch ganz herzlich bei Herrn Prof. Dr. Bernd-Dieter Wieth bedanken.

Ein herzlicher Dank gebührt schließlich den Kollegen des bei der Europäischen Investitionsbank EIB angesiedelten Europäischen PPP-Kompetenzzentrums EPEC, und hier insbesondere Herrn Dr. Aris Pantelias, der die Gesamtarbeiten an der Europäischen PPP-Vergleichsstudie geleitet hat.

Einen letzten Dank möchte ich meinem sehr verehrten ehemaligen Chef im Bundesbauministerium Herrn PSts Achim Großmann, MdB, sowie dem Leiter der fraktionsoffenen ÖPP-Arbeitsgruppe im Deutschen Bundestag, Herrn Dr. Michael Bürsch, MdB und meinem langjährigen Kollegen Dr. Frank Littwin aussprechen, die leider in den letzten Jahren viel zu früh verstorben sind und die sich sicherlich über die guten Ergebnisse dieser Untersuchung ebenfalls sehr gefreut hätten.

Mainz, im November 2024

Der Autor

Vorwort

Die vorliegende Arbeit ist ein weiterer Meilenstein in der Reihe der Untersuchungen zur Wirtschaftlichkeit des PPP-Lebenszyklusansatzes, die in den letzten 10 Jahren im Studiengang Immobilienmanagement / Facilites Management des Fachbereichs Technik an der Hochschule Mainz von Herrn Dr. Jörg Christen im Verbund mit Master- und Bachelorarbeiten durchgeführt wurden. Hierzu zählen mehrere Untersuchungen zur Einzelwirtschaftlichkeit von PPP-Projekten, Querschnittsuntersuchungen zum Instandhaltungsmanagement bei Kitas (PPP-Kita-Studie 2015) und Schulen (PPP-Schulstudie 2019) oder auch zu spezifischen Einzelthemen wie zur Betreiberhaftung bei der Instandhaltung (Bachelorarbeit in Kooperation mit der FH Münster, 2020) oder zur PPP-Energieeffizienz (Masterarbeit in Kooperation mit der TU Karlsruhe (KIT) 2022). Teile dieser Vorarbeiten sind auch in die jetzige Untersuchung eingeflossen. Damit konnte diese Studie auf der bemerkenswerten Basis der Vertrags- und Betriebsdaten von 18 PPP-Projekten mit 41 Gebäuden und einer Gesamt BGF von über 400.000 qm BGF einerseits und den Daten von über 1000 konventionellen Gebäuden andererseits durchgeführt werden.

Das stellt eine wichtige empirische Bereicherung für ein zentrales Forschungsfeld meines Lehrstuhls dar, das sich mit bauteilspezifischen Lebenszykluskosten beschäftigt und hierfür den Lebenszykluskostenrechner NUKOSI – Nutzungskostenberechnung und -simulation – entwickelt hat.

Insofern gebührt einerseits der Kommunalen Gemeinschaftsstelle für Verwaltungsmanagement (KGSt) großer Dank für die Bereitstellung der Betriebsdaten von 990 konventionellen Schulen und Verwaltungsgebäuden ebenso wie den Firmen GOLDBECK Public Partner GmbH, HOCHTIEF PPP Solutions GmbH, VINCI Facilites GmbH sowie ZECH Facility Management GmbH für die Bereitstellung der PPP-Vertragsunterlagen und Betriebsberichte. Das ist extrem wertvoll, weil so auf Basis von Fakten eine Fachdiskussion um die angemessene Dotierung von Lebenszykluskosten geführt werden kann. Die Auswertung der Nutzungskosten von privaten PPP-Firmen ist auch deshalb besonders spannend, weil die PPP-Entgelte unter Wettbewerbsbedingungen kalkuliert wurden und über 25 Jahre Bestand haben müssen, damit die Projekte erfolgreich abgeschlossen werden können.

Anerkennung und Dank möchte ich auch Herrn Dr. Jörg Christen aussprechen, der mit dieser Studie auf beeindruckender Datenbasis die These unterlegen konnte, dass die bei PPP verankerten Anreizstrukturen beim Arbeiten im Lebenszyklusansatz den wesentlichen Treiber für effizientes Bauen und Betreiben und eine zum Teil deutlich überdurchschnittliche qualitative Performance darstellen.

Im Ergebnis würde ich mich freuen, wenn von den Ergebnissen dieser Arbeit ein kräftiger Impuls für eine konstruktive Fachdebatte um ein effizientes Management von Lebenszykluskosten, um die Bedeutung der Instandhaltung auf Nutzungsdauer und Restwerte, ein nachhaltiges Energiemanagement und auch für weitere Evaluierungsarbeiten zum PPP-Lebenszyklusansatz ausgehen könnte.

Prof. Dr.-Ing. Ulrich Bogenstätter
Hochschule Mainz, Studiengangleiter
BAU- UND IMMOBILIENMANAGEMENT/
FACILITIES MANAGEMENT

Vorwort*

Der Leistungsvergleich zwischen Projekten, die auf herkömmliche Weise durchgeführt werden, und solchen, die über das PPP-Modell realisiert werden, ist seit vielen Jahren sowohl für Praktiker als auch für Wissenschaftler von Interesse. Dieses Interesse hat in den letzten Jahren zugenommen, und zwar sowohl aufgrund der Etablierung des PPP-Modells als "Standard"-Werkzeug im Instrumentarium vieler öffentlicher Behörden in Europa und weltweit als auch aufgrund des Interesses verschiedener Interessengruppen an der Ermittlung der Effizienz und Effektivität dieses Modells im Vergleich zum "Business as usual".

In den letzten 15 Jahren wurden zahlreiche Studien zu diesem Thema von Behörden, Rechnungshöfen, Berufsverbänden und akademischen Einrichtungen durchgeführt. Die Schlussfolgerungen waren gemischt und oft nicht schlüssig. Ausschlaggebend für das Fehlen einer eindeutigen Schlussfolgerung war in der Regel das Fehlen ausreichender oder hinreichend repräsentativer Daten für die Analyse und den Vergleich zwischen der Leistung von PPP- und Nicht-PPP-Projekten, insbesondere wenn es um die Analyse und den Vergleich über den Lebenszyklus der Investition geht.

Vor diesem Hintergrund hat das Europäische PPP-Kompetenzzentrum (EPEC) der Europäischen Investitionsbank (EIB) 2018 damit begonnen, Daten für eine vergleichende Leistungsanalyse von ÖPP- und konventionell durchgeführten Projekten zu sammeln. Im Rahmen dieser Arbeiten gab das EPEC den Impuls dafür, dass von Dr. Jörg Christen an der Hochschule Mainz eine vergleichende Studie von mit PPP und konventionell errichteten Schulen und Verwaltungsgebäuden in Deutschland durchgeführt wurde. EPEC begleitete die Arbeit von Dr. Christen und fungierte in den Jahren der Datenerhebung und -analyse als Beratergremium.

Um jeden Zweifel auszuschließen: EPEC war aus Datenschutzgründen weder an der eigentlichen Datenanalyse beteiligt noch hat es die entsprechenden Berechnungen geprüft und kann daher nicht für die Richtigkeit der in dieser Studie berichteten Ergebnisse einstehen. Nachdem EPEC jedoch die Datenerhebung und den verwendeten Analyseansatz verfolgt hat, ist er der Ansicht, dass es sich um einen der umfassendsten Vergleiche zwischen ÖPP- und Nicht-ÖPP-Projekten handelt, der bisher durchgeführt wurde.

Auch wenn sich die berichteten Ergebnisse in erster Linie auf den Teilsektor der Schulen sowie auf erste Verwaltungsgebäude beziehen, weist die Studie dennoch auf einen Ansatz hin, der für die Analyse anderer Sektoren hilfreich sein könnte, um die Leistung von PPP- und Nicht-PPP-Projekten zu vergleichen und zu relevanten Schlussfolgerungen zu gelangen.

Wir hoffen aufrichtig, dass diese Arbeit von Praktikern und Akademikern ernsthaft als Beispiel dafür betrachtet wird, wie eine solche vergleichende Studie angegangen werden kann, und hoffen, dass sie in Zukunft wiederholt und/oder an andere Sektoren angepasst wird. Die Erbringung öffentlicher Bauleistungen ist seit jeher ein Bereich, der durch fehlende Leistungsdaten und ineffiziente Ausgaben gekennzeichnet ist. Eine wissenschaftlich fundierte Herangehensweise ist nach wie vor der heilige Gral, um den effizienten und effektiven Einsatz öffentlicher Mittel zu bewerten und letztlich zu fördern.

Aris Pantelias & Edward Farquharson
EPEC – European PPP Expertice Centre
Europäische Investitionsbank

* Die in diesem Vorwort enthaltenen Ansichten, Interpretationen und Schlussfolgerungen spiegeln die gegenwärtigen Ansichten des Autors/der Autoren wider, die nicht notwendigerweise mit den Ansichten oder der Politik der EIB oder eines EPEC-Mitglieds übereinstimmen.

Geleitwort

Sehr geehrte Leserinnen und Leser!

Wenn eine Gemeinde strategisch an die Instandhaltungsaufgaben für ihre Immobilien herangeht, kann sie ganzheitlich und auf den Lebenszyklus bezogen große Einsparpotenziale heben (Lennerts et al., 2006[1]).

Seit mehr als 20 Jahren befassen sich eine Vielzahl Forschungsprojekte der Professur Facility Management am Institut für Technologie und Management im Baubetrieb (TMB) am KIT erfolgreich mit der systematischen Erfassung und Analyse von Daten sowie der Optimierung von Entscheidungen im Lebenszyklus von Immobilien.

Das Forschungsprojekt OPIK befasst sich bspw. fortlaufend seit dem Jahr 2001 mit der Analyse und Optimierung von Facility Management (FM) Prozessen in 20 Krankenhäusern und es wird eine offene Benchmarking-Runde geführt. Die transparente Darstellung der Prozesse mittels eines produktorientierten Ansatzes ermöglicht ein umfassendes Leistungsbenchmarking und das Aufdecken von Optimierungspotentialen in den Bereichen Energie- und Ressourcenmanagement sowie vertiefte Diskussionen zu Sonderthemen wie der strategischen Ausrichtung und Personalkennzahlen in der Instandhaltung.

Ziele der Forschungsprojekte von u.a. BEWIS und EKiBA sind die Analyse und Optimierung der Bewirtschaftungsstrategien größerer Immobilienbestände mit Fokus auf die unterschiedlichen Maßnahmen in der laufenden Unterhaltung und in der Instandhaltung von Gebäuden sowie deren Auswirkungen auf den Werterhalt. Ziel ist insbesondere die Schaffung einer soliden Datenbasis für die Entwicklung einer nachhaltigen und effizienten Bewirtschaftungsstrategie. Neben einer Reduzierung der Kosten und der Verlängerung der Nutzungsdauer können zudem eine nachhaltige Verringerung des Ressourcenverbrauchs sowie eine Minimierung der Lebenszykluskosten durch die gezielte Planung von Maßnahmen erreicht werden.

Die erzielten Ergebnisse der nur beispielhaft genannten Forschungsprojekte zeigen einmal mehr die enorme Bedeutung einer fundierten Datengrundlage.

Die Unsicherheit, die aufgrund fehlender Vergleichsdaten auf nationaler und europäischer Ebene entstanden ist, hat auch immer wieder zu Debatten zur Wirtschaftlichkeit von PPP-Projekten geführt. Vor diesem Hintergrund besteht das Hauptziel der Ihnen nun vorliegenden Untersuchung unter der Federführung von Herrn Dr. Jörg Christen darin, eine fundierte Datengrundlage für den Vergleich von PPP-Projekten mit konventionellen Projekten zu schaffen.

Die Ergebnisse der aufwendigen Studie sind bemerkenswert:

- Ökonomische Vorteile: Die Analyse hat ergeben, dass 18 PPP-Projekte über einen Zeitraum von 25 Jahren potenzielle Einsparungen von bis zu rd. 330 Millionen Euro bei den Lebenszykluskosten im Vergleich zu konventionellen Ansätzen bieten.

- Effiziente Bauprozesse: PPP-Projekte zeichnen sich durch äußerst effiziente Bauprozesse aus, die zu 15-20% günstigeren Baukosten, 30% kürzeren Bauzeiten und beispielhafter Kosten- und Terminsicherheit führen.

- Qualitative Überlegenheit: PPP-Projekte weisen erhebliche qualitative Vorteile auf, insbesondere in den Bereichen Objektorganisation, Instandhaltung und Energiemanagement.

- Aussichtsreiche Effekte: Die Studie deutet darauf hin, dass PPP-Neubauprojekte bessere energetische Eigenschaften aufweisen können als konventionelle Neubauten.

Diese Ergebnisse unterstreichen, dass der PPP-Lebenszyklusansatz bei den untersuchten PPP-Projekten tatsächlich ein erhebliches Effizienzpotential freigesetzt hat. Die vorliegende Untersuchung untermauert die Tatsache, dass durch geeignete Anreiz- und Haftungsmechanismen in PPP-Verträgen insgesamt positive Effekte erzielt werden können. Die Ergebnisse der Studie legen somit nahe, Anreizstrukturen bspw. zur Reduzierung von Energieverbräuchen stärker in den Fokus zu rücken, was in der Masterarbeit zur PPP-Energieeffizienz im Detail herausgearbeitet werden konnte (in Kooperation mit der Hochschule Mainz).

---

[1] Lennerts/Pfründer/Bahr, Lebenszyklusorientierte ganzheitliche Unterhalts- und Instandhaltungsstrategien für Schulen, Dezember 2006.

Zusammenfassend zeigt diese Studie, dass PPP-Projekte in Bezug auf Energieeffizienz und Kostenoptimierung erhebliches Potenzial bieten. Wir hoffen, dass diese Ergebnisse dazu beitragen werden, die Diskussion über PPP-Projekte und ihre wirtschaftliche Tragfähigkeit zu informieren und zu vertiefen. Wir möchten unterstreichen, dass die Arbeit eine Initialzündung für den nachhaltigen Aufbau von Datenbanken zu Bau und Betrieb von PPP-Projekten geben kann – diese gern auch wie bereits mehrfach erfolgreich praktiziert in Kooperation mit dem KIT.

Univ.-Prof. Dr.-Ing. KUNIBERT LENNERTS
Karlsruher Institut für Technologie (KIT)
Institut für Technologie und Management im Baubetrieb

Inhaltsverzeichnis   I

Tabellenverzeichnis   **III**

Abkürzungsverzeichnis   **V**

Zusammenfassung   **7**

1. Einleitung   **11**
1.1   Ausgangslage   11
1.2   Zielsetzung der Europäischen Vergleichsstudie   12
1.3   Vorgehensweise   12
1.4   Datenbasis   12
1.5   Methodik   13
1.6   Risikobewertung   14
1.7   Möglichkeiten und Grenzen dieser Untersuchung   15

2. Die Ergebnisse zu den PPP-Neubauprojekten   **16**
2.1   Baukosten   16
2.2   Bauzeiten   17
2.3   Zwischenfinanzierung   18
2.4   DIN 18960 KG 100 - Kapitalkosten   19
2.5   DIN 18960 KG 200 – Objektmanagement   20
2.6   DIN 18960 KG 300 – Betriebskosten   21
2.7   DIN 18960 KG 310 – Versorgung mit Wärme, Strom und Wasser   22
2.7.1   Kosten   22
2.7.1.1   Gesamtkosten für Wasser, Wärme und Strom   22
2.7.1.2   Wasser   23
2.7.1.3   Wärme   24
2.7.1.4   Strom   25
2.7.2   Qualitative Aspekte   26
2.7.2.1   Vergleich der Wärmeverbrauchswerte   27
2.7.2.2   Reduktion der Transmissionswärmeverluste über vertragliche Anreize   27
2.8   DIN 18960 KG 330/340 – Reinigung   28
2.9   DIN 18960 KG 350 – Wartung und Inspektion   31
2.10   DIN 18960 KG 370 – Abgaben, Versicherungen   32
2.11   DIN 18960 KG 390 – Sonstige Betriebskosten   33
2.12   DIN 18960 KG 400 – Instandsetzung   34
2.13   DIN 18960 KG 200 (anteilig), KG 350, KG 400 – Instandhaltungskosten   35
2.13.1   Kosten   35
2.13.2   Instandhaltungsbudgets in Prozent der Wiederherstellungskosten   35
2.13.3   Qualitative Aspekte der PPP-Instandhaltung   37
2.14   DIN 18960 KG 100-400 – Nutzungskosten   39
2.14.1   Nutzungskosten ohne Risikokosten   39
2.14.2   Nutzungskosten inkl. Risikokosten   39
2.14.3   Anteil der einzelnen Kostengruppen an den Nutzungskosten   40
2.15   Vergleich der Restwertentwicklung   41
2.16   Lebenszykluskosten   43
2.16.1   Lebenszykluskosten ohne Risikokosten   43
2.16.2   Lebenszykluskosten inkl. Risikokosten   44
2.16.3   Lebenszykluskosten inkl. Risikokosten und MWST-Mehraufkommen   45
2.16.4   Ergebnis-Übersicht PPP-Neubau-Projekte   45
2.16.5   Auswirkung der Indexierung auf das Gesamtergebnis   47
2.16.6   Teilergebnisse Schulen, Verwaltungsgebäude, Projektfinanzierung   48

*

3. Die Ergebnisse zu den Sanierungsprojekten 49

4. Die Ergebnisse zu den Neubau- und Sanierungsprojekten 50

 4.1 Übersicht 50
 4.2 Einsparungen 51

5. Die Ergebnisse zum Fragebogen Kosten- und Terminsicherheit 52

 5.1 PPP-Baukostensicherheit 52
 5.2 PPP-Terminsicherheit 52
 5.3 PPP-Kosten- und Terminsicherheit im Betrieb 53
 5.4 Kosten- und Terminsicherheit bei konventionellen Projekten 54

6. Bewertung der Bau- und Betriebsleistung durch den öffentlichen Auftraggeber 55

 6.1 Bewertung der einzelnen Leistungen im Überblick 55
 6.2 Offene Frage: „Was gefällt Ihnen bei PPP besonders ?" 57
 6.3 Offene Frage: „Wo besteht Verbesserungsbedarf ?" 57
 6.4 Offene Frage: „Wie sind Ihre Erfahrungen während der Pandemie ?" 58
 6.5 Offene Frage: „Würden Sie PPP nochmal machen ?" 58

7. Die Ergebnisse zu Kosten und Qualitäten im Überblick 59

 7.1 Neubauprojekte 59
 7.2 Sanierungsprojekte 65
 7.2 Neubau- und Sanierungsprojekte 65

8. Fazit, Empfehlungen 66

Anhang 71

A Ergebnisübersichten 72

A1 Ergebnisübersicht Kostenvergleich 18 PPP-Projekte / KGST / BKI 72

A2 Ergebnisübersicht qualitativer Vergleich 18 PPP-Projekte / KGST / BKI 74

A3 Ergebnisübersicht Mittelwerte Median, Arithmetisches Mittel, nach BGF gewichtetes Mittel, Durchschnitt der Mittelwerte 76

A4 Ergebnisübersichten zu den einzelnen 18 PPP-Projekten 77

B Internetrecherche Kosten- und Terminsicherheit bei konventionellen Schulbauten 95

B1 Verzögerungen bei Schulbauprojekten 95
B2 Kostenexplosion bei Schulbauten 96

C Definitionen DIN 18960 97

Literaturverzeichnis 98

Anmerkungen 102

Tabellenverzeichnis

Tabelle 1.1 Bisherige PPP-Betriebsdauern   13

Tabelle 2.1 Baukosten PPP/BKI   16

Tabelle 2.2 Beispiel zur Bewertung des Baustandards   17

Tabelle 2.3 Bauzeiten PPP/BKI   17

Tabelle 2.4 Zwischenfinanzierung PPP/BKI   18

Tabelle 2.5 Kapitalkosten PPP/KGST und PPP/BKI   19

Tabelle 2.6 Objektmanagement PPP/KGST und PPP/BKI   20

Tabelle 2.7 Betriebskosten PPP/KGST und PPP/BKI   21

Tabelle 2.8 Versorgung mit Strom, Wärme, Wasser PPP/KGST und PPP/BKI   22

Tabelle 2.9 Voraussichtliche PPP-Einsparungen bei den Versorgungskosten (DIN 18960 KG 310) wegen Unterschreitung der maximalen Garantiemengen   23

Tabelle 2.9.1 Versorgung mit Wasser PPP/KGST und PPP/BKI   24

Tabelle 2.9.2 PPP: Bisheriger/voraussichtlicher IST- und garantierter Maximal-Wasserverbrauch   24

Tabelle 2.9.3 Versorgung mit Wärme PPP/KGST und PPP/BKI   25

Tabelle 2.9.4 PPP: Bisheriger/voraussichtlicher IST- und garantierter Maximal-Wärmeverbrauch   25

Tabelle 2.9.5 Versorgung mit Strom PPP/KGST und PPP/BKI   26

Tabelle 2.9.6 PPP: Bisheriger/voraussichtlicher IST- und garantierter Maximal-Stromverbrauch   26

Tabelle 2.10 Vergleich der Wärmeverbrauchswerte   27

Tabelle 2.11 Reduktion der Transformationswärmeverluste und vertragliches PPP-Anreizsystem   28

Tabelle 2.12 Reinigung PPP/KGST und PPP/BKI   29

Tabelle 2.13 Beispiel PPP-Reinigungsfläche   29

Tabelle 2.14 Vergleich Reinigungsleistungen PPP / DIN 77400   30

Tabelle 2.15 Vergleich der (Jahres-) Reinigungsfläche PPP / KGST   31

Tabelle 2.16 Wartung und Inspektion PPP/KGST und PPP/BKI   31

Tabelle 2.17 Abgaben, Versicherungen PPP/KGST und PPP/BKI   32

Tabelle 2.18 Sonstige Betriebskosten PPP/KGST und PPP/BKI   33

Tabelle 2.19 Instandsetzungskosten PPP/KGST und PPP/BKI   34

Tabelle 2.20 Instandhaltungskosten PPP/KGST und PPP/BKI   35

Tabelle 2.21 Instandhaltungsbudgets in Prozent der Wiederherstellungskosten PPP / KGST IST, BKI, KGST SOLL   36

Tabelle 2.22 Ist- und Soll-Dotierung von Instandhaltungsbudgets über 25 Jahre p.a. bei 807 konventionellen Schulen und 34 PPP-Neubau-Schulprojekten, Preisstand I/2014, PPP-Schulstudie (2019) 37

Tabelle 2.23 Nutzungskosten ohne Risikokosten PPP/KGST und PPP/BKI   39

Tabelle 2.24 Nutzungskosten inkl. Risikokosten PPP/KGST und PPP/BKI   40

Tabelle 2.25 Verteilung der Nutzungskosten bei PPP, KGST und BKI   40

Tabelle 2.26 Vergleich der Restwertentwicklung   41

Tabelle 2.27 Abhängigkeit Instandhaltungsbudget und Restwert   42

Tabelle 2.28 Berücksichtigung von stillen Reserven bei der Restwertermittlung   42

Tabelle 2.29 Restwertermittlung mit / ohne Indexierung   43

Tabelle 2.30 Lebenszykluskosten ohne Risikokosten PPP/KGST und PPP/BKI   43

Tabelle 2.31 Lebenszykluskosten inkl. Risikokosten PPP/KGST und PPP/BKI   44

Tabelle 2.32 Lebenszykluskosten inkl. Risikokosten und MWSt-Mehraufkommen   45

Tabelle 2.33 Übersicht PPP-Neubauprojekte   46

Tabelle 2.34 Auswirkung der Baupreisindexierung auf das Gesamtergebnis   48

Tabelle 2.35 Teilergebnisse Schulen, Verwaltungsgebäude, Projektfinanzierung   48

Tabelle 3.1 Ergebnis PPP-Sanierungsprojekte   49

Tabelle 3.2 Auswirkung der Baupreisindexierung auf das Gesamtergebnis   50

Tabelle 4.1 Ergebnis Neubau und Sanierung   50

Tabelle 4.2 Auswirkung der Baupreisindexierung auf das Gesamtergebnis   51

Tabelle 4.3 Einsparungen bei Baukosten, Nutzungs- und Lebenszykluskosten   51

Tabelle 5.1 PPP-Baukostensicherheit   52

Tabelle 5.2 PPP-Terminsicherheit   53

Tabelle 5.3 PPP-Kosten- und Terminsicherheit im Betrieb   53

Tabelle 6.1 Bewertung der Bau- und Betriebsleistung durch den öffentlichen Auftraggeber   55

Tabelle 6.2 Qualitative Bewertung Bau und Betrieb – Vergleich bisherige Bewertung / kommunale Bewertung   56

Abkürzungsverzeichnis

II. BV	Zweite Berechnungsverordnung
AfA	Absetzung für Abnutzung
AG	Auftraggeber
AMEV	Arbeitskreis Maschinen- und Elektrotechnik staatlicher und kommunaler Verwaltungen
AN	Auftragnehmer
BBSR	Bundesinstitut für Bau-, Stadt- und Raumforschung
BGF	Brutto-Grundfläche
BIK	Bauteilspezifische Instandhaltungskalkulation
BK	Baukosten (DIN 276 ohne KG 100 und KG 760)
BKI	Baukosteninformationszentrum der Deutschen Architektenkammern
BNB	Bewertungssystem Nachhaltiges Bauen
BWI Bau	Institut der Bauwirtschaft
DAB	Deutsches Architektenblatt
DESTATIS	Deutsches Statistisches Bundesamt
DIN	Deutsches Institut für Normung
DIN 276	Kostenplanung im Hochbau; KG 100 Grundstück; KG 200: Herrichten und Erschließen; KG 300: Bauwerk-Baukonstruktion; KG 400: Bauwerk-Technische Anlagen; KG 500: Außenanlagen; KG 600: Ausstattung und Kunstwerke; KG 700 Baunebenkosten, KG 760 Finanzierungskosten
DIN 18960	Nutzungskosten im Hochbau; KG 100: Kapitalkosten; KG 200: Objektmanagementkosten; KG 300: Betriebskosten; KG 350: Bedienung, Inspektion, Wartung; KG 400: Instandsetzungskosten
DIW	Deutsches Institut für Wirtschaftsforschung
EPEC	European PPP Expertise Centre
ESVG	Europäisches System Volkswirtschaftlicher Gesamtrechnungen
Euribor	Euro Interbank Offered Rate
FMK	Finanzministerkonferenz der Länder
FMK-Leitfaden	Leitfaden „Wirtschaftlichkeitsuntersuchungen bei PPP-Projekten" (2006)
GEFMA	German Facility Management Associaton
GWB	Gesetz gegen Wettbewerbsbeschränkungen
IHK	Instandhaltungskosten
ISFR	International Financial Reporting Standards
KBV	Konventionelles Beschaffungsverfahren
KG	Kostengruppe
KGSt	Kommunale Gemeinschaftsstelle für Verwaltungsmanagement
KGSt Ist	Instandhaltungsbudget der KGSt-Vergleichsringgebäude
KGSt Soll	Sollwert der KGSt zur Bemessung des Instandhaltungsbudgets
MinBl	Ministerialblatt
NVwZ	Neue Zeitschrift für Verwaltungsrecht
ÖÖP	Öffentlich Öffentliche Partnerschaften
ÖPP	Öffentlich Private Partnerschaften
OSCAR	Office Service Charge Analysis Report
PABI	Praxisorientierte Adaptive Budgetierung von Instandhaltungsmaßnahmen, Bahr/Lennerts, TU Karlsruhe
PPP	Public Private Partnership
RBBau	Richtlinien für die Durchführung von Bauaufgaben des Bundes
RLBau	Richtlinien für die Durchführung von Bauaufgaben des Landes
TGA	Technische Gebäudeausrüstung
VDI	Verein Deutscher Ingenieure
WBW	Wiederbeschaffungswert
WU	Wirtschaftlichkeitsuntersuchung

Zusammenfassung

(1) Die vorliegende Untersuchung der Lebenszykluskosten von 18 PPP-Projekten zeigt bei den PPP.Projekten nach ca. 55 Prozent der Vertragsdauer im Vergleich mit BKI-Kennzahlen und KGST-Betriebsdaten von 814 Schul- und 176 Verwaltungsgebäuden deutliche Wirtschaftlichkeitsvorteile und eine hohe Nutzerzufriedenheit:

Europäische PPP-Vergleichsstudie - Deutschland		NEUBAU Projekte 1-16		SANIERUNG 100% Projekte 17-18		NEUBAU+SANIERUNG Projekte 1-18	
		PPP/KGST	PPP/BKI	PPP/KGST	PPP/BKI	PPP/KGST	PPP/BKI
DIN 276 KG 200-700	Baukosten	-17%		-11%		-16%	
	Nachträge (n=15)	0,6% (Median 0%)		3,5%		0,7% (Median 0%)	
DIN 277	Bauzeit PPP/KBV	-30%		-29%		-30%	
	Terminüberschreitung (n=15)	2% (Median 0%)		0%		2% (Median 0%)	
DIN 18960 KG 100	Kapitalkosten	-15%	-15%	-8%	-8%	-14%	-14%
KG 200	Objektmanagement	12%	23%	18%	27%	14%	24%
KG 300	Betriebskosten	19%	-24%	33%	-5%	20%	-20%
KG 310	Versorgung	-16%	-33%	11%	-10%	-15%	-30%
KG 320	Entsorgung	0%	0%	0%	0%	0%	0%
KG 330/340	Reinigung	5%	9%	-15%	-14%	2%	6%
KG 350	Wartung und Inspektion	685%	-21%	0%	0%	685%	-21%
KG 360	Energiemanagement	0%	-2%	0%	0%	0%	-2%
KG 370	Versicherungen, Abgaben	179%	-7%	211%	-22%	179%	-11%
KG 390	Sonstige Betriebskosten*	455%	1660%	7310%	5955%	455%	1660%
KG 400	Instandsetzung (inkl. Risikokosten)	66%	-10%	69%	-21%	68%	-9%
KG 200/350/400	Instandhaltungsbudget	137%	-15%	80%	-40%	128%	-17%
	in % p.a. PPP / KGST-SOLL	1,6%	1,2%	1,8%	1,2%	1,6%	1,2%
	in % p.a. KGST-IST / BKI	0,6%	1,7%	0,6%	1,7%	0,6%	1,7%
Nutzungskosten ohne Risikokosten		-1%	-15%	11%	-7%	0%	-14%
Nutzungskosten inkl. Risikokosten		-3%	-15%	10%	-7%	-2%	-13%
Restwert		27%	0%	30%	0%	27%	0%
Lebenszykluskosten ohne Risikokosten		-3%	-32%	39%	-17%	2%	-30%
Lebenszykluskosten inkl. Risikokosten		-35%	-34%	-17%	-20%	-32%	-32%
Lebenszykluskosten inkl. Risiko + MWSt-Mehraufkommen		-37%	-36%	-21%	-23%	-34%	-34%

*Anteil KG 390 an den Nutzungskosten: PPP 3,2% (davon sind ca. 3% der KG 200 zuzuordnen), KGST: 0,3%, BKI: 0,2%

Tabelle Z1: Ergebnis Neubau und Sanierung

1.　PPP-Neubau: 14 Schul-, 2 Verwaltungsgebäudeprojekte

(2) Die Lebenszykluskosten der PPP-Neubauprojekte zeigen bei oftmals überdurchschnittlichen Qualitäten und unter Berücksichtigung der voraussichtlichen Gebäuderestwerte über 25 Jahre einen Vorteil von 35% bzw. 34% gegenüber der KGST- und BKI-Variante.

PPP-Neubau Vorteil
Lebenszykluskosten
PPP/KGST: -34%
PPP/BKI: -35%

(3) Die reinen Nutzungskosten liegen ohne Berücksichtigung von Qualitäten und Risiken zwischen 1% und 15% unter den Kosten der KGST- und BKI-Varianten. Das gegenüber dem reinen Kostenvergleich signifikant bessere Gesamtergebnis bei den Lebenszykluskosten ergibt sich i.W. aus der Berücksichtigung der unterschiedlichen Instandhaltungsstrategien mit ihren Auswirkungen auf Bauschäden, Nutzungsdauern und Restwerte.

Nutzungskosten
PPP/KGST-1%
PPP/BKI: - 15% ohne
Bewertung von
Qualitäten / Risiken

(4) Die PPP-Baukosten zeigen Einsparungen von 15% bis 20% (im Mittel 17%) gegenüber den konventionellen BKI-Vergleichswerten bei mittleren bis überdurchschnittlichen Qualitäten, verbunden mit einer bemerkenswerten Kostensicherheit. Hinzu kommen 30% kürzere Bauzeiten bei einer hohen Terminsicherheit. Diese durch die Effizienz im Bauprozess generierten Einsparungen ermöglichen insbesondere die Realisierung einer hochwertigen Instandhaltungsstrategie.

Baukosten: Ø -17%
(15% bis -20%) < BKI
Bauzeit: 30% < BKI

(5) Das PPP-Instandhaltungsmanagement zeigt signifikante qualitative Vorteile gegenüber der konventionellen Beschaffungswirklichkeit; die PPP-Projekte verfügen über ausreichende Budgets für ein mittleres bis überdurchschnittliches Instandhaltungsniveau während der vereinbarten Betriebsphase, ermittelt auf Basis von bauteilspezifischen Instandhaltungskalkulationen, dazu kommen Service Levels mit der Festlegung von einzuhaltenden Qualitäten der wesentlichen Bauteile, Nutzeransprüche mit festen Reaktions- und

Hochwertige
Instandhaltung
Doppelt so hohe
Budgets wie
konventionell

Behebungszeiten und Entgeltkürzungen bei Nichteinhaltung der Soll-Vorgaben sowie ein Rücklagenkonto für den zügigen Mittelabruf, das von Mitarbeitern der konventionellen Bauverwaltung als Quantensprung bezeichnet wird.

(6) Das Energiemanagement ist geprägt von Vertragsregeln mit Risikoübernahme für garantierte maximale Verbrauchsmengen durch die PPP-Firma einerseits und Einsparbeteiligung andererseits. Daraus resultieren bisher tatsächlich erzielte bzw. für die Restlaufzeit prognostizierbare Einsparungen gegenüber den auf Basis der maximalen Verbrauchswerten kalkulierten Kosten iHv 12%. Beim Wärmeverbrauch werden der VDI Richtwert 3807 um 38%, der VDI-Mittelwert 3087 um 58% und die KGST-Vergleichswerte um 56% unterschritten; dabei waren die garantierten maximalen Verbrauchswerte durchaus anspruchsvoll kalkuliert. Die Einsparung am Wärmeenergieverbrauch wird im Übrigen größer, je mehr die PPP-Firma an den Einsparungen beteiligt wird.

Gutes Energiemanagement

Anreizstruktur: Einsparbeteiligung PPP-Firma zeigt positive Wirkung

(7) Die PPP-Projekte zeigen eine deutliche Prioritätensetzung bei den Objektmanagementbudgets; anders als bei der KGST-Variante (Nr. 5) oder bei BKI (Nr. 6) sind sie bei PPP der drittgrößte Kostenblock. Das kann mit den PPP-immanenten Anreiz- und Haftungsstrukturen erklärt werden. Auf der anderen Seite ist zu beachten, dass die PPP-Mehrkosten dieser Kostengruppe (11% ggü. KGST bzw. 23% ggü BKI zzgl. eines Teil der sonstigen Betriebskosten) auch Mehrwertsteuer enthalten, die konventionell nicht anfällt und bei PPP zu Einnahmen bei Bund, Ländern und Kommunen führt.

PPP-Schwerpunkt Objektmanagement

(8) Die PPP-Kapitalkosten sind aufgrund der niedrigeren Baukosten im Mittel um 15% niedriger. Es zeigen sich allerdings höhere Zinssätze bei Zwischenfinanzierung und bei der Endfinanzierung (Forfaitierung mit Einredeverzicht +0,18%; Projektfinanzierung: +0,59%). Dagegen stehen qualitative Vorteile wie die Absicherung des Baukostenfestpreises durch die Zinssicherung bei der Zwischenfinanzierung und eine zusätzliche Qualitätskontrolle durch die refinanzierende Bank bei den Fällen mit Projektfinanzierung.

Kapitalkosten Höherer PPP-Zins Gegenleistung für Risikoabsicherung

(9) Die PPP-Reinigungskosten liegen zwar über den Ansätzen von KGST (+5%) und BKI (+9%). Dieses Teilergebnis kann sich allerdings bei Berücksichtigung der Reinigungsintervalle auch ändern. Die bei einem PPP-Projekt durchgeführte Auswertung ergab einen gegenüber der DIN 77400 um 30% umfangreicheren Leistungskatalog und eine Umkehr des PPP-Nachteils bei den Reinigungskosten pro m² BGF in einen PPP-Vorteil pro m² Jahresreinigungsfläche im Vergleich zu den KGST-Kennzahlen.

PPP-Reinigungskosten pro m² BGF um 5%-9% höher

(10) Die erheblichen prozentualen PPP-Mehrkosten bei den Sonstigen Betriebskosten enthalten Kostenbestandteile anderer Kostengruppen und beziehen sich auf relativ niedrige konventionelle Nominalkosten, die nur 0,3% (KGST) bzw. 0,2% (BKI) der konventionellen Nutzungskosten ausmachen.

Sonstige Betriebskosten; große prozentuale Unterschiede, geringer Anteil an Gesamtkosten

(11) Neben Kostenaspekten sind bei Wirtschaftlichkeitsuntersuchungen auch Projektrisiken zu bewerten. Da auf Basis der Ergebnisse der PPP-Schulstudie (2019) erstes Datenmaterial zur Quantifizierung des Instandhaltungsrisikos vorliegt, konnten hier das Risiko von Bauschäden durch unterlassene Instandhaltung (mit 2% der Wiederherstellungskosten) und die Auswirkungen von unterschiedlichen Instandhaltungsbudgets auf den zukünftigen Restwert quantifiziert werden. Der PPP-Vorteil gegenüber der KGST-Variante erhöht sich danach bei den Nutzungskosten auf 3%. Da die KGST-Instandhaltungsbudgets um 50% unter den Soll-Werten für ein mittleres Instandhaltungsniveau liegen, ergeben sich daraus abgeleitet verkürzte Nutzungsdauern und entsprechend niedrigere Restwerte. Umgekehrt erhöhen sich Nutzungsdauer und Restwert bei überdurchschnittlichen Instandhaltungsbudgets. Auf dieser Basis liegt der voraussichtliche Restwert der PPP-Projekte im Mittel um 27% über der KGST-Alternative und im Mittelwert gleichauf mit der BKI-Alternative.

Risikobewertung Instandhaltung

Zu niedrige Budgets: Bauschäden und reduzierter Restwert

Höhere Budgets verlängern Nutzung u. erhöhen Restwert

Restwert PPP/KGST: +27% PPP/BKI: -1%

(12) Beim Vergleich der Lebenszykluskosten (Nutzungskosten abzgl. Restwert) ergibt sich ohne Risikobewertung ein PPP-Vorteil gegenüber der KGST-Variante von 3% und gegenüber BKI von 32%. Inklusive Risikobewertung erhöht sich der PPP-Vorteil sowohl gegenüber der KGST-Variante auf 35% und

Lebenszykluskosten Ohne/mit Risiken PPP/KGST: -3%/-35% PPP/BKI: -32%/-34%

gegenüber der BKI-Variante auf 34%.

2. PPP-Sanierung: 2 Projekte (Schulen)

(13) Bei den beiden PPP-Sanierungsprojekten zeigen die Lebenszykluskosten einen Vorteil von 17% bzw. 20% gegenüber der KGST- bzw. der BKI-Variante. Bei den reinen Nutzungs- und Lebenszykluskosten ohne Berücksichtigung von Qualitäten und Risiken liegen die Ergebnisse der PPP-Projekte 11% bzw. 39% über der KGST-Variante und 7% bzw. 17% unter der BKI-Variante.

Lebenszykluskosten PPP/KGST -17% PPP/BKI: -20%

(14) Im Unterschied zu den Neubauprojekten liegt der PPP-Baukostenvorteil nur bei 11%; hierbei ist aber zu beachten, dass eine detaillierte Analyse der Sanierungsleistungen im Rahmen dieser Arbeit nicht erfolgen konnte; das gilt insbesondere auch für die Bewertung des Nachtragsrisikos bei Denkmalschutzprojekten: Bei dem einen denkmalgeschützten PPP-Sanierungsprojekt betrugen die nachträglichen Kostensteigerungen lediglich 3,5%; das dürfte im Vergleich zu konventionellen Projekten eine sehr gute Bauleistung darstellen.

Problem: Vergleich der Bauleistung

(15) Im Übrigen zeigen sich bei den beiden PPP-Sanierungsprojekten gegenüber den Neubauprojekten höhere Objektmanagement- und Versorgungskosten, dafür aber niedrigere Reinigungskosten.

Unterschiede Neubau/Sanierung

3. Gesamtergebnis

(16) Die Lebenszykluskosten aller 18 PPP-Projekte zeigen bei oftmals überdurchschnittlichen Qualitäten und unter Berücksichtigung der voraussichtlichen Gebäuderestwerte über 25 Jahre einen Vorteil von 17% bis 35% (im Durchschnitt 32%) gegenüber der KGST- und BKI-Variante.

PPP-Lebenszykluskosten zwischen 17% und 35% unter KGST/BKI (Ø -32%)

(17) Die PPP-Leistung von Bau und Betrieb wird von den beteiligten Kommunen mit 1,7 bewertet (1=sehr gut, 5= unbefriedigend).

Nutzerzufriedenheit: 1,7

(18) Der sehr effiziente Bauprozess ermöglicht gegenüber der KGST-Variante über 50% höhere Instandhaltungsbudgets und das bei gleich hohen (PPP/KGSt) bzw. um 14% (PPP/BKI) niedrigeren Nutzungskosten.

Nutzungskosten PPP/KGST: 0% PPP/BKI: -14%

(19) Bei Instandhaltung, Energiemanagement und Objektorganisation zeigen sich zum Teil deutliche qualitative Vorteile.

Hochwertiges Instandhaltungs-, Energie- und Objektmanagement, höhere Restwerte

(20) Das hochwertige PPP-Instandhaltungsmanagement lässt im Vergleich zur KGST-Variante deutlich höhere Restwerte zum Vertragsende erwarten.

(21) Das Ergebnis verbessert sich für PPP noch um 2%, wenn die Mehreinnahmen bei der Mehrwertsteuer von Bund, Ländern und Kommunen berücksichtigt werden, die durch die MWSt-Belastung der PPP-Personalkosten entstehen.

MWST-Mehraufkommen bei PPP ca. 2% der LZK

(22) Die Indexierung der Kosten hat nicht unerhebliche Auswirkungen auf das Gesamtergebnis. Das gilt insbesondere für den Baupreisindex, der für die Indexierung der Instandhaltungskosten und des zukünftigen Restwerts heranzuziehen ist. Ersetzt man die aus dem Zeitraum von 2007 bis 2021 ermittelte Baupreissteigerungsrate von 2,92% p.a. durch 2%, so sinkt der PPP-Vorteil bei den Lebenszykluskosten inkl. Risikobewertung gegenüber der KGST-Variante von 32% auf 24% und gegenüber der BKI-Variante von 32% auf 26%. Bei einer Baupreissteigerungsrate von 1,5% p.a. reduziert sich der PPP-Vorteil auf 21% (KGST) bzw. 25% (BKI). Eine zunehmende Inflation steigert insofern die Bedeutung des Instandhaltungsrisikos mit seinen Auswirkungen auf Bauschäden und Restwertentwicklung.

Auswirkungen der Indexierung

Steigende Inflation erhöht Restwerte und PPP-Vorteil

(23) Eine wesentliche Ursache für diese positiven Ergebnisse lässt sich in den PPP-vertraglichen Anreiz- und Haftungsstrukturen finden[1]. Die PPP-Firma steht in einer langfristigen Vertragsbeziehung, sie trägt Preis- und Terminrisiken für Baukosten und Instandhaltung und garantiert maximale Verbrauchsmengen bei den Energieverbräuchen. Die PPP-Firma steht im Betreiberrisiko und ist daher aus eigenem Antrieb an optimierten Organisations- und Betriebsstrukturen und einer Minimierung der Projektrisiken interessiert, um ihre Gewinnchancen zu sichern. Das ist gelebtes Arbeiten im Lebenszyklusansatz. Hier gibt es eine Fülle von organisatorischen Unterschieden zum konventionellen Verfahren.

Ursache für PPP-Vorteile: Anreiz- und Haftungssystem im PPP-Vertrag

4. Ausblick

(24) Die guten PPP-Ergebnisse der vorliegenden Untersuchungen begründen nicht nur die Legitimation für den Start neuer Projekte, sie zeigen auch wie wichtig Evaluierungsarbeiten sind. Sie ermöglichen eine faktenbasierte Bewertung der unterschiedlichen Handlungsalternativen, zeigen deren Stärken und Schwächen auf und setzen somit einen Impuls zur Verbesserung des Status quo.

Gute Ergebnisse legitimieren neue Projekte

Evaluierung setzt Impuls für Modernisierung

(25) Das gilt etwa für das PPP-Instandhaltungsmanagement, dessen Qualitäten bereits im Rahmen der PPP-Schulstudie (2019) ermittelt und in dieser Studie bestätigt wurden: Bei den untersuchten PPP-Projekten wird es aller Voraussicht zum Ende der Vertragslaufzeit keinen Instandhaltungsstau geben. Damit erweist sich PPP als effizientes Werkzeug zum Abbau des kommunalen Investitionsrückstands, der laut KFW-Kommunalpanel 2024 auf 186 Mrd. € angewachsen ist.

PPP effizientes Werkzeug gegen Investionsstau

(26) Da künftig nicht alle Projekte über PPP abgewickelt werden können, wird es in diesem Zusammenhang wichtig sein, beim konventionellen Instandhaltungsmanagement strukturelle Verbesserungen einzuführen. In dieser Untersuchung finden sich hierfür eine Reihe von Anregungen (z.B. Einführung von bauteilspezifischen Instandhaltungskalkulationen bei der Entwurfsplanung, Definition von Service Levels für die wesentlichen Bauteile mit Reaktions- und Behebungszeiten; Einrichtung von Rücklagenkonten zum schnellen Mittelabruf; Umstellung der Finanzierung von Voll- auf Teilamortisation entsprechend der sog. goldenen Bilanzregel; stärkere Beachtung der Korrelation von Instandhaltungsbudget und Restwert; Vergleich von indexierten Kostenverläufen und Restwerten bei Wirtschaftlichkeitsuntersuchungen ergänzend zu Barwertanalysen).

Anregungen zur Verbesserung der konventionellen Instandhaltung

(27) Ein wesentliches Ergebnis dieser Untersuchung ist der Zusammenhang zwischen vertraglichen Anreizstrukturen und guter PPP-Performance. PPP bewegt sich damit im Forschungsfeld des Wirtschaftsnobelpreises von 2016, den die Professoren Bengt Holmström und Oliver Hart für ihre Arbeiten zur Principal Agent Theorie und zu Anreizmechanismen in Langzeitverträgen erhalten haben. Offen ist, ob es gelingt, auch im konventionellen Verfahren ähnliche Anreizmechanismen zu verankern (z.B. leistungsbezogene Entgelte; sanktionsbewehrte Nutzeransprüche auf Einhaltung der Reaktions- und Betriebszeiten oder etwa eine Beteiligung der Verwaltungseinheiten an Energieeinsparungen).

Vertragliche Anreizstrukturen sind Effizienztreiber

Einführung auch im konventionellen Verfahren ?

(28) Eine Alternative dazu ist, gesetzliche Festlegungen zur Veröffentlichung von Kennziffern zum veranschlagten Instandhaltungsbudget und zur Bereitstellung von Mindestinstandhaltungsbudgets einzuführen.

Alternativ: gesetzliche Verankerung

(29) In jedem Fall wäre es wünschenswert, dass die vorliegende Untersuchung auch einen Impuls dafür setzt, die Forschungs- und Evaluierungsarbeiten und den Wissenstransfer zum PPP-Lebenszyklusansatz künftig auf eine nachhaltigere Grundlage zu stellen.

Evaluierung und Wissenstransfer auf nachhaltige Grundlagen stellen

1. Einleitung
1.1 Ausgangslage

(1) Ziel von PPP/ÖPP ist die nachhaltige Optimierung von Kosten, Qualitäten und Verfahren über den Lebenszyklus von öffentlichen Infrastrukturprojekten[2]. Die Verantwortung für Planung, Bau, Finanzierung, Betrieb und ggf. Verwertung z.B. einer Schule, Kita, Sporthalle oder eines Straßenabschnitts wird für einen langfristigen Vertragszeitraum von einem interdisziplinär aufgestellten privaten PPP-Vertragspartner übernommen. Angestrebt werden Kosteneinsparungen bei hoher Kostensicherheit, kürzere Bauzeiten bei hoher Terminsicherheit, ein verbessertes Instandhaltungsmanagement mit einer nachhaltigen Qualitätssicherung über die Vertragslaufzeit, optimierte Betriebskosten (z.B. reduzierte Energieverbräuche, Reinigungskosten) durch die planerische Verknüpfung von Bau und Betrieb sowie Verbesserungen bei Einnahmen und Restwert – immer gemessen am konventionellen Status quo.

Zielsetzung Effizienzgewinn aus Lebenszyklusansatz

(2) In den letzten Jahren standen PPP-Projekte allerdings im Zentrum starker Kritik: „Alles sollte besser werden, so gut wie nichts davon trat ein" (Süddeutsche Zeitung vom 13.6.2014), „Private bauen teurer" (Handelsblatt vom 12.6.2014), „Der verkaufte Staat" (Die Welt vom 9.2.2014); „Der geplünderte Staat – geheime Geschäfte von Politik und Wirtschaft", Fernsehsendung in Arte vom 11.2.2014). Deutlich höhere Finanzierungskosten der Privaten[3] und die erforderlichen Gewinn- und Risikokostenzuschläge machten PPP im Vergleich zur konventionellen Realisierung unwirtschaftlich. Anderslautende Wirtschaftlichkeitsuntersuchungen seien intransparent[4] und schöngerechnet[5]. In Wahrheit sei der PPP-Treiber nicht Effizienzsteigerung, sondern Haushaltskosmetik, weil mit PPP gezielt die Schuldenbremse umgangen werde[6].

PPP in der Kritik

- unwirtschaftlich
- Finanzierung zu teuer
- zu hohe Risikoaufschläge
- intransparent
- Umgehung der Schuldenbremse

(3) Der Vorwurf der Unwirtschaftlichkeit steht im Widerspruch zu den veröffentlichten Ergebnissen von PPP-Wirtschaftlichkeitsuntersuchungen: Bei 118 der bislang bundesweit 281[7] Projekte im Hochbau mit einem Investitionsvolumen von 9,6 Mrd. € ist das Ergebnis der vor Vertragsschluss durchgeführten Wirtschaftlichkeitsuntersuchungen in der PPP-Projektdatenbank des Bundes publiziert: Danach konnten bei diesen Projekten gegenüber dem konventionellen Status quo Effizienzsteigerungen von durchschnittlich 13% erzielt werden, die Einzelwerte liegen zwischen 1% und 32%. Es ist allerdings festzustellen, dass die das Ergebnis herleitenden Wirtschaftlichkeitsuntersuchungen nur verwaltungsintern in den jeweiligen Gremien behandelt und in aller Regel nicht veröffentlicht werden. Damit fehlt eine wichtige Voraussetzung für die öffentliche Nachvollziehbarkeit, Transparenz und Glaubwürdigkeit der Untersuchungen.

Zwischenstand bei 118 Projekten:
Ø 13% (1% - >32%) Einsparungen bei Lebenszykluskosten über 25 Jahre

(4) Ein zentraler Kritikpunkt ergibt sich schließlich auch aus dem Gemeinsamen Erfahrungsbericht der Rechnungshöfe des Bundes und der Länder zur Wirtschaftlichkeit von ÖPP-Projekten aus dem Jahr 2011 mit einer Ergebnissammlung von Prüfberichte zu 17 PPP-Projekten[8]. Bei 4 der Projekte wurde ein positives Prüfergebnis bestätigt, bei 4 Projekten ein positives in ein negatives Prüfergebnis korrigiert. Bei 7 Projekten – also bei der Mehrheit der Projekte – wurde festgestellt, dass der ermittelte PPP-Wirtschaftlichkeitsvorteil nicht schlüssig nachgewiesen worden sei. Insbesondere mangele es an einer hinreichenden Datengrundlage.

Rechnungshof-Kritik: Es fehlen belastbare Daten, PPP-Vorteile nicht plausibel

(5) Nach einer jahrelangen Auseinandersetzung mit dem Landesrechnungshof zu den ersten kommunalen PPP-Projekten fasste der Landtag Rheinland-Pfalz im Jahr 2014 den Beschluss, dass ein hinreichender Datenbestand von konventionellen und PPP-Projekten aufgebaut werden soll, um PPP-Wirtschaftlichkeitsuntersuchungen auf eine belastbare Grundlage zu stellen.

Landtag Rheinland-Pfalz 2014: Aufbau von ausreichendem Datenbestand von konventionellen und ÖPP-Projekten

(6) Daraufhin startete das PPP-Fachreferat im Finanzministerium Rheinland-Pfalz in Kooperation mit der Hochschule Mainz, Fachbereich Technik und unterstützt durch Betriebsdaten aus der Vergleichsringarbeit der KGST eine Reihe von Evaluierungsarbeiten zur PPP-Wirtschaftlichkeit. Hierbei entstanden insbesondere die Untersuchungen zur wirtschaftlichen Dotierung von Instandhaltungsbudgets bei 370 konventionellen und 7 PPP-Kindertagesstätten, die Wirtschaftlichkeits-

PPP-Evaluierungsarbeiten an der Hochschule Mainz, Fachbereich Technik

untersuchung zu Bau und Instandhaltung bei 880 konventionellen Schulen und 50 PPP-Schulprojekten (PPP-Schulstudie 2019) sowie eine erste Wirtschaftlichkeitsuntersuchung zu den PPP-Lebenszykluskosten am Beispiel des PPP-Berufskollegs Duisburg.

1.2 Zielsetzung der Europäischen PPP-Vergleichsstudie

(7) Auf europäischer Ebene wurde im Jahr 2018 beim Jahrestreffen der PPP-Einheiten der europäischen Mitgliedstaaten beklagt, dass es an einer validen Datengrundlage für einen Vergleich von ÖPP-Projekten gegenüber konventionell realisierten Projekten fehle. Die damit verbundene Unsicherheit führe in vielen Staaten in der öffentlichen Diskussion, aber auch von Seiten der Rechnungshöfe immer wieder zu dem pauschalen Vorwurf einer grundsätzlichen Unwirtschaftlichkeit von ÖPP-Projekten. Es wurde daher beschlossen, vom Europäischen PPP-Kompetenzzentrum EPEC, angesiedelt bei der Europäischen Investitionsbank - EIB - in Kooperation mit den Mitgliedsstaaten eine europäische PPP-Vergleichsstudie durchführen zu lassen, um eine solide Datengrundlage für einen Vergleich zu schaffen.

Europäische PPP-Vergleichsstudie EPEC (EIB)

(8) Hierbei soll ein Schwerpunkt auf die Kosten- und Terminsicherheit sowie den Vergleich der Lebenszykluskosten bei konventionellen und PPP-Projekten gelegt werden. Aufgrund der Vorarbeiten zur PPP-Schulstudie wurden die Arbeiten in Deutschland in Abstimmung mit dem Bundesministerium der Finanzen in Kooperation mit der Hochschule Mainz und dem PPP-Fachreferat im Finanzministerium Rheinland-Pfalz durchgeführt.

Kooperation Hochschule Mainz, FB Technik mit Finanzministerium Rheinland-Pfalz

1.3 Vorgehensweise

(9) Die vorliegende Untersuchung für die deutschen PPP-Projekte stützt sich auf Vertragsunterlagen, Ausschreibungsunterlagen und Betriebsberichte, die von den beteiligten PPP-Vertragsfirmen auf Basis von Vertraulichkeitsvereinbarungen zur Auswertung bereitgestellt wurden sowie auf Vor-Ort-Besichtigungstermine bei 4 Projekten. Hinzu kam ein Fragebogen zur Kosten- und Terminsicherheit in der Bau- und Betriebsphase. Die beteiligten PPP-Vertragskommunen wurden um Zustimmung dafür gebeten, dass die Untersuchungsergebnisse in anonymisierter Form in die EU-Vergleichsstudie einfließen; die in Projektdokumentationen zusammengefassten Arbeitsstände der einzelnen Projekte wurden den Kommunen vorab zur Kenntnis gegeben. Die Vorarbeiten für die Untersuchung der deutschen Projekte starteten im 4. Quartal 2020, die Datenbereitstellung und Auswertung erfolgte von Juli 2021 bis August 2022. Hinzu kam in 2023 eine Befragung der Kommunen zur Bewertung der Bau- und Betriebsleistung.

1.4 Datenbasis

(10) Die PPP-Datenbasis besteht aus 18 kommunalen PPP-Projekten, Vertragspartner sind 4 PPP-Firmen und 13 Kommunen. Bei den Projekten handelt es sich um 13 reine Neubauprojekte, 3 gemischte Neubau- und Sanierungsprojekte und 2 Sanierungsprojekte. 16 Projekte (14x Neubau und 2x Sanierung) sind Schulprojekte mit 27 Gebäuden und 12 Sporthallen, dazu kommen 2 Projekte mit Verwaltungsgebäuden. 6 Projekte bündeln mehrere Gebäude und Standorte in einem Projektvertrag, so dass insgesamt die Daten von 41 Gebäuden verteilt auf 25 Standorte mit einer Gesamtfläche von 401.618 qm BGF untersucht wurden. 2 Projekte enthielten getrennte Vertragsteile für unterschiedliche Standorte, so dass hier separate Auswertungen vorgenommen werden konnten.

PPP-Datenbasis: 18 PPP-Projekte, 25 Standorte, 41 Gebäude

(11) Bei den PPP-Projektverträgen handelt es sich überwiegend um das sog. PPP-Inhabermodell, bei dem das Eigentum an Grundstück und Immobilie beim öffentlichen Auftraggeber verbleibt. Bei einem Projekt erwarb die PPP-Firma zunächst das Grundstück, errichtete darauf das Gebäude und vermietete das Objekt inkl. Grundstück an die Kommune; nach Ablauf der Vertragslaufzeit enthält der Vertrag zugunsten der Kommune eine Kaufoption zum Erwerb des Objekts. Bei einem anderen Projekt wurde ein Erbbaurechtsvertrag mit einem langfristigen Mietvertag und einer Heimfallregelung vereinbart.

PPP-Vertragsmodell

(12) Der Vertragsschluss der untersuchten PPP-Verträge lag zwischen den Jahren

PPP-Vertragslaufzeit: Ø 24,6 Jahre,

2003 und 2018. Die durchschnittliche Vertragslaufzeit der Verträge beträgt 24,6 Jahre, die durchschnittliche bereits realisierte Betriebsdauer 55%.

bisher Ø 55%

Betriebsdauer PPP-NEU+SAN	PPP
Minimum	17%
1. Quartil	49%
Median (MED)	54%
3.Quartil	63%
Maximum	80%
Mittelwert (MW)	53%
Mittelwert gewichtet (MWG)	59%
Ø MED/MW/MWG	55%

n=18

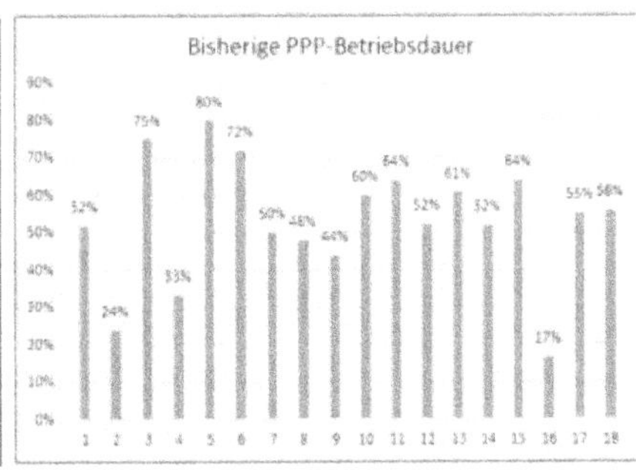

Tabelle 1.1: Bisherige PPP-Betriebsdauern

(13) Bei den PPP-Baukosten handelt es sich um Festpreise inkl. Zwischenfinanzierung, die Einhaltung der Fertigstellungstermine wird z.T. mit Vertragsstrafen unterlegt. Bei 16 Projekten ist die Finanzierung der Baukosten Vertragsbestandteil. In 11 Fällen ist eine Forfaitierung mit Einredeverzicht vorgesehen, in 5 Fällen liegt eine Projektfinanzierung vor. Bei 2 Projekten übernimmt die Kommune die Endfinanzierung der Baukosten.

PPP-Finanzierungsstruktur

(14) Zu den typischen PPP-Vertragsinhalten zählt eine langfristige Instandhaltungsverpflichtung auf Basis von Service Levels mit Rücklagenkonto, Energiemanagement mit garantierten maximalen Verbrauchsmengen für Wasser, Wärme und Strom, Reinigungsleistungen sowie das Objektmanagement. Die Nichteinhaltung der Leistungspflichten führt idR zu Entgeltabzügen.

PPP-Vertragsinhalt

(15) Für das konventionellen Beschaffungsverfahren (KBV) wurden zum einen die Kostenkennwerte des BKI-Baukosteninformationssystems der Deutschen Architektenkammern sowie zum anderen Kostenkennwerte der KGST – kommunale Gemeinschaftsstelle für Verwaltungsmanagement – aus dem Jahr 2014 mit den Daten von 990 Gebäuden herangezogen (814 konventionellen Schulen - darunter 489 Allgemeinbildende Schulen mit Sporthalle, 214 Allgemeinbildende Schulen ohne Sporthalle, 73 Berufsbildende Schulen mit Sporthalle, 26 Berufsbildende Schulen ohne Sporthalle, 12 Förderschulen und 176 Verwaltungsgebäuden).

BKI-Kennzahlen und KGSt-Betriebsdaten von 990 Schulen und Verwaltungsgebäuden

1.5 Methodik

(16) Methodische Basis der Untersuchung ist grundsätzlich der Leitfaden „Wirtschaftlichkeitsuntersuchungen bei PPP-Projekten" (2006). Für den Vergleich der konventionellen und PPP-Lebenszykluskosten sind danach die Baukosten nach DIN 276, die Nutzungskosten nach DIN 18960, Verfahren, Qualitäten, Risikotransfer und Wertentwicklung des Objekts zu analysieren.

FMK-Leitfaden 2006 Benchmark: Beschaffungswirklichkeit (Durchschnittswerte)

(17) Nach dem FMK-Leitfaden ist der maßgebliche Benchmark für PPP die konventionelle Beschaffungswirklichkeit. In der Praxis werden dafür konventionelle Durchschnittswerte herangezogen. Dagegen sollen PPP-Projekte nach verbreiteter Ansicht der Rechnungshöfe mit dem sog. optimierten Eigenbau verglichen werden. Unter der Annahme, dass die Kennwerte der Architektenkammern eher Empfehlungen für optimierte Lösungen darstellen, während die KGSt-Vergleichsringdaten eher die Sachzwänge der kommunalen Beschaffungswirklichkeit abbilden, werden die PPP-Daten vorliegend mit zwei konventionellen Varianten verglichen:

Anforderung der Rechnungshöfe PPP-Vergleich mit dem optimierten Eigenbau

(18)   1) KGSt-Variante mit Betriebsdaten aus der Vergleichsringarbeit der KGST, kombiniert mit Baukosten und Bauzeiten nach BKI-Kennwerten

PPP-Vergleich mit 2 KBV – Varianten

(19)   2) BKI-Variante mit BKI-Kennwerten für Baukosten, Bauzeit und Nutzungskosten.

(20) Bei den PPP-Projekten werden auf Basis der Vertragsdaten die jährlich anfallenden Kosten über die vereinbarte Vertragslaufzeit kalkuliert.

(21) Bei den konventionellen Projekten sind keine Betriebsdaten von einzelnen Projekten über längere Nutzungszeiträume (z.B. 25 Jahre) verfügbar. Die KGST- und BKI-Vergleichsdaten repräsentieren die durchschnittlichen Betriebskosten vieler Vergleichsprojekte pro Jahr. So stammen etwa die KGST-Vergleichsdaten aus einer Erhebung der Betriebskosten aus dem Betriebsjahr 2014. Der Kennwert z.B. zu den Instandsetzungskosten ist dementsprechend der Durchschnittswert von z.B. 800 Schulen aus diesem Erhebungsjahr. Die Einzelprojekte haben unterschiedliche Baujahre, die Instandsetzungskosten der einzelnen Projekte sind dementsprechend auch unterschiedlich; so wie bei einem einzelnen Projekt die Instandhaltungskosten niemals linear, sondern in unterschiedlicher Höhe mit Spitzen in einzelnen Jahren anfallen. Dieser Effekt wird durch die große Fallbasis gespiegelt. Dadurch wird die Aussagekraft des Durchschnittswertes als Basis für einen langfristigen Vergleichszeitraum valide. Beim Kostenvergleich von PPP und KGST/BKI wird daher die grundsätzliche Annahme getroffen, dass z.B. die Instandsetzungskosten des Jahres 2014 über den gesamten Vergleichszeitraum von 25 Jahren in Höhe des Kennwertes anfallen werden.

Kennzahlen von BKI und KGST

(22) Die konventionellen Kennzahlen müssen ebenso wie die PPP-Kosten für den gleichen Zeitraum indexiert werden. Liegt der PPP-Vertragszeitraum von 2010 bis 2035, dann wird der KGST-Kennwert von 2014 zunächst auf 2010 zurückindexiert. Anschließend erfolgt dann die Indexierung der einzelnen Kostengruppen über 25 Jahre. Dafür wurde jeweils der spezifische Indexwert der einzelnen Kostengruppen einheitlich für die PPP- und KBV-Kosten herangezogen[9]. Um die Auswirkungen unterschiedlicher Preissteigerungsraten aufzuzeigen, wurden Sensitivitätsanalysen durchgeführt.

Indexierung

(23) Auf diese Weise lassen sich indexierte Gesamtkosten der einzelnen Kostengruppen und die Summe aller indexierten Kosten über 25 Jahre für die einzelnen Varianten PPP, KGST und BKI ermitteln und miteinander vergleichen. Die Ergebnisübersichten zum Kostenvergleich, zum Vergleich der Qualitäten und zu den Einzelergebnissen der 18 Projekte finden sich in Anhang A1, A2 und A4.

Vergleich von indexierten Gesamtkosten über die Vertragslaufzeit

(24) Bei der Auswertung wurden soweit möglich als Mittelwerte das arithmetische Mittel, der Median und das nach BGF gewichtete Mittel sowie der Mittelwert der vorgenannten Mittelwerte ausgewiesen. Die Unterschiede auf das Gesamtergebnis sind in Anhang A3 dargestellt.

Ausweis unterschiedlicher Mittelwerte

(25) Eine zusätzliche Barwertbetrachtung der Gesamtkosten erfolgt im Rahmen dieser Untersuchung nicht. Die Projekte liegen in unterschiedlichen Zeitspannen, die Zinssätze der Kapitalkosten unterscheiden sich daher erheblich. Nach dem Prinzip des FMK-Leitfadens, dass der relevante Diskontierungszinssatz dem langfristigen Refinanzierungszinssatz der konventionellen Variante entspricht, würden die Barwerte der einzelnen Projekte daher mit erheblichen Unterschieden ermittelt. Im Übrigen ist zu beachten, dass die Barwertermittlung die Bedeutung von in der Zukunft liegenden Kosten gegenüber den zeitlich früher anfallenden Kosten reduziert. Das erscheint gerade im Hinblick auf die Auswirkung (zu niedriger) Instandhaltungsbudgets auf Nutzungsdauer und Restwerte der Objekte bedenklich.

Keine Barwertbetrachtung

1.6 Risikobewertung

(26) Bei Wirtschaftlichkeitsuntersuchungen von unterschiedlichen Handlungsalternativen muss grundsätzlich ein unterschiedlicher Risikotransfer berücksichtigt werden. Allerdings bedarf es für die Quantifizierung von entsprechenden Risikokosten einer hinreichenden Datengrundlage.

(27) In der vorliegenden Untersuchung konnte für die Bewertung des Instandhaltungsrisikos auf die Ergebnisse der PPP-Schulstudie (2019) zurückgegriffen werden. Dort wurde auf Basis der Daten von 880 konventionellen Schulen und 50 PPP-Schulprojekte Risiko und Chance von unterschiedlichen Instandhaltungsbudgets und Organisationsstrukturen untersucht. Dabei konnte gezeigt werden, dass die pauschalierenden Soll-Empfehlungen der KGST für ein mittleres Instandhaltungsniveau mit den Auswertungen von bauteilspezifischen Instandhaltungskalkulationen nach dem BNB-Leitfaden korrespondieren. Unterlegt durch Praxisberichte

Quantifizierung des Instandhaltungsrisikos

kann so abgeleitet werden,

(28) (1) dass niedrigere Instandhaltungsbudgets ein erhebliches Risiko von Bauschäden, verkürzten Nutzungsdauern und reduzierten Restwerten bergen,

(29) (2) dass der KGST-Kennwert für ein jährliches Instandhaltungsbudget in Prozent der Wiederherstellungskosten ein mittleres Instandhaltungsniveau ermöglicht

(30) (3) und dass sich höhere Instandhaltungsbudgets positiv auf Nutzungsdauer und Restwerte auswirken.

(31) Kein Ansatz erfolgte insbesondere für die Bewertung von Finanzierungsrisiken aus der Zwischenfinanzierung und der Endfinanzierung der Baukosten (insbesondere bei den Projektfinanzierungsprojekten). Die PPP-Baukosten inklusive der Kosten der Zwischenfinanzierung sind ein Festpreis; daher nimmt die PPP-Firma für die Zwischenfinanzierung eine Zinssicherung vor. Wird konventionell der Mittelabfluss in der Bauphase über Kassenkredite finanziert, erfolgt dagegen keine Zinssicherung. Der Ansatz von um 60 Basispunkte höheren PPP-Zinssätzen bewirkt insoweit einen kostenmäßigen Vorteil für die konventionellen Varianten, dem ein qualitativer Vorteil bei PPP gegenübersteht. Dieser qualitative Unterschied wurde vorliegend beim Kostenvergleich außer Acht gelassen.

Kein Ansatz für Finanzierungsrisiken

1.7 Möglichkeiten und Grenzen dieser Untersuchung

(32) Bei der Berechnung wurden folgende Annahmen getroffen:

- Bei Sanierungsprojekten und Projekten mit mehreren Standorten wurde sowohl bei PPP als auch bei den beiden konventionellen Varianten von einem einheitlichen Nutzungsbeginn ab Gesamtfertigstellung ausgegangen.

- Bei der Finanzierung wurde beim konventionellen Verfahren davon ausgegangen, dass die Baukosten zwischenfinanziert und dann ab Nutzungsbeginn zusammen mit den Baukosten fremdfinanziert werden.

- Für die konventionellen Finanzierungszinssätze wurden nicht die IST-Daten der tatsächlichen konventionellen Finanzierungspraxis abgefragt, sie wurden vielmehr aus den in den PPP-Preisblättern offengelegten Aufschlägen auf den Referenzzinssatz und Erfahrungswerten abgeleitet.

- Es erfolgte keine Berücksichtigung der PPP-spezifischen Indexierungsregeln (die PPP-Preisindexierung greift z.B. oftmals erst alle 5 Jahre oder nach Überschreiten eines bestimmten Schwellenwertes). Es wurden für PPP und KBV-Varianten einheitliche Indexierungswerte angesetzt, die von den im PPP-Vertrag vereinbarten Indizes abweichen können.

- Die PPP- und KBV-Entsorgungskosten (DIN 18960 KG 320) sowie die Kosten für Mensa bzw. Cafeteria wurden grundsätzlich gleichgesetzt.

Vereinfachende Annahmen

(33) Im Rahmen dieser Untersuchung konnten qualitative Aspekte bei einzelnen Kostenarten zum Teil nur eingeschränkt überprüft werden:

Z.T. eingeschränkte Überprüfung der Qualitäten

- Ein Vergleich der PPP-Bauleistung mit BKI-Kennzahlen war bei Sanierungsprojekten nur eingeschränkt möglich.

- Bei der Bewertung der Instandhaltungsleistungen konnte auf die Ergebnisse der PPP-Schulstudie (2019) zurückgegriffen werden.

- Bei den Versorgungskosten konnte eine Auswertung von garantierten und tatsächlichen Verbrauchsmengen und Kosten nur bei einem Teil der Projekte durchgeführt werden. Beim Stromverbrauch wurde kein Benchmarkvergleich durchgeführt, weil bei mehreren Projekten keine Nutzerstromdaten vorlagen[10].

- Bei den Reinigungsleistungen (DIN 18960 KG 330/40) konnte nur bei einem Projekt eine qualitative Auswertung durchgeführt werden.

2   Die Ergebnisse zu den PPP-Neubauprojekten
2.1   Baukosten
2.1.1 Kosten

Baukosten NEU+NEU/SAN	PPP/BKI	BGF
Maximum	-32%	80.421
1. Quartil	-21%	11.051
Median (MED)	-15%	15.770
3.Quartil	-11%	30.720
Minimum	-4%	4.298
Mittelwert (MW)	-16%	23.190
Mittelwert gewichtet (MWG)	-20%	
Ø MED/MW/MWG	-17%	

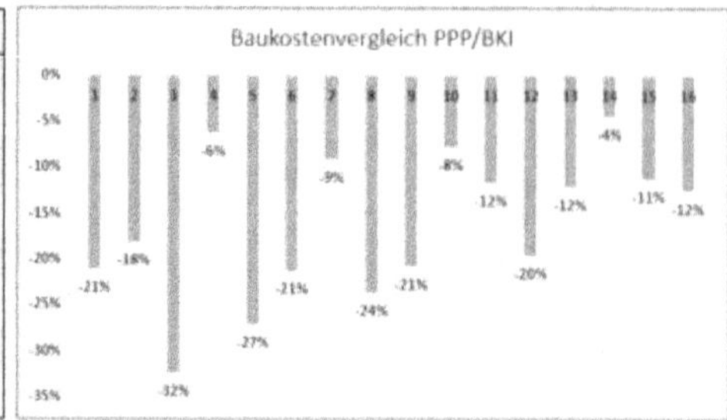

n=16

Tabelle 2.1: Baukosten PPP/BKI

a) ERGEBNIS:

(34) Die PPP-Baukosten der 16 Projekte liegt zwischen 15% (Median) und 20% (nach BGF gewichteter Mittelwert) unter den BKI-Kennwerten; dabei steigt der Vorteil mit zunehmendem Projektvolumen. Nimmt man den Durchschnittswert aus Median, arithmetischem Mittel und gewichtetem Mittelwert, so ergibt sich ein durchschnittlicher Vorteil von 17%. Alle untersuchten Projekte liegen unter dem BKI-Vergleichswert, die Spanne reicht von -4% bis zu -32%.

PPP-Baukosten 15% - 20% unter BKI (Ø -17%)

b) ANMERKUNGEN:

(35) Die Datenbasis der hier untersuchten Fallgruppe umfasst insgesamt 16 Projekte mit insgesamt 371.000 qm BGF. Zu den Projekten zählen zum einen 14 Schulprojekte mit 25 Gebäuden und 11 Sporthallen und zum anderen 2 Projekte mit Verwaltungsgebäuden. Die 16 Projekte setzen sich aus 13 reinen Neubauprojekten und 3 kombinierten Neubau- und Sanierungsprojekten zusammen.

(36) Die BKI-Vergleichskosten enthalten die Kostengruppen der DIN 276 KG 200-700. Die Grundstückskosten wurden im Rahmen dieser Untersuchung nicht betrachtet. Es wurden für die unterschiedlichen Gebäudetypen (Schulgebäude, Sporthalle, Verwaltungsgebäude, Neubau/Modernisierung) die entsprechenden BKI-Vergleichswerte herangezogen. Für die Baunebenkosten (DIN 276 KG 700 ohne Zwischenfinanzierung) erfolgte ein Ansatz von 21% der Kostengruppen 200-600.

(37) In dem oben dargestellten Ergebnis sind die Kosten der Zwischenfinanzierung (DIN 276 KG 760) enthalten. Die konventionellen und PPP-Baukosten mit und ohne Zwischenfinanzierungskosten unterscheiden sich im Ergebnis nicht. Das liegt an zwei gegenläufigen Effekten: Aufgrund der niedrigeren Baukosten und der kürzeren Bauzeit sind die PPP-Zwischenfinanzierungskosten zwar grundsätzlich niedriger, diesem Vorteil steht aber ein höherer Finanzierungszinssatz gegenüber.

2.1.2 Qualitative Aspekte

(38) Im Hinblick auf den Baustandard kam bei 10 Projekten der BKI-Mittelwert für Neubauten zum Ansatz, bei einem Passivhausprojekt wurden für die KG 300 (Baukonstruktion) und KG 400 (Technische Anlagen) die BKI-Kennwerte von Passivhausprojekten herangezogen. 5 Projekte verfügen über einen überdurchschnittlichen Baustandard, dies wurde mit Ansätzen zwischen BKI-Mittel- und Maximalwerten berücksichtigt.

PPP-Baustandard 10 x Durchschnitt 1x Passivhaus 5x über Durchschnitt

(39) Die BKI-Vergleichsdaten ermöglichen eine qualitative Differenzierung der Projekte, in dem die wesentlichen Merkmale der Herrichtung und Erschließung, der Baukonstruktion, der technischen Anlagen, der Außenanlagen und der Ausstattung verglichen werden können. In der nachfolgenden Tabelle zeigen fünf der sieben BKI-Vergleichsschulen einen durchschnittlichen Baustandard, die PPP-Berufsschule ist dagegen eher mit den beiden überdurchschnittlich eingeordneten BKI-Berufsschulen vergleichbar[11].

Beispiel zur Baustandard-Differenzierung

DIN 276	Berufliche Schule BKI 4200-0008	Berufliche Oberschule BKI 4200-0017	Gewerbliche Schule BKI 4200-0018	Kompetenz-zentrum BKI 4200-0021	Unterrichts- / Werkstatt-gebäude BKI 4200-0022	Berufliche Schule BKI 4200-0027	Berufliche Schule BKI 4200-0030	Berufskolleg DU
KG 200	Abbruch Gebäude, Abbruch Fundamente	Abbruch Betonpflaster-steine, Abbruch Asphalt-flächen	Abbruch von Lagergebäu-den, Abbruch Bodenplatte, Laubbäume fällen		Abbruch Maschen-drahtzaun, Abbruch Silo, Abbruch Fundamente, Bäume fällen	Abbruch Altbau	Abbruch von Gebäuden, Kampfmittelbe-seitigung	Räumung des Geländes, Abbruch kleines Gebäude
KG 300	Stahlbeton-Wände/ Dec-ken/ Boden-platte, Kas-settenwände, Tiefgarage (147 Stell-plätze)	Stahlbeton Gründung/ Unterge-schoss, Holz-massivwände Innen/ Außen, Brettsperrholz-decken, Ein-bauschränke und Regale	Stahlbeton-Bodenplatte, Stahlbeton-Wände/-decken, Kasetten-wände	Stahlbeton-Bodenplatte/ Decke, Stahl-beton-Fertig-teilwände, z.T. extensive Begrünung	Stahlbeton-Bodenplatte Holzrahmen-wände (aus-sen), KS Mau-erwerk (innen)	Stahlbeton-Bodenplatte Stahlbeton-Wände / Decken	Bohrpfähle, Stahlbeton-Bodenplatte, Stahlbeton-Wanne, Ver-bundmauer-werk, exten-sive Dachbe-grünung	Stahlbeton-Bodenplatte, Bohrpfähle, Stahlbeton-Fertigteile Innen/Außen, Tiefgarage (452 Stellplätze), extensive Begrünung
KG 400	Hackschnitzel-anlage, Gas-heizkessel, Wärmepumpe mit Wärmerück-gewinnung	Gasheiz-kessel, Fußboden-heizung	Gasheiz-kessel, Wärme-pumpen	Fassaden-integrierte Photovoltaik, dezentrale Wasser-versorgung, Fernwärme, Reinraum	Gas-/Brenn-wert-Therme, dezentrale Lüftungsan-lage mit Wärmerück-gewinnung	Luft-/Erdwärme-Tauscher, Photovoltaik-anlage, keine statische Heizung	Fernwärme-versogung, Erdwärme-sonden, Fußboden-heizung, Schranklen-anlage	Geothermie-anlage Klimatisierung
KG 500	Stahlbeton Fertigteil-platten, Verkehrsinsel	Asphaltbeton-deckschicht, Brücke zum Bestands-gebäude	Betonpflaster, Hecken	43 Stellplätze, Pflaster und Asphaltbelag Baumbe-pflanzung, Hecken	Feinplanum, Naturstein-schotter		Verbund-pflasterstein, Sitzflächen, Begrünung	Schotterwege, Begrünung / Baum-pflanzung
KG 600	Komplette Möblierung inkl. techn. Ausstattung, Einschienen-hängebahn	Teilmöblierung (Tische, Stühle, Müll-eimer), Bea-mer und Overhead-projektoren	Besondere techniche Anlagen, komplette Möblierung incl. techn. Ausstattung		Kristallspiegel, WC-Bürsten-garnitur		Komplette Möblierung inkl. techn. Ausstattung, Möblierung der Cafeteria	Möblierung Fachräume u. Werkstätten, technische Ausstattung u. Möblierung der Cafeteria
STAN-DARD	Über Durchschnitt	Durchschnitt	Über Durchschnitt	Durchschnitt	Durchschnitt	Durchschnitt	Durchschnitt	Über Durchschnitt

Tabelle 2.2: Beispiel zur Bewertung des Baustandards

(40) . Zur Baukostensicherheit vergleiche unten Rn. 205 ff.

2.2　Bauzeiten

Bauzeiten NEU+NEU/SAN	PPP/BKI	BGF
Maximum	-41%	15.956
1. Quartil	-35%	11.051
Median (MED)	-35%	15.770
3.Quartil	-25%	30.720
Minimum	0%	33.427
Mittelwert (MW)	-30%	23.190
Mittelwert gewichtet (MWG)	-27%	
Ø MED/MW/MWG	-30%	

n=16

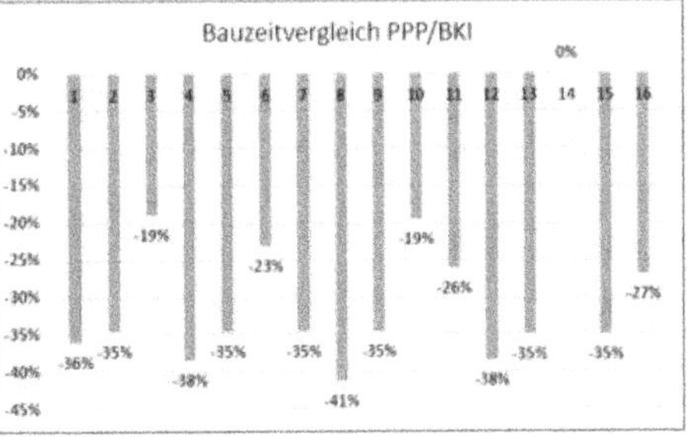

Tabelle 2.3: Bauzeiten PPP/BKI

a)　ERGEBNIS

(41) Die PPP-Bauzeit der 16 Projekte liegt im Mittel um 30% unter den BKI-Kennwerten. Keines der untersuchten Projekte übersteigt den BKI-

PPP-Bauzeiten
Ø 30% unter BKI

Vergleichswert, die Spanne reicht von 0% bis -41%.

(42) Bei den größeren PPP-Projekten mit mehreren Standorten wird die Effizienz der PPP-Bauleistung durch den Vergleich der Gesamtbauzeit mit der konventionellen Bauzeit für ein Gebäude nicht hinreichend abgebildet. So erfolgte bei einem PPP-Projekt mit 4 Standorten die Bauleistung in der gleichen Zeit (26 Monate), in der konventionell ein Projekt gebaut wird. Die Effizienz der PPP-Leistung wird hier deutlich, wenn man das realisierte Bauvolumen pro Monat betrachtet: Bei PPP liegt das bei 2,4 Mio. € / Monat, konventionell bei 0,4 Mio. € / Monat; das ist ein Vorteil um den Faktor 6.

Hohe Zeiteffizienz bei größeren Projekten

b) ANMERKUNGEN:

(43) Die PPP-Bauzeit definiert sich vom Start der Bauarbeiten bis zur Fertigstellung des Gebäudes und dem damit einhergehenden Nutzungsbeginn.

(44) Zur durchschnittlichen BKI-Bauzeit bei konventionellen Schulen (25,9 Monate) vgl. PPP-Schulstudie 2019, Rn. 19.

(45) Effiziente Bauzeiten sind kostenrelevant: Sie wirken sich z.B. aus auf die Personalbindung, die Kosten der Baustelleneinrichtung, die Zwischenfinanzierung, Interimskosten oder Möglichkeiten der früheren Verwertung von Altstandorten etc.

(46) Zur PPP-Terminsicherheit vgl. unten Rn. 210 ff.

2.3 DIN 276 KG 760 – Zwischenfinanzierung
2.3.1 Kosten

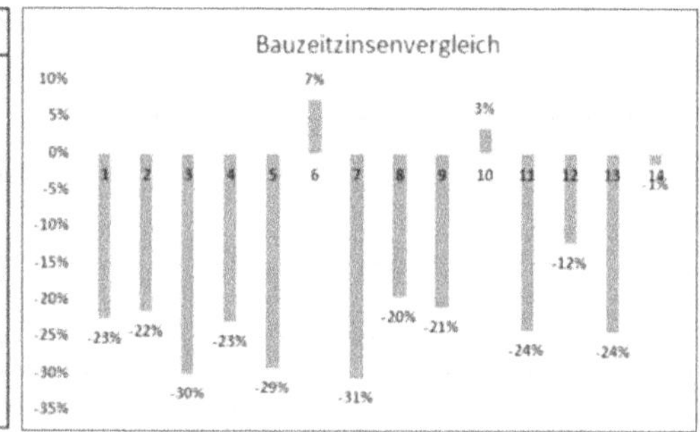

ZwiFi-Zinsen NEU/NEU+SAN	PPP/KBV
Minimum	-31%
1. Quartil	-24%
Median (MED)	-22%
3.Quartil	-14%
Maximum	7%
Mittelwert (MW)	-18%
Mittelwert gewichtet (MWG)	-20%
Ø MED/MW/MWG	-20%

n= 14

Tabelle 2.4: Zwischenfinanzierung PPP/BKI

a) ERGEBNIS:

(47) Die PPP-Zwischenfinanzierungskosten liegen im Mittel um 20% unter den konventionellen Kosten der Zwischenfinanzierung. Zwei PPP-Projekte liegen über dem konventionellen Vergleichswert, die Spanne reicht von +7% bis -31%.

b) ANMERKUNGEN:

(48) Die Auswertung der Projektdaten stützt sich auf von den PPP-Firmen zur Verfügung gestellte Unterlagen. Ausgehend von den in den PPP-Preisblättern offengelegten Zinskonditionen und Margenaufschlägen auf den Referenzzins wurde vorliegend bei den PPP-Projekten ein durchschnittlicher Margenaufschlag von 63 Basispunkten angesetzt.

PPP-Mehrkosten für Zinssicherung

2.3.2 Qualitative Aspekte

(49) Die Ursache von höheren Zinskonditionen des Privaten im Vergleich zu öffentlichen Zinssätzen liegt zum einen an unterschiedlichen Bonitäten von privaten und öffentlichen Kreditnehmern. Zum anderen kommt hier aber auch zum Tragen, dass bei PPP die Baukosten als Festpreis vereinbart werden und daher für die PPP-Zwischenfinanzierung Zinssicherungsvereinbarungen getroffen werden, um das Zinssteigerungsrisiko im Griff zu halten. Bei der konventionellen Realisierung wird dagegen der Mittelabfluss idR mit Kontokorrent-Krediten finanziert, d.h. das Zinsänderungsrisiko wird hier idR nicht abgesichert.

Ursache: PPP: Baukosten-Festpreis zwingt zur Zinssicherung

(50) Der qualitative Vorteil der Zinssicherung manifestiert sich auch in den sehr guten PPP-Werten zur Kosten- und Terminsicherheit (siehe unten Rn. 205 ff.).

Zinssicherung eine Ursache für gutes Kosten- u. Termin-management

2.4 DIN 18960 KG 100 – Kapitalkosten
2.4.1 Kosten

DIN 18960 KG 100	PPP/KBV
Minimum	-26%
1. Quartil	-20%
Median (MED)	-15%
3.Quartil	-9%
Maximum	0%
Mittelwert (MW)	-14%
Mittelwert gewichtet (MWG)	-17%
Ø MED/MW/MWG	-15%

n=16

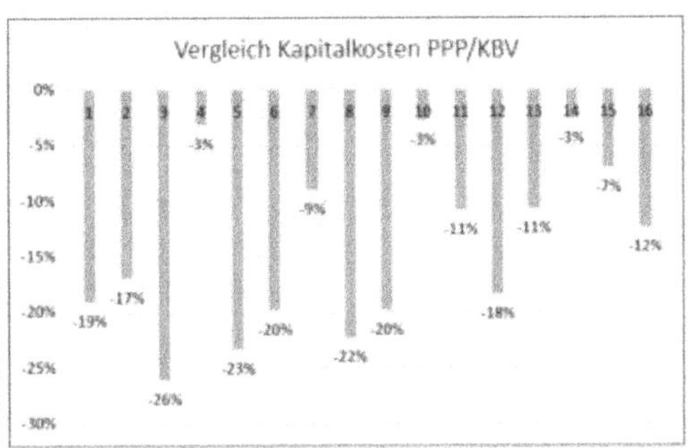

Tabelle 2.5: Kapitalkosten PPP/KGST und PPP/BKI

a) ERGEBNIS:

(51) Die PPP-Finanzierungskosten liegen im Mittel um 15% unter den konventionellen Finanzierungskosten. Die Spanne reicht von 0% bis -26%.

(52) Der Anteil der Kapitalkosten an den Nutzungskosten über die Vertragslaufzeit beträgt bei PPP durchschnittlich 59,2%, bei der KGST-Variante 67,7% und bei der BKI-Variante 59,0% (siehe unten Rn. 155).

b) ANMERKUNGEN:

(53) Das Ergebnis zu den Kapitalkosten erklärt sich aus den niedrigeren Baukosten, der dort ermittelte PPP-Vorteil verringert sich allerdings etwas aufgrund der höheren Finanzierungszinssätze.

Höhere PPP-Zinssätze

(54) Die PPP- und KBV-Kapitalkosten sind auf Basis von kongruenten Finanzierungsstrukturen ermittelt, d.h. der anfängliche Kapitalbetrag wird während der Vertragslaufzeit grundsätzlich vollständig getilgt (Vollamortisation).

Kongruente Finanzierungs-strukturen

(55) Von den 16 PPP-Projekten erfolgt die Endfinanzierung bei 11 Projekten mit einer Forfaitierung mit Einredeverzicht. Die PPP-Firma verkauft hier ihre im PPP-Vertrag vereinbarte Kreditforderung gegen die Kommune (Finanzierung der Baukosten) an eine refinanzierende Bank; gegenüber dieser Bank erklärt die PPP-Kommune den Verzicht aus Einreden aus dem PPP-Vertrag. Das führt dazu, dass die ankaufende Bank kommunalkreditähnliche Konditionen auslegen kann, die die PPP-Firma im PPP-Vertrag entsprechend verankert. Im Vergleich zur konventionellen Finanzierung wurden vorliegend durchschnittlich um 18 Basispunkte höhere Finanzierungszinssätze angesetzt.

PPP-Forfaitierung mit Einredeverzicht

(56) Bei 5 der 16 PPP-Projekte handelt es sich um sog. Projektfinanzierungen. Hier trägt die refinanzierende Bank das Risiko, dass die PPP-Kommune Entgeltkürzungen wegen Soll-Abweichungen vom PPP-Vertragsinhalt vornimmt und dadurch auch die Refinanzierung tangiert wird. Aufgrund der damit übernommenen Projektrisiken sind hier die Zinssätze im Vergleich zum risikolosen Kommunalkredit deutlich höher. Vorliegend wurde ein Aufschlag von durchschnittlich 59 Basispunkten angesetzt.

Projektfinanzierung

(57) Zu beachten ist, dass bei der Projektfinanzierung weitere Mehrkosten bei den sonstigen Betriebskosten anfallen (siehe unten bei DIN 18960, KG 390).

(58) Bei 2 PPP-Projekten ist die Endfinanzierung der Baukosten nicht PPP-Vertragsbestandteil. Die PPP-Baukosten werden hier von der Kommune nach Abnahme und Fertigstellung bezahlt und konventionell durch Kreditaufnahme finanziert.

PPP ohne Endfinanzierung

2.4.2 Qualitative Aspekte

(59) Ein höherer Refinanzierungszinssatz kann durch eine qualitative Mehrleistung bedingt sein. So erhält die PPP-Kommune bei der Projektfinanzierung auch eine Gegenleistung: Aufgrund der übernommenen Projektrisiken besitzt die refinanzierende Bank ein Eigeninteresse an einer ordnungsgemäßen Projektdurchführung durch die PPP-Firma; daher werden vor Vertragsschluss eine Vertragsprüfung und im Projektverlauf kontinuierliche Berichtspflichten und Kontrollmaßnahmen installiert. Damit wird zB. die Einhaltung der vereinbarten Instandhaltungsqualität und eine zweckbestimmte Verwendung der Instandhaltungsrücklage überwacht. Es besteht insofern ein Interessengleichklang zwischen Kommune und refinanzierender Bank, die aus dem Blickwinkel der Kommune eine zusätzliche Versicherungsfunktion übernimmt. Im konventionellen Verfahren erfolgte vorliegend für diese Leistung kein entsprechender quantitativer Ansatz.

2.5 DIN 18960 KG 200 – Objektmanagement
2.5.1 Kosten

DIN 18960 KG 200	PPP/KGST
Minimum	-73%
1. Quartil	-15%
Median (MED)	11%
3.Quartil	22%
Maximum	110%
Mittelwert (MW)	11%
Mittelwert gewichtet (MWG)	14%
Ø MED/MW/MWG	12%

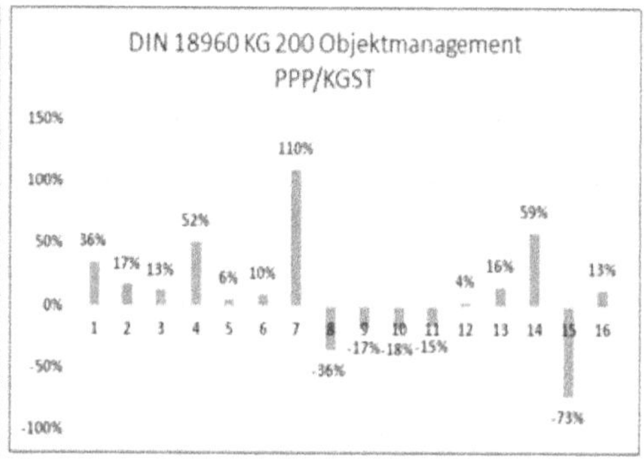

n=16

DIN 18960 KG 200	PPP/BKI
Minimum	-62%
1. Quartil	-3%
Median (MED)	18%
3.Quartil	34%
Maximum	145%
Mittelwert (MW)	23%
Mittelwert gewichtet (MWG)	27%
Ø MED/MW/MWG	23%

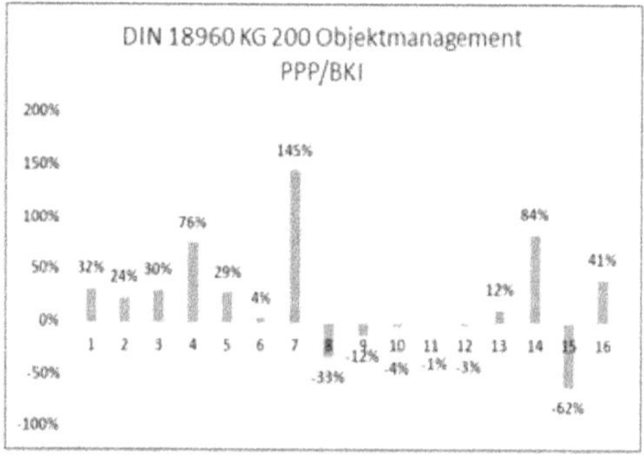

n=16

Tabelle 2.6: Objektmanagement PPP/KGST und PPP/BKI

a) ERGEBNIS:

(60) Im Vergleich zur KGST-Variante sind die PPP-Objektmanagementkosten um durchschnittlich 12% höher, gegenüber der BKI-Variante sind es 23%. Bei steigendem Projektvolumen ergeben sich höhere Werte (PPP/KGST: +14%; PPP/BKI: +27%).

PPP: Objektmanagement kosten
Ø +12% > KGST
Ø +23% > BKI

(61) Der Anteil der Objektmanagementkosten an den Nutzungskosten über die Vertragslaufzeit beträgt bei PPP durchschnittlich 6,7%, bei KGST 6,0% und bei BKI 4,6% (siehe Rn. 155, zu weiteren Objektmanagementkosten siehe Rn. 122f).

+ anteilig Kosten aus KG 390

b) ANMERKUNGEN:

(62) Im Einzelvergleich der 16 Projekte zeigt sich auf den ersten Blick kein ganz einheitliches Bild: Gegenüber der KGST-Variante liegen die Objektmanagementkosten bei 5 Projekten, gegenüber der BKI-Variante bei 6 Projekten unter den konventionellen Kosten. Allerdings ist zu beachten, dass

Keine einheitliche Kostenzuordnung bei PPP-Projekten

die erheblichen Kostenunterschiede in der Kostengruppe DIN 18960 KG 390 (Sonstige Betriebskosten) auch darauf beruhen dürften, dass dort Kostenbestandteile enthalten sind, die systematisch den Objektmanagementkosten zuzuordnen sind (siehe unten unter DIN 18960 KG 390). Umgekehrt könnten bei den Projekten Nrn. 7 und 14 Bestandteile anderer Kostengruppen in den PPP-Objektmanagementkosten enthalten sein.

(63) Bei den PPP-Objektmanagementkosten ist zu beachten, dass die PPP-Personalkosten mit Umsatzsteuer belastet sind, während die Kosten der öffentlichen Bediensteten umsatzsteuerfrei sind. PPP-Projekte führen insofern zu MWST-Mehreinnahmen bei Bund, Ländern und Kommunen.

Mehrwertsteuer auf PPP-Personalkosten

2.5.2 Qualitative Aspekte

(64) Höhere PPP-Personalkosten können mit den PPP-immanenten Anreiz- und Haftungsstrukturen erklärt werden: Die PPP-Firmen haben eine langfristige Gewinnerzielungschance, stehen dafür aber auch über eine lange Vertragsdauer in der Leistungsverpflichtung, im Kostenrisiko und in der Betreiberhaftung. Bei Soll-Abweichungen von den Service Levels drohen Entgeltkürzungen und Regressansprüche. Demgegenüber verspricht ein effizientes Energiemanagement eine Beteiligung an Kosteneinsparungen bei den Medienverbräuchen; ein effizientes Instandhaltungsmanagement eröffnet die Chance auf anteilige Auszahlung eines bei Vertragsende vorhandenen Guthabens auf dem Rücklagenkonto. Es ist demnach notwendig und lohnend, dem mit ausreichendem und gut qualifiziertem Personal und einer gut organisierten Firmenhierarchie mit Projektleitern vor Ort und koordinierend steuernden Bereichsleitern unterhalb der Geschäftsführung Rechnung zu tragen. Diese Haftungs- und Anreizstruktur bedingt - im eigenen Interesse der PPP-Firma – auch die Einrichtung und Vorhaltung eines effizienten IT-basierten Controlling- und Monitoring-System zur Steuerung der Betriebsabläufe. Davon profitiert naturgemäß dann auch der öffentliche Vertragspartner.

Ursache für höhere Personalkosten: Anreizstrukturen im PPP-Vertrag: Betreiberhaftung und Erfolgsbeteiligung

2.6 DIN 18960 KG 300 – Betriebskosten

DIN 18960 KG 300	PPP/KGST
Minimum	-19%
1. Quartil	13%
Median (MED)	18%
3.Quartil	31%
Maximum	72%
Mittelwert (MW)	21%
Mittelwert gewichtet (MWG)	19%
Ø MED/MW/MWG	19%

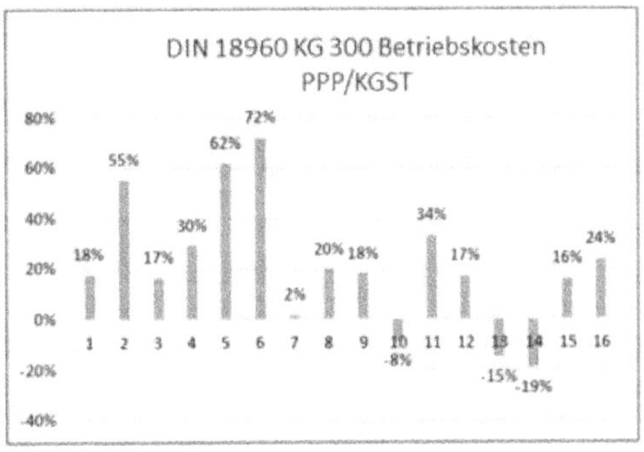

n=16

DIN 18960 KG 300	PPP/BKI
Minimum	-62%
1. Quartil	-34%
Median (MED)	-29%
3.Quartil	-2%
Maximum	19%
Mittelwert (MW)	-21%
Mittelwert gewichtet (MWG)	-21%
Ø MED/MW/MWG	-24%

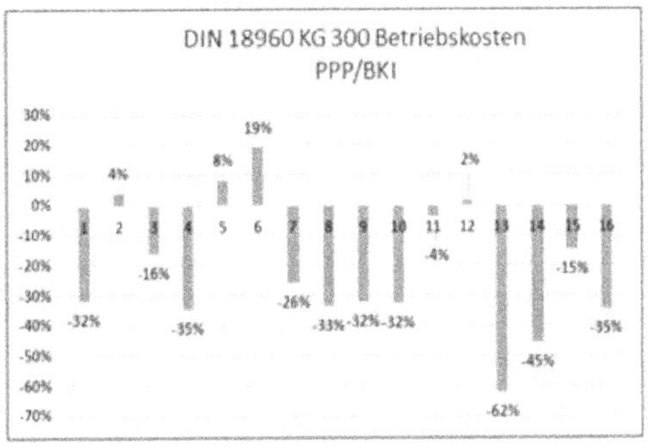

n=16

Tabelle 2.7: Betriebskosten PPP/KGST und PPP/BKI

a) ERGEBNIS:

(65) Die PPP-Betriebskosten liegen im Mittel um 19% über den KGST-Betriebskosten. 13 der 16 PPP-Projekte liegen über den KGST-Kennwerten.

PPP-Betriebskosten Ø +19% > KGST / Ø -24% < BKI

(66) Die BKI-Kennwerte zu den Betriebskosten werden von den PPP-Projekten im Mittel um 24% unterschritten. 4 der 16 PPP-Projekte überschreiten die BKI-Werte.

(67) Der Anteil der Betriebskosten an den Nutzungskosten über die Vertragslaufzeit beträgt bei PPP durchschnittlich 21,4%, bei KGST 17,5% und bei BKI 23,2% (siehe unten Rn. 155).

b) ANMERKUNGEN:

(68) Die Kostendifferenz PPP/KGST beruht im Wesentlichen auf höheren Kosten bei Wartung und Inspektion (DIN 18960 KG 350), Objektmanagement (DIN 18960 KG 200) und den sonstigen Betriebskosten (DIN 18960 KG 390).

PPP/KGST:
Unterschiede bei
Wartung u. sonst.
Betriebskosten

(69) Die PPP-Betriebskosten unterschreiten die BKI-Betriebskosten insbesondere in den Kostengruppen Versorgungskosten (DIN 18960 KG 310) sowie Wartung und Inspektion (DIN 18960 KG 350).

PPP/BKI:
Unterschiede bei
Versorgung u.
Wartung

2.7 DIN 18960 KG 310 – Versorgung mit Wasser, Wärme und Strom
2.7.1   Kosten
2.7.1.1 Gesamtkosten für Wasser, Wärme und Strom

DIN 18960 KG 310	PPP/KGST
Minimum	-61%
1. Quartil	-38%
Median (MED)	-22%
3.Quartil	-9%
Maximum	91%
Mittelwert (MW)	-18%
Mittelwert gewichtet (MWG)	-9%
Ø MED/MW/MWG	-16%

n=16

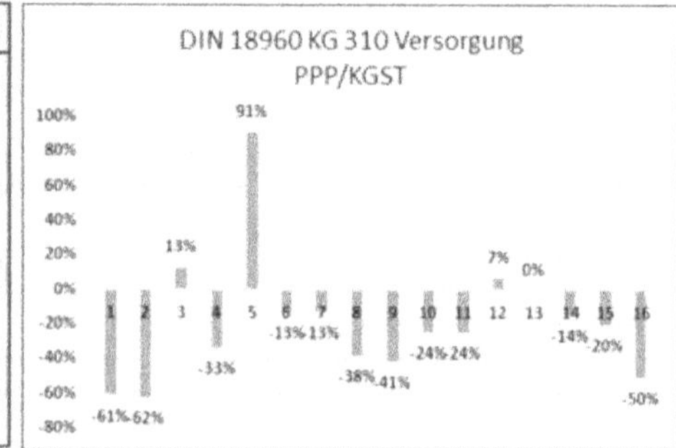

DIN 18960 KG 310	PPP/BKI
Minimum	-68%
1. Quartil	-47%
Median (MED)	-39%
3.Quartil	-16%
Maximum	59%
Mittelwert (MW)	-30%
Mittelwert gewichtet (MWG)	-27%
Ø MED/MW/MWG	-32%

n=16

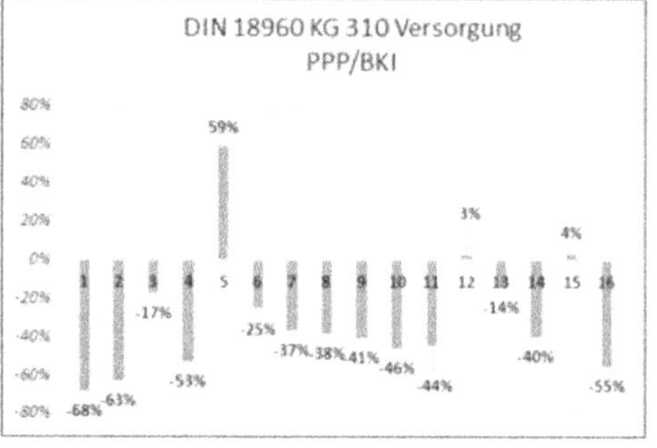

Tabelle 2.8: Versorgung mit Strom, Wärme, Wasser PPP/KGST und PPP/BKI

a) ERGEBNIS:

(70) Die PPP-Versorgungskosten liegen im Mittel um 16% unter den KGST-Versorgungskosten. 12 der 16 PPP-Projekte bleiben unter dem KGST-Kennwert, 4 darüber.

Kosten für Strom,
Wärme, Wasser:
PPP/KGST: Ø -16%

(71) Die BKI-Kennwerte werden um durchschnittlich 32% unterschritten. 13 der 16 PPP-Projekte liegen unter dem BKI-Kennwert, 3 darüber.

PPP/BKI: Ø -32%

(72) Der Anteil der Versorgungskosten an den Nutzungskosten beträgt bei PPP durchschnittlich 5,2%, bei KGST 6,4% und bei BKI 6,5% (siehe unten Rn. 155).

b) ANMERKUNGEN:

(73) Von den 16 PPP-Projekten weisen 10 die typische PPP-Vertragsstruktur auf, d.h. von der PPP-Firma werden maximale Verbrauchsmengen für Wasser, Wärme und Strom garantiert[12]. Liegen die tatsächlichen Verbrauchsmengen über den Maximalwerten, so trägt die PPP-Firma das Kostenrisiko. Werden die Maximalwerte unterschritten, so teilen sich die beiden Vertragsparteien die

Typische PPP-
Anreizstruktur:
garantierte max.
Verbrauchsmengen,
AN trägt Risiko von
Mehrmengen
AN/AG teilen sich

Einsparungen je zur Hälfte; in einem Fall erhält der Auftragnehmer 65% der Einsparungen. Bei einem Projekt trägt die PPP-Firma das Mehrmengenrisiko zu 100% und der Kommune stehen Einsparungen zu 100% zu. Bei 3 Projekten trägt die PPP-Firma das Mehrmengenrisiko zu 100%, kann andererseits aber auch Einsparungen zu 100% behalten. Bei 2 Projekten trägt die Kommune Risiko und Chance von Mehr- bzw. Mindermengen zu 100%.

Einsparungen

(74) Bei jedem Projekt wurden gleiche Arbeitspreise für PPP und KGST/BKI angesetzt. Da bei BKI lediglich ein Kostenkennwert für KG 310 insgesamt vorliegt, wurden die Anteile der KG 311-313 entsprechend der KGST-Verteilung ermittelt.

(75) In 10 Fällen lagen Informationen zu den tatsächlichen Verbrauchsmengen vor; hier wurden die Versorgungskosten zunächst auf Basis der bisherigen IST-Mengen ermittelt und im Mittelwert hochgerechnet auf die Rest-Vertragslaufzeit. In den anderen 6 Fällen sind die Kosten auf Basis der maximalen Verbrauchsmengen berechnet.

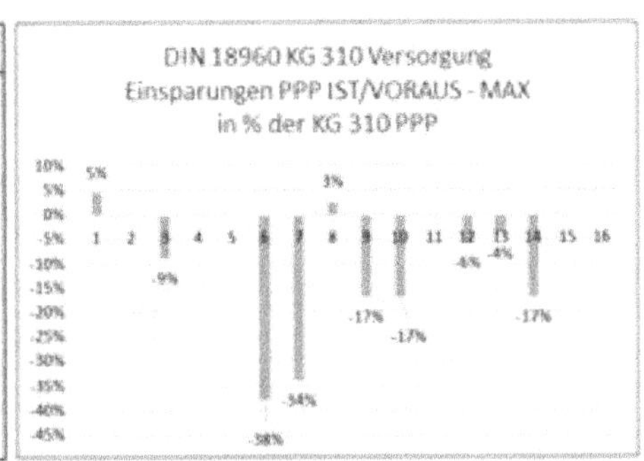

DIN 18960 KG 310	PPP IST/MAX
Minimum	-38%
1. Quartil	-17%
Median (MED)	-13%
3.Quartil	-4%
Maximum	3%
Mittelwert (MW)	-13%
Mittelwert gewichtet (MWG)	-7%
Ø MED/MW/MWG	-11%

n=10

Tabelle 2.9: Voraussichtliche PPP-Einsparungen bei den Versorgungskosten (DIN 18960 KG 310) wegen Unterschreitung der maximalen Garantiemengen

(76) Bei 9 der 10 Projekte mit Informationen zu den tatsächlichen Verbrauchsmengen unterschreiten die tatsächlichen Verbrauchsmengen die maximalen Verbrauchsmengen durchschnittlich um 11% bezogen auf die Versorgungskosten (DIN 18960 KG 310) und um 0,6% bezogen auf die Nutzungskosten (DIN 18960 KG 100-400). Nur bei einem Projekt liegen die tatsächlichen Verbrauchswerte leicht über den maximal garantierten Verbrauchsmengen. In den 10 Projekten werden voraussichtlich insgesamt Versorgungskosten von 7,9 Mio. € eingespart.

Anreizsystem trägt Früchte: Einsparungen Ø -11% (voraus. 7,9 Mio. €)

2.7.1.2 Wasser

a) ERGEBNIS:

(77)) Die PPP-Wasserkosten liegen 9% über der KGST-Variante; aufgrund eines Ausreißerprojekts liegt der Medianwert deutlich unter den KGST-Werten (-20%),

Wasserversorgungskosten PPP/KGST: +9% PPP/BKI: -17%

(78) Die BKI-Kosten werden im Mittel um 17% unterschritten, aufgrund des einen Ausreißerprojekts liegen die PPP-Kosten im Median um 43% unter BKI.

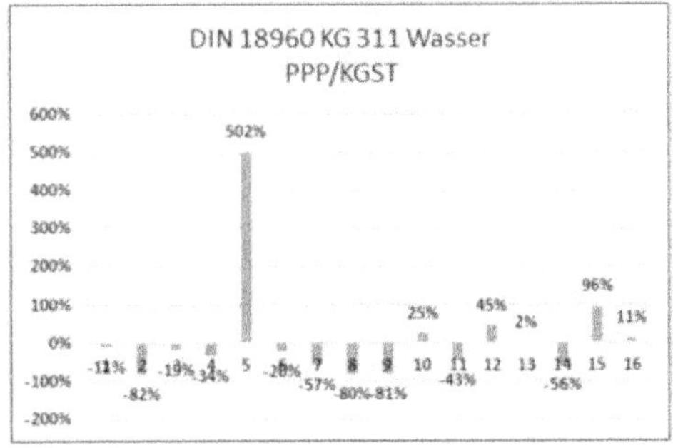

DIN 18960 KG 311	PPP/KGST
Minimum	-82%
1. Quartil	-56%
Median (MED)	-20%
3.Quartil	14%
Maximum	502%
Mittelwert (MW)	12%
Mittelwert gewichtet (MWG)	33%
Ø MED/MW/MWG	9%

n=16

DIN 18960 KG 312	PPP/BKI
Minimum	-82%
1. Quartil	-70%
Median (MED)	-43%
3.Quartil	-27%
Maximum	378%
Mittelwert (MW)	-10%
Mittelwert gewichtet (MWG)	1%
Ø MED/MW/MWG	-17%

n=16

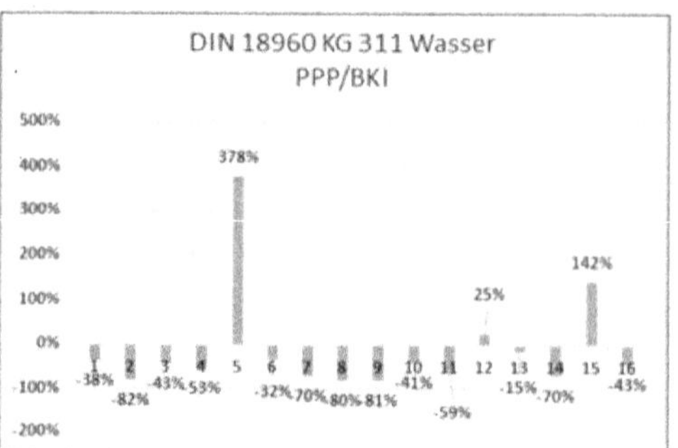

Tabelle 2.9.1: Versorgung mit Wasser PPP/KGST und PPP/BKI

b) ANMERKUNGEN:

(79) Gegenüber der KGST-Variante weisen 10 der 16 Projekte niedrigere Kosten auf, gegenüber der BKI-Variante sind es 13.

(80) Bei 8 der 16 Projekte lagen Daten zum bisherigen Wasserverbrauch vor, so dass hier ein Vergleich mit den garantierten maximalen Verbrauchsmengen möglich ist. Im Mittel lag der bisherige Verbrauch um 15 % unter den garantierten maximalen Verbrauchsmengen, hochgerechnet auf die jeweilige Vertragsdauer entspricht dies einem Minderverbrauch von 12.567 cbm.

Tatsächliche und maximale PPP-Verbrauchsmengen Wasser

PPP IST / PPP MAX: -15%

DIN 18960 KG 311 Wasser (cbm)	PPP IST/MAX
Minimum	-57.472
1. Quartil	-22.632
Median (MED)	-9.509
3.Quartil	-6.793
Maximum	36.172
Mittelwert (MW)	-13.483
Mittelwert gewichtet (MWG)	-14.709
Ø MED/MW/MWG	-12.567

n=8

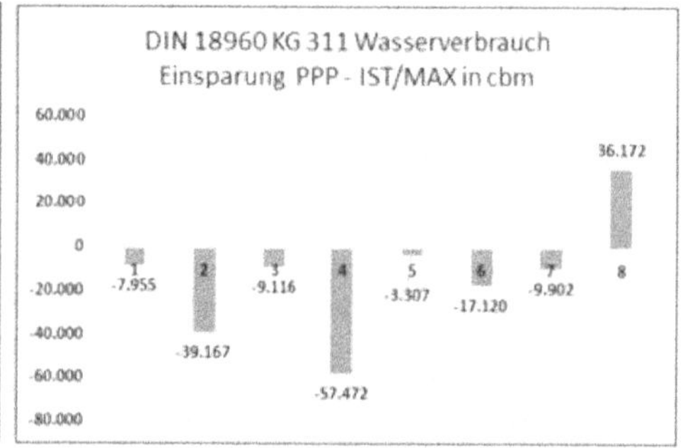

DIN 18960 KG 311 Wasser (cbm)	PPP IST/MAX
Minimum	-70%
1. Quartil	-24%
Median (MED)	-18%
3.Quartil	-11%
Maximum	43%
Mittelwert (MW)	-16%
Mittelwert gewichtet (MWG)	-10%
Ø MED/MW/MWG	-15%

n=8

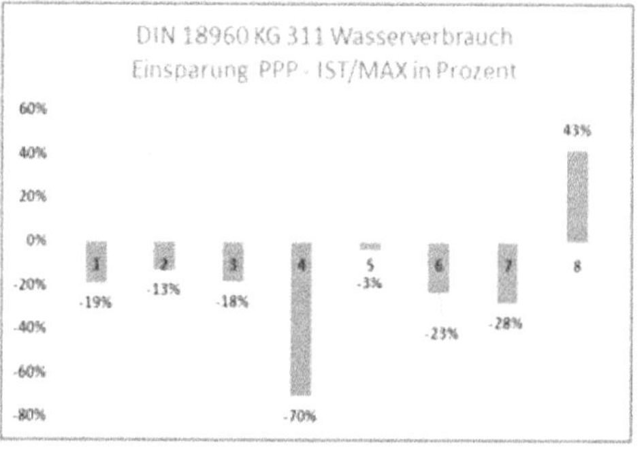

Tabelle 2.9.2: PPP: bisherige/vorauss. IST- /garantierter MAXIMAL- Wasserverbrauch

2.7.1.3 Wärme

DIN 18960 KG 312	PPP/KGST
Minimum	-83%
1. Quartil	-50%
Median (MED)	-34%
3.Quartil	-17%
Maximum	4%
Mittelwert (MW)	-33%
Mittelwert gewichtet (MWG)	-27%
Ø MED/MW/MWG	-31%

n=16

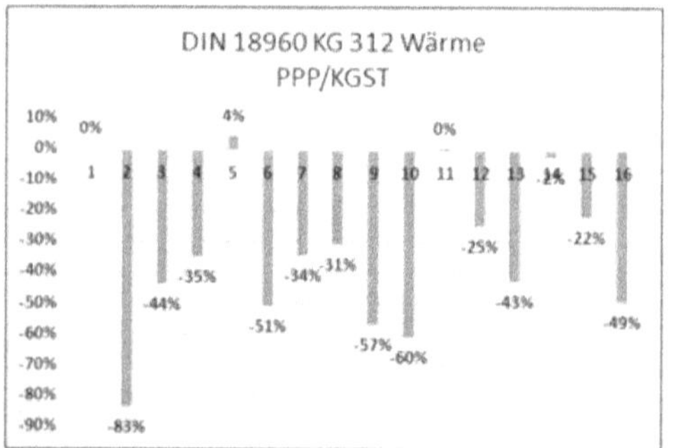

DIN 18960 KG 312	PPP/BKI
Minimum	-83%
1. Quartil	-56%
Median (MED)	-48%
3.Quartil	-32%
Maximum	-7%
Mittelwert (MW)	-42%
Mittelwert gewichtet (MWG)	-38%
Ø MED/MW/MWG	-43%

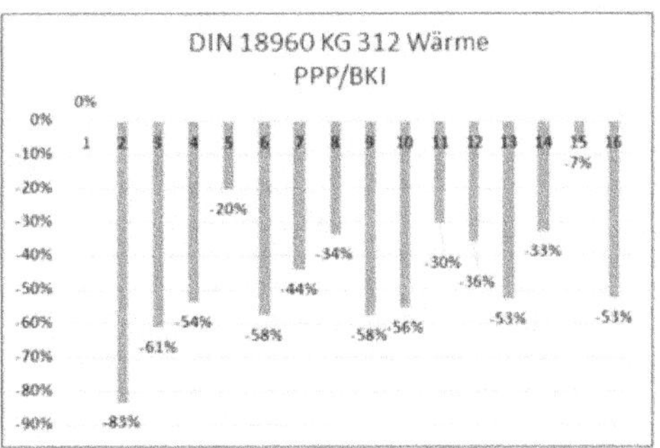

n=16

Tabelle 2.9.3: Versorgung mit Wärme PPP/KGST und PPP/BKI

a) ERGEBNIS:

(81) Die PPP-Wärmekosten liegen im Mittel um 31% unter der KGST-Variante; die BKI-Kosten werden durchschnittlich um 43% unterschritten.

Wärme-
versorgungskosten
PPP/KGST: -31%
PPP/BKI: -43%

b) ANMERKUNGEN:

(82) Gegenüber der KGST-Variante weisen 14 der 16 PPP-Projekte niedrigere Kosten auf, gegenüber der BKI-Variante sind es 15.

(83) Bei 9 der 16 Projekte lagen Daten zum bisherigen Wärmeverbrauch vor, so dass hier ein Vergleich mit den garantierten maximalen Verbrauchsmengen möglich ist. Im Mittel lag der bisherige Verbrauch um 32 % unter den garantierten maximalen Verbrauchsmengen, nur bei einem Projekt liegen die IST-Werte leicht über dem vereinbarten Maximalwert. Hochgerechnet auf die jeweilige Vertragsdauer ergibt sich in der Summe ein Minderverbrauch von 11.119.317 kWh. Dies würde bei einer durchschnittlichen CO_2-Emmission von 201g pro kWh Erdgas[13] einer CO_2-Einsparung über 25 Jahre von 20.100 Tonnen entsprechen.

Wärmeverbrauch

Tatsächliche und
maximale PPP-
Verbrauchsmengen
Wärme
PPP IST /
PPP MAX: Ø -32%

CO_2-Einsparung:
20.100 Tonnen

DIN 18960 KG 312 Wärme (kWh)	PPP IST/MAX
Minimum	-39.867.392
1. Quartil	-12.931.893
Median (MED)	-7.774.015
3.Quartil	-1.401.740
Maximum	684.632
Mittelwert (MW)	-10.358.763
Mittelwert gewichtet (MWG)	-15.225.174
Ø MED/MW/MWG	-11.119.317

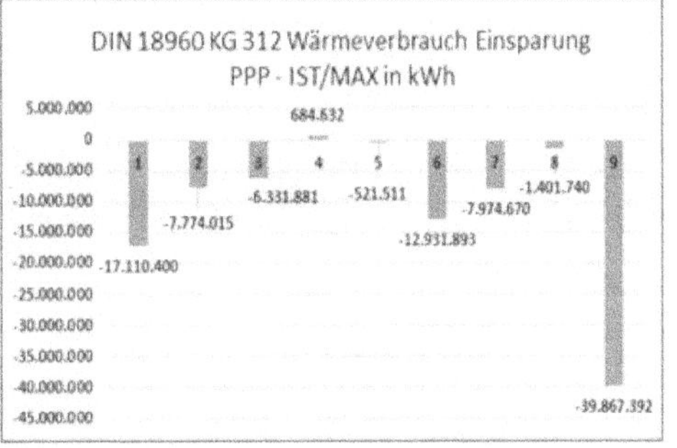

n=9

DIN 18960 KG 312 Wärme (kWh)	PPP IST/MAX
Minimum	-61%
1. Quartil	-42%
Median (MED)	-35%
3.Quartil	-22%
Maximum	5%
Mittelwert (MW)	-32%
Mittelwert gewichtet (MWG)	-29%
Ø MED/MW/MWG	-32%

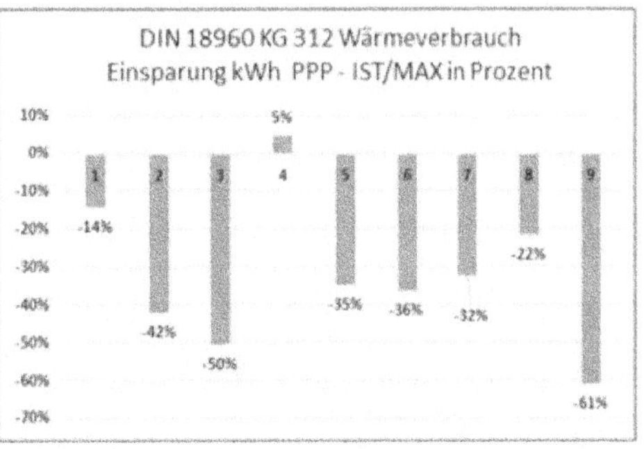

n=9

Tabelle 2.9.4: PPP: bisherige/vorauss. IST- /garantierter MAXIMAL-Wärmeverbrauch

2.7.1.4 Strom

a) ERGEBNIS:

(84)). Die PPP-Stromkosten liegen im Mittel um 26% über der KGST-Variante; aufgrund von zwei Ausreißerprojekten liegt der PPP-Medianwert lediglich um

Stromkosten
PPP/KGST: +26%
PPP/BKI: +4%

17% über KGST.

DIN 18960 KG 313	PPP/KGST
Minimum	-59%
1. Quartil	-32%
Median (MED)	17%
3.Quartil	24%
Maximum	209%
Mittelwert (MW)	14%
Mittelwert gewichtet (MWG)	46%
Ø MED/MW/MWG	26%

n=16

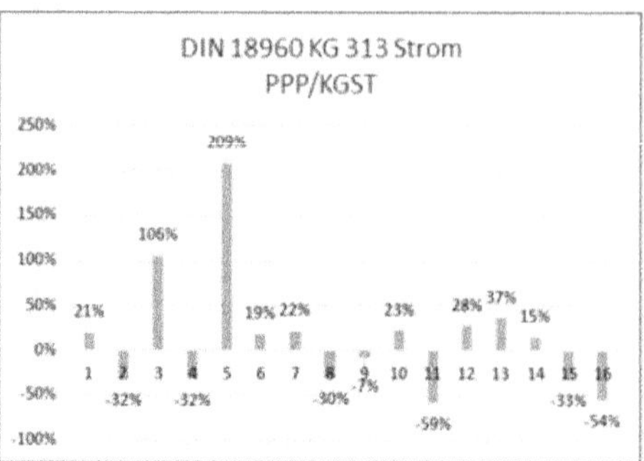

DIN 18960 KG 313	PPP/BKI
Minimum	-66%
1. Quartil	-36%
Median (MED)	-11%
3.Quartil	8%
Maximum	207%
Mittelwert (MW)	1%
Mittelwert gewichtet (MWG)	23%
Ø MED/MW/MWG	4%

n=16

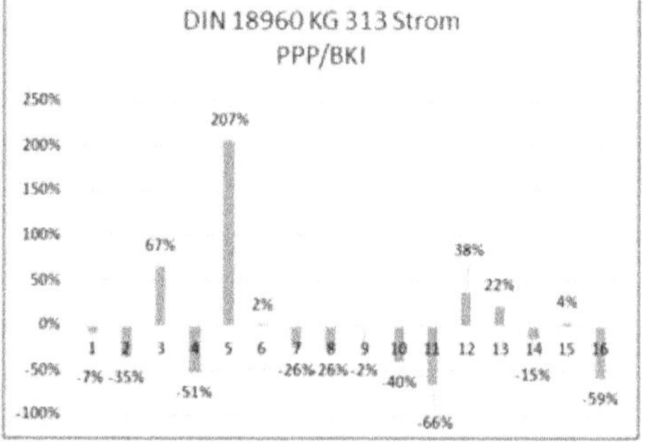

Tabelle 2.9.5: Versorgung mit Strom PPP/KGST und PPP/BKI

(85) Die BKI-Kosten werden durchschnittlich um 4% überschritten; im Median liegen die PPP-Stromkosten um 11% unter BKI.

b) ANMERKUNGEN:

(86) Gegenüber der KGST-Variante weisen 9 der 16 PPP-Projekte höhere Kosten auf, gegenüber der BKI-Variante sind es 6. Bei 2 der Projekte liegen Ausreißerwerte vor.

(87) Bei 10 der 16 Projekte lagen Daten zum bisherigen Stromverbrauch vor, so dass hier ein Vergleich mit den garantierten maximalen Verbrauchsmengen

DIN 18960 KG 313 Strom (kWh)	PPP IST/MAX
Minimum	-5.841.370
1. Quartil	-1 615.940
Median (MED)	-707.148
3.Quartil	808.963
Maximum	2.061.023
Mittelwert (MW)	-917.384
Mittelwert gewichtet (MWG)	-1.834.919
Ø MED/MW/MWG	-1.153.150

n=10

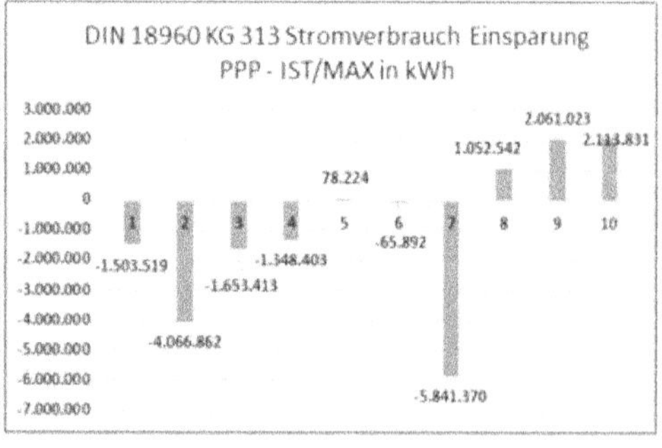

DIN 18960 KG 313 Strom (kWh)	PPP IST/MAX
Minimum	-26%
1. Quartil	-16%
Median (MED)	-4%
3.Quartil	6%
Maximum	46%
Mittelwert (MW)	-1%
Mittelwert gewichtet (MWG)	-4%
Ø MED/MW/MWG	-3%

n=10

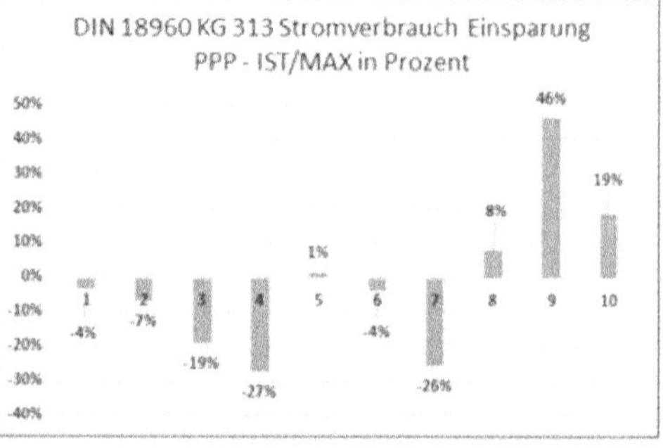

Tabelle 2.9.6: PPP: bisherige/vorauss. IST- /garantierter MAXIMAL- Stromverbrauch

möglich ist. Im Mittel lag der bisherige Verbrauch um 3 % unter den garantierten maximalen Verbrauchsmengen, hochgerechnet auf die jeweilige Vertragsdauer entspricht dies einem Minderverbrauch von 1.153.150 kWh. Bei einer durchschnittlichen CO_2-Emmission von 420 g pro kWh Strom[14] ergibt sich bei den 10 Projekten eine CO_2-Einsparung über 25 Jahre von 4.840 Tonnen.

Tatsächliche und maximale PPP-Verbrauchsmengen Strom PPP IST / PPP MAX: -3% CO_2-Einsparung: 4.840 Tonnen

2.7.2　Qualitative Aspekte

2.7.2.1　Vergleich der Wärmeverbrauchswerte

(88) Bei 12 der 16 Neubau-Projekte lagen Informationen zu den garantierten maximalen Verbrauchsmengen vor, bei 9 Projekten auch zu den tatsächlichen Verbrauchsmengen aus der bisherigen Betriebszeit. Die garantierten und tatsächlichen Verbrauchswerte konnten so mit den Richt- und Mittelwerten nach VDI 3807 Blatt. 2 sowie mit KGST-Verbrauchsdaten verglichen werden.

Europäische PPP-Vergleichsstudie
Vergleich der Wärmeverbrauchswerte

Projekt Nr.	1	2	3	4	5	6	7	8	9	10	11	12	
Gebäudeart	BBS oSp	ABS +SpH	VWG	ABS +SpH	BBS oSp	BBS oSp	ABS +SpH	ABS +SpH	VWG	VWG / BBSoS	ABS +SpH	ABS oSpH	
Datenbasis		2009-2019	2006-2020	2016-2020	2014-2020	2014-2020	2010-2019		2013-2019	2013-2019	2012-2019		Ø
Maximal garantiert kWh/qm BGF	15	74	66	60	39	38	48	87	56	40	78	42	
IST kWh/qm BGF		63	38	30	39	25	30			38	31	30	
Differenz IST/MAX		-14%	-42%	-50%	2%	-35%	-36%			-32%	-22%	-61%	-32%
VDI 3807-Blatt 2 Richtwert	52	68	55	68	52	52	68	68	55	54,0	68	65	
Differenz zu MAX	-71%	9%	20%	-12%	-26%	-27%	-30%	29%	3%	-26%	15%	-35%	-8%
Differenz zu IST		-7%	-30%	-56%	-25%	-53%	-55%			-31%	-42%	-55%	-38%
VDI 3807-Blatt 2 Mittelwert	82	99	80	99	82	82	99	99	80	81	99	95	
Differenz zu MAX	-81%	-25%	-17%	-39%	-56%	-54%	-52%	-12%	-29%	-50%	-21%	-56%	-38%
Differenz zu IST		-36%	-52%	-70%	-52%	-70%	-69%			-52%	-61%	-69%	-58%
KGST - IST	80	99	70	99	80	80	99	99	70	73	99	89	
Differenz zu MAX	-81%	-25%	-6%	-39%	-59%	-53%	-52%	-12%	-20%	-45%	-21%	-53%	-36%
Differenz zu IST		-36%	-45%	-70%	-51%	-69%	-69%			-46%	-57%	-69%	-56%

Vergleich tatsächliche und maximale PPP-Verbrauchsmengen Wärme

mit VDI-Richtwert: Ø –8% (MAX) / Ø –38% (IST) unter

mit VDI-Mittelwert: Ø –38% (MAX) / Ø –58% (IST)

mit KGST: Ø –36% (MAX) / Ø –56% (IST) unter

Legende: BBSoSpH = Berufsbildende Schule ohne Sporthalle; ABS+/oSpH = Allgemeinbildende Schule mit/ohne Sporthalle; VWG = Verwaltungsgebäude

Tabelle 2.10: Vergleich der Wärmeverbrauchswerte

(89) Beim Wärmeverbrauch unterschreiten die IST-Werte die bei Vertragsschluss garantierten maximalen Verbrauchswerte um durchschnittlich 32%; nur bei einem Projekt liegen die IST-Werte leicht über dem vereinbarten Maximalwert.

(90) Die vereinbarten Maximalwerte sind im Mittel um 8% niedriger als der VDI 3807 Richtwert; 5 Projekte liegen darüber. Die IST-Werte liegen alle unter dem VDI-Richtwert, im Mittel sind es 38%.

(91) Der VDI 3807 Mittelwert wird von allen Maximal- und IST-Werten unterschritten, die Maximalwerte liegen im Mittel um 38%, die IST-Werte um 58% unter dem VDI-Mittelwert.

(92) Die Vergleichswerte der KGST-Objekte werden von den Maximalwerten um 36% und von den IST-Werten um 56% unterschritten.

2.7.2.2　Reduktion der Transmissionswärmeverluste über vertragliche Anreize

(93) Im Rahmen einer im Kooperationsverbund der TU Karlsruhe / KIT (Prof. Dr. Lennerts) und der Hochschule Mainz (Prof. Dr. Bogenstätter) betreuten Master-arbeit konnten die energierelevanten Daten aus den Ausschreibungs-, Planungs- und Vertragsunterlagen einschließlich der EnEV Energieausweise von 10 PPP-Projekten vertiefend ausgewertet werden.

Masterarbeit PPP und Energie-effizienz, Karlsruhe/Mainz 2022

(94) Hierbei wurde ein Zusammenhang zwischen der Reduktion der Transmissions-wärmeverluste und der vertraglichen Regelung zur Beteiligung der PPP-Firma

an erzielten Einsparungen beim Wärmeverbrauch festgestellt.

(95) Bei einem der 10 Projekte trägt die PPP-Firma lediglich das Risiko, dass die tatsächlichen Wärmeverbrauchsmengen über den vertraglich garantierten liegen; Einsparungen kommen zu 100% dem kommunalen Vertragspartner zugute. Hier wurde durch die PPP-Planung der Transmissionswärmeverlust gegenüber der EnEV-Vorgabe um 36% unterschritten.

EnEV Vorgaben zur Reduktion des Transmissionswärmeverlustes werden unterschritten

(96) In einer zweiten Fallgruppe trägt die PPP-Firma das Mehrmengenrisiko, wird aber an Einsparungen zu 50% beteiligt. Hier beträgt die Reduktion des Transmissionswärmeverlustes gegenüber der EnEV-Vorgabe im Mittel -45%.

(97) Bei der dritten Fallgruppe hält die PPP-Firma das Risiko von Übermengen wie auch die Chance von Einsparungen zu 100%. Bei den beiden Projekten konnte die EnEV-Vorgabe zur Reduktion des Transmissionswärmeverlustes um -69% reduziert werden. Offensichtlich wird die Planung zur Optimierung des Transmissionswärmeverlustes umso stärker animiert, als die PPP-Firma an späteren Einsparungen beteiligt wird.

Europäische PPP-Vergleichsstudie
hier: Zusammenhang PPP-Planung zur Reduktion der Transmissionswärmeverluste und vertragliches Anreizsystem

Nr.	Baumaßnahme	EnEV Stand	Vertragsregel		Transmissionswärmeverluste			
			Risiko AN IST > MAX*	Chance AN IST < MAX**	Plan	EnEV Vorgabe [W/qmK]	Vergleich Plan / EnEV Vorgabe	
1	Neubau	2004	100%	0%	0,56	0,87	-36%	-36%
2	Neubau	2007	100%	50%	0,25	0,7	-64%	
3	Neubau	2004	100%	50%	0,4	0,76	-47%	
4	Sanierung	2004	100%	50%	0,43	0,91	-53%	Ø Projekt Nr. 2-8 -45%
5	Neubau	2004	100%	50%	0,55	0,75	-27%	
6	Sanierung	2004	100%	50%	0,46	0,68	-32%	
7	Neubau	2004	100%	50%	0,47	0,84	-44%	
8	Neubau	2014	100%	50%	0,17 (Wand) 1,0(Fenster)	0,35(Wände) 1,9 (Fenster)	-49%	
9	Neubau/Sanierung	2007	100%	100%	0,42	1,34	-69%	-69%
10	Neubau	2007	100%	100%	0,39	1,29	-70%	

* AN trägt bei Überschreitung der garantierten Verbrauchsmengen das Kostenrisiko

** AN wird bei Unterschreitung der garantierten Verbrauchsmengen an den Einsparungen beteiligt

Quelle: Vöst, Sebastian, Energieeffizienz bei PPP-Projekten, Masterarbeit TU KIT Karlsruhe/HS Mainz 2022

Tabelle 2.11: Reduktion der Transmissionswärmeverluste und vertragliches PPP-Anreizsystem

Korrelation zur AN-Einsparbeteiligung:

PPP -36%< EnEV bei 0% AN-Beteiligung

PPP -45%< EnEV bei 50% AN- Beteiligung

PPP -69%< EnEV bei 100% AN-Beteiligung

2.8   DIN 18960 KG 330/40 – Reinigung
2.8.1 Kosten

DIN 18960 KG 330	PPP/KGST
Minimum	-34%
1. Quartil	-11%
Median (MED)	6%
3.Quartil	22%
Maximum	58%
Mittelwert (MW)	7%
Mittelwert gewichtet (MWG	2%
Ø MED/MW/MWG	5%

n=16

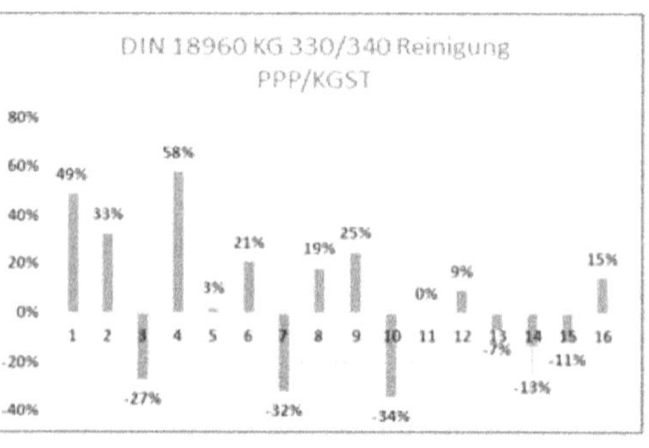

DIN 18960 KG 330	PPP/BKI
Minimum	-27%
1. Quartil	-13%
Median (MED)	12%
3.Quartil	26%
Maximum	76%
Mittelwert (MW)	13%
Mittelwert gewichtet (MWG)	2%
Ø MED/MW/MWG	9%

n=16

Tabelle 2.12: Reinigung PPP/KGST und PPP/BKI

a) ERGEBNIS:

(98) Die PPP-Reinigungskosten liegen im Mittel um 5% über den KGST-Reinigungskosten. 10 der 16 PPP-Projekte liegen über dem KGST-Kennwert.

Reinigungskosten: PPP/KGST: Ø +5%

(99) Die BKI-Kennwerte werden im Mittel um 9% überschritten. 10 der 16 PPP-Projekte liegen über dem BKI-Kennwert.

PPP/BKI: Ø +9%

(100) Der Anteil der Reinigungskosten an den Nutzungskosten beträgt bei PPP im Mittel 8,5%, bei KGST 8,2% und bei BKI 6,8% (s.u. Rn. 155).

b) ANMERKUNGEN:

(101) Nach den bisherigen Rückmeldungen zum Fragebogen Termin- und Kostensicherheit gab es bisher nur selten und allenfalls in geringfügigem Umfang Entgeltkürzungen wegen Beanstandungen der Reinigungsleistungen.

Bislang keine bzw. kaum Beanstandungen

2.8.2 Qualitative Aspekte

(102) Bei einem der 16 Projekte konnte eine detaillierte Auswertung der Reinigungsleistung durchgeführt werden. Hier wurden im PPP-Vertrag 38 verschiedene Reinigungsleistungen für die in 17 Raumgruppen eingeteilten 624 Räume mit einer Reinigungsfläche von 25.225 m² vereinbart, für jede Reinigungsleistung ist ein Reinigungsintervall festgelegt.

Beispiel zur Auswertung der Reinigungsleistung

Neues Berufskolleg Duisburg Mitte
Reinigungs- und Jahresreinigungsfläche in m²

	Raumart	Arbeits-täglich	1x Woche	1-2 x Woche	1x Monat	Summe
A1	Klassenräume	2.320				
A2	Fachräume	4.755				
C	Büroräume	1.930				
D	Lehrmittelräume		1.325			
E	Kopierräume		240			
F1	Verkehrsfläche	6.951				
H1	Sanitärräume Schule	572				
H2	Sanitärräume Sport	485				
I	Aula			350		
J	Sozialräume	340				
L	Lager, Archive				771	
M1	Sportbereiche	1.864				
N	Tribüne			630		
O	Haustechnik				1.192	
P5	Außenbereich			1.500		
	Reinigungsfläche	19.217	1.565	2.480	1.963	25.225
	Reinigungstage / Jahr	200	40	60	12	162
	Jahresreinigungsfläche	3.843.400	62.600	148.800	23.556	4.078.356

Tabelle 2.13: Beispiel PPP Reinigungsfläche

(103) Beim Vergleich mit der DIN 77400 zeigt sich, dass die PPP-Reinigungsintervalle bei 58 % der Reinigungsleistungen der DIN 77400 entsprechen, bei 30 % sind zusätzliche bzw. anders ausdifferenzierte Reinigungsleistungen vorgesehen, die es so in der DIN 77400 nicht gibt. Bei

jeweils 6 % sind die Reinigungsintervalle intensiver bzw. weniger intensiv als bei der DIN 77400.

Vergleich Reinigungsleistungen PPP-Projekt / DIN 77400 (Auszug)

Raumgruppen — Anzahl / m²: Klassenräume 31 / 2.320 · Fachräume 64 / 4.755 · Büroräume 77 / 1.930

Nr	Beschreibung der Reinigungsleistung	Klassenräume			Fachräume			Büroräume		
		A1	DIN	VGL	A2	DIN	VGL	C	DIN	VGL
	Bodenflächen									
1	Sockelleisten, feucht wischen	1	6xJ	⊕	1	6xJ	⊕	1	6xJ	⊕
2	Getränkefläche, nass reinigen (Scheuerreinigung)	2	-	+	2	-	+	1	-	+
3	Gehspuren, Absatzstriche (Scheuerreinigung)	2	1xW	⊕	2	1xW	⊕	1	1xW	∅
4	Wollmäuse/ Flaum entfernen	AT	1xW	⊕	AT	-	+	AT	1xW	⊕
5	Flecken auf Textilbelag (2qm), Detachur	AT	nB	⊕	AT	nB	⊕	AT	nB	⊕
6	Fußboden fachgerecht und intensiv reinigen und pflegen (je nach Bedarf: kehren, feucht/nass wischen, saugen, bürst-saugen und legen, Cleaner, polieren nach Bedarf, Verkehrs-flächen mindestens 1x / Woche	2	2xW	∅	2	2xW	∅	2	2xW	∅
7	Grobe Verunreinigungen fachgerecht beseitigen	AT	1xW	⊕	AT	1xW	⊕	AT	1xW	⊕
	Inventar und Ausstattung									
8	Griffspuren an Türen/ Trennwänden/ Verglasungen feucht wischen	AT	1xW	⊕	AT	1xW	⊕	AT	1xW	⊕
9	Türen, Türrahmen, Außentüren vollflächig nass reinigen	M1	-	+	M1	-	+	M1	-	+
10	Sonstige Glasflächen, beidseitge Griffspuren entfernen	NB	-	+	NB	-	+	NB	-	+
11	Fußabstreifer, Schmutzfangmatten (außen) abkehren, absaugen	-	-	∅	-	-	∅	-	-	∅
12	Fußabstreifer, Schmutzfangmatten (innen) abkehren, absaugen	-	-	∅	-	-	∅	-	-	∅
13	Griffspuren an Lichtschaltern und Steckdosen feucht reinigen	1	1xW	∅	1	-	∅	1	-	+
14	Spinnweben entfernen	NB	6xJ	∅	NB	nB	+	NB	nB	∅
15	Beleuchtungskörper < 1,8 m feucht wischen	Q1	-	+	Q1	-	+	Q1	-	+
16	Innentüren und Trennwände (vollflächig)	Q1	-	+	Q1	-	+	Q1	-	+
17	Griffspuren auf Einrichtungen (Tische, Vitrinen, Schränke) <1,8m	AT	2xM	⊕	AT	-	+	AT	-	+
18	Schreibtische, Schultische etc. (soweit frei) feucht wischen	1	2xW	⊖	1	2xW	⊖	1	1xW	∅
19	Telefonapparate, Tischlampen, Bürogeräte	M1	-	+	M1	-	+	M1	1xW	∅
20	Papierkörbe feucht reinigen	M1	nB	∅	M1	-	+	M1	-	+
21	Abfallbehälter/ Aschenbecher / Papierkörbe / auf Trennung ist zu achten	AT	1xW	⊕	AT	2xW	⊕	AT	1xW	⊕
22	Abfallbehälter / Hygienebehälter / Reißwolf mind. 1x/Monat feucht reinigen	M1	-	+	M1	1xM	∅	M1	1xM	∅
23	Aschenbecher feucht wischen	AT	-	+	AT	-	+	AT	-	+
24	Schaukästen, Garderobe, Schirmständer, Feuerlöscher etc. feucht wischen	1	1xW	∅	1	1xW	∅	1	1xW	∅
25	Sitzgelegenheiten, Stühle etc. feucht wischen	M1	1xM	∅	M1	1xM	∅	M1	2xJ	⊕
26	Waagerechte und senkrechte Flächen, Schränke, Tische, Regale und Gestelle < 2,15 m feucht wischen	M1	-	+	M1	1xM	∅	M1	1xM	∅
27	Heizkörper feucht wischen	Q1	6xJ	⊖	Q1	6xJ	⊖	Q1	6xJ	⊖
28	Fensterbänke feucht wischen	1	2xM	⊕	1	2xM	⊕	1	2xM	⊕
29	Waschbecken, Armaturen, Ablagen, Spiegel feucht wischen	AT	2xW	⊕	AT	2xW	⊕	-	1xW	⊖
30	Wandfliesen im Spritzwasserbereich feucht wischen	AT	-	+	AT	2xW	⊕	-	1xW	⊖
31	Übrige Fliesenwände feucht wischen	-	-	∅	-	2xW	∅	-	1xW	⊖
32	Händetrockner, Papierhalter, Seifenspender feucht wischen	AT	-	+	AT	-	+	-	-	∅
33	WC-Bürste Griff und Halter feucht wischen	-	-	∅	-	-	∅	-	-	∅
34	Urinale, WC Becken (innen und außen) nass reinigen	-	-	∅	-	-	∅	-	-	∅
35	WC-Brille inkl. Deckel und Scharmbereich nass reinigen	-	-	∅	-	-	∅	-	-	∅
36	WC-Papier, Seifen- und Papierhandtuchspender nachfüllen	AT	nB	⊕	AT	nB	⊕	-	nB	∅
37	Handläufe feucht wischen	-	-	∅	-	-	∅	-	-	∅
38	Treppengeländer feucht wischen	-	-	∅	-	-	∅	-	-	∅

	Auswertung	**Summe**								
⊕	Intensiverer PPP-Reinigungsintervall als DIN	44	6%	⊕		11	⊕		10	⊕	8
+	Differenzierte/zusätzliche PPP-Reinigungsleistung	204	30%	+		11	+		12	+	9
⊖	Kürzerer PPP-Reinigungsintervall als DIN	40	6%	⊖		2	⊖		2	⊖	4
∅	Gleich DIN / nicht beurteilbar	396	58%	∅		14	∅		14	∅	17

Legende: AT = arbeitstäglich / 1 = letzter Reinigungstag der Woche / 2,5 = jeden 2. Reinigungstag / 2 = 2 Tage pro Woche / 15 = am 15. jeden Monats / 15m = am 15. jeden Monats und am letzten Reinigungstag des Monats / B = Reinigung nach vorheriger Beauftragung / NB = Reinigung nach Bedarf / M1 = letzter Reinigungstag des Monats / M2 = 2x pro Monat / Q1 = letzter Reinigungstag des Quartals / H1 = letzter Reinigungstag des Halbjahres / J1 = letzter Reinigungstag des Jahres / 1xW = 1 x pro Woche / 2xW = 2 x pro Woche / 5xW = 5 x pro Woche / 2xJ = 2 x pro Jahr / 6xJ = 6x pro Jahr / 1xM = 1 x pro Monat / 2xM = 2 x pro Monat

Tabelle 2.14: Vergleich Reinigungsleistungen PPP / DIN 77400

Reinigungskosten	MAX	PPP	KGSt	Differenz PPP-KGSt	
Reinigungsfläche in m²	25.225	25.225	18.588	6.637	36%
Jahresreinigungsfläche (JRF) in m²	5.045.000	4.078.356	2.269.845	1.808.511	80%
Reinigungsintervall (Tage)	200	162	122	40	32%
Reinigungskosten	472.533 €	472.533 €	280.654 €	191.879 €	68%
Kosten / m² JRF	0,09 €	0,116 €	0,124 €	-0,008 €	-6%

Tabelle 2.15. Vergleich der (Jahres-) Reinigungsfläche PPP / KGST

Berücksichtigt man die Reinigungsintensität, wandelt sich der Kostennachteil in einen PPP-Vorteil

(104) Insgesamt ergibt sich beim PPP-Projekt ein durchschnittliches Reinigungsintervall von 162 Tagen pro Jahr, Die Kosten pro m² Jahresreinigungsfläche mit 0,116 € / m² Jahresreinigungsfläche liegen damit um 6 % unter den KGSt-Vergleichsdaten (0,124 € / m² Jahresreinigungsfläche). Bei Berücksichtigung der Reinigungsintensität wandelt sich mithin der Kostennachteil in einen Vorteil.

(105) Ob und inwieweit sich ein solches Ergebnis bei den anderen Projekten ergibt, konnte im Rahmen der bisherigen Arbeiten nicht überprüft werden.

2.9 DIN 18960 KG 350 – Wartung und Inspektion
2.9.1 Kosten

a) ERGEBNIS:

DIN 18960 KG 350	PPP/KGST
Minimum	386%
1. Quartil	591%
Median (MED)	655%
3.Quartil	736%
Maximum	1663%
Mittelwert (MW)	747%
Mittelwert gewichtet (MWG	653%
Ø MED/MW/MWG	685%

n=10

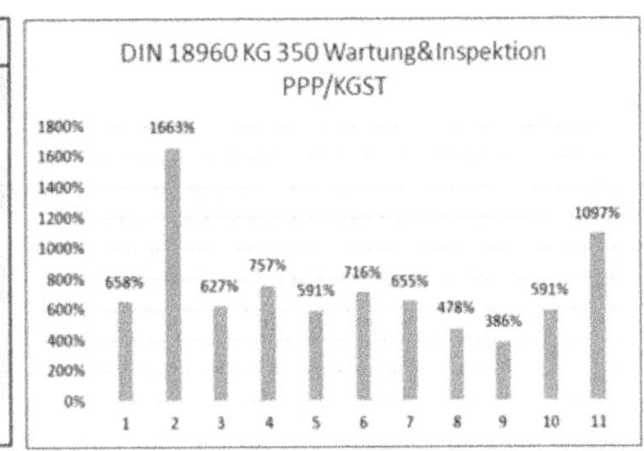

DIN 18960 KG 350	PPP/BKI
Minimum	-68%
1. Quartil	-49%
Median (MED)	-27%
3.Quartil	-5%
Maximum	88%
Mittelwert (MW)	-19%
Mittelwert gewichtet (MWG)	-17%
Ø MED/MW/MWG	-21%

n=10

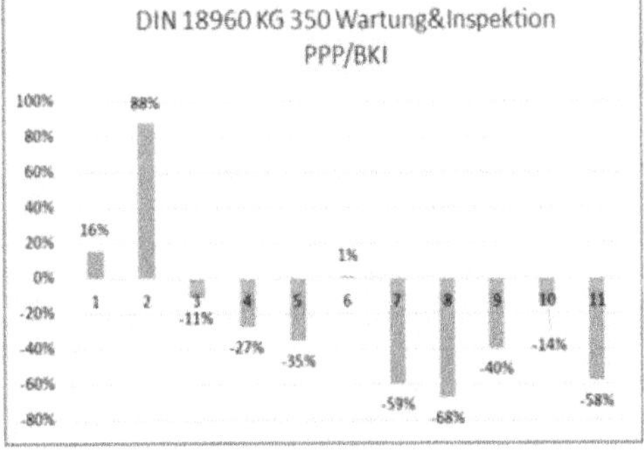

Tabelle 2.16: Wartung und Inspektion PPP/KGST und PPP/BKI

(106) Die PPP-Kosten für Wartung und Inspektion liegen im Mittel um 685% über den KGST-Kennzahlen. Alle PPP-Projekte, bei denen die Kosten dieser Kostengruppe ausgewiesen sind, liegen über dem KGST-Kennwert.

Kosten Wartung und Inspektion: PPP/KGST: Ø +685%

(107) Demgegenüber unterschreiten die PPP-Kosten die BKI-Kennwerte im Mittel um 21%. 3 der 10 PPP-Projekte mit ausgewiesenen Kosten dieser Kostengruppe liegen über dem BKI-Kennwert, 7 darunter.

PPP/BKI: Ø -21%

(108) Der Anteil der Kosten für Wartung und Inspektion an den Nutzungskosten über die Vertragslaufzeit beträgt bei PPP durchschnittlich 6,1%, bei KGST 0,7% und bei BKI 7,4% (siehe unten Rn. 155).

b) ANMERKUNGEN:

(109) Die KGST-IST-Werte liegen signifikant unter den PPP-Kosten; während die

<table>
<tr><td>

PPP-Kosten für Inspektion und Wartung ihrerseits unter den BKI-Kennwerten liegen.

</td><td>

KGST-IST-Werte signifikant unter PPP und BKI

</td></tr>
<tr><td>

(110) Die KGST-IST-Werte weichen nicht nur erheblich von den PPP-, sondern auch von den BKI-Kennzahlen ab: Beim Vergleich der Nutzungskosten ist das PPP-Budget für Wartung und Inspektion mit 6,1% der viertgrößte Einzelposten nach Kapitalkosten (59,2%), Instandsetzung (12,6%) und Reinigung (8,5%). Bei den BKI-Kennwerten liegt die Kostengruppe für Wartung und Inspektion mit 7,4% sogar an dritter Stelle hinter den Kapitalkosten (59,0%), den Instandsetzungskosten (13,1%) und vor den Reinigungskosten (6,8%).

</td><td>

Signifikant andere Prioritätensetzung bei PPP und BKI

</td></tr>
<tr><td>

(111) Der KGST-SOLL-Kennwert für die angemessene Dotierung von Instandhaltungsbudgets sieht keinen separaten Richtwert für Wartung und Inspektion vor; der gesamte KGST-SOLL-Kennwert für Instandhaltung wurde aber im Rahmen der PPP-Schulstudie durch bauteilspezifische Instandhaltungskalkulationen nach BNB-Leitfaden, PPP-Referenzobjekt und Fachliteratur bestätigt (vgl. PPP-Schulstudie 2019, Rn. 68 ff; Anhang A).

</td><td>

KGST-SOLL-Werte bestätigt durch BNB-Leitfaden und Fachliteratur iR der PPP-Schulstudie (2019)

</td></tr>
</table>

2.9.2 Qualitative Aspekte

<table>
<tr><td>

(112) Bei PPP wird der strikten Einhaltung aller Inspektions- und Wartungstermine einschließlich ihrer lückenlosen Dokumentation ein signifikant höherer Stellenwert beigemessen als in der konventionellen Praxis. Dort stehen offensichtlich deutlich weniger Personalressourcen und Budgetmittel zur Verfügung, mit denen bei der Instandhaltung allenfalls eine sog. Ausfallstrategie realisiert werden kann.

</td><td>

KGST: Ausfallstrategie

</td></tr>
<tr><td>

(113) Die Ursache für diese signifikanten Unterschiede dürften in den vertraglichen Anreizstrukturen liegen: Wenn in den Service Levels vereinbarte Standards nicht eingehalten werden, drohen Entgeltkürzungen. Außerdem muss sich die PPP-Firma gegen das Risiko der Betreiberhaftung absichern (vgl. Scheidt, Konstantin, Betreiberhaftung bei der konventionellen und PPP-Instandhaltung, 2020, Münster/Mainz). Die PPP-Instandhaltung verfolgt daher eine auf Qualitätssicherung ausgerichtete Präventivstrategie.

</td><td>

PPP: Präventivstrategie: Service Levels, Risiko Entgeltkürzungen, Betreiberhaftung

</td></tr>
</table>

2.10   DIN 18960 KG 370 – Abgaben, Versicherungen

DIN 18960 KG 370	PPP/KGST
Minimum	1%
1. Quartil	47%
Median (MED)	178%
3.Quartil	297%
Maximum	558%
Mittelwert (MW)	209%
Mittelwert gewichtet (MWG)	149%
Ø MED/MW/MWG	179%

n=6

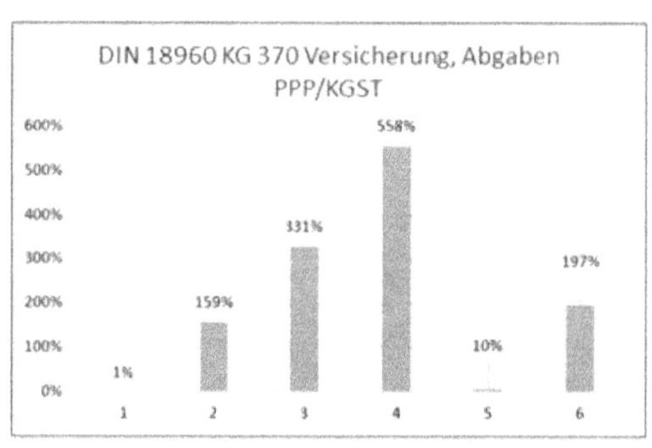

DIN 18960 KG 370	PPP/BKI
Minimum	-73%
1. Quartil	-60%
Median (MED)	-17%
3.Quartil	9%
Maximum	282%
Mittelwert (MW)	20%
Mittelwert gewichtet (MWG)	-24%
Ø MED/MW/MWG	-7%

n=6

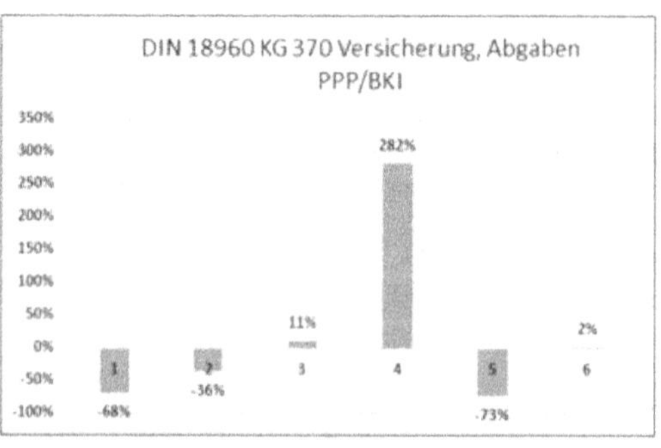

Tabelle 2.17: Abgaben, Versicherungen PPP/KGST und PPP/BKI

a) ERGEBNIS:

<table>
<tr><td>

(114) Die PPP-Kosten für Abgaben und Versicherung liegen im Mittel um 179% über

</td><td>

Kosten Abgaben: PPP/KGST: Ø +179%

</td></tr>
</table>

den KGST-Kennzahlen. Alle 6 PPP-Projekte mit ausgewiesenen Kosten dieser Kostengruppe liegen über dem KGST-Kennwert.

(115) Demgegenüber unterschreiten die PPP-Kosten die BKI-Kennwerte im Mittel um 7%. 3 der 6 PPP-Projekte mit ausgewiesenen Kosten dieser Kostengruppe liegen über dem BKI-Kennwert.

PPP/BKI:
Ø -7%

(116) Der Anteil dieser Kostengruppe an den Nutzungskosten über die Vertragslaufzeit beträgt bei PPP durchschnittlich 0,9%, bei der KGST-Variante 0,4% und bei der BKI-Variante 1,1% (siehe unten Rn. 155).

b) ANMERKUNGEN:

(117) Die Kosten für Abgaben und Versicherungen sind nur bei 6 der 16 PPP-Projekte separat ausgewiesen. Bei den anderen Projekten können sie in der Kostengruppe DIN 18960 KG 200 (Objektmanagement) oder KG 390 (Sonstige Betriebskosten) enthalten sein.

2.11   DIN 18960 KG 390 – Sonstige Betriebskosten

a) ERGEBNIS:

DIN 18960 KG 390	PPP/KGST
Minimum	-37%
1. Quartil	113%
Median (MED)	317%
3. Quartil	1394%
Maximum	1641%
Mittelwert (MW)	690%
Mittelwert gewichtet (MWG)	359%
Ø MED/MW/MWG	455%

n=9

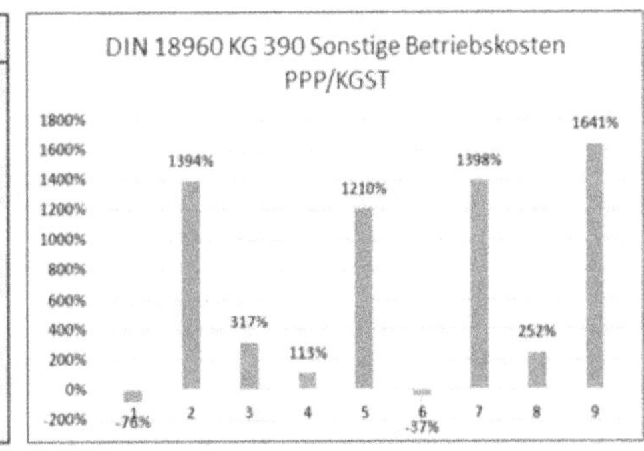

DIN 18960 KG 390	PPP/BKI
Minimum	-70%
1. Quartil	37%
Median (MED)	90%
3. Quartil	5186%
Maximum	15767%
Mittelwert (MW)	3289%
Mittelwert gewichtet (MWG)	1600%
Ø MED/MW/MWG	1660%

n=8

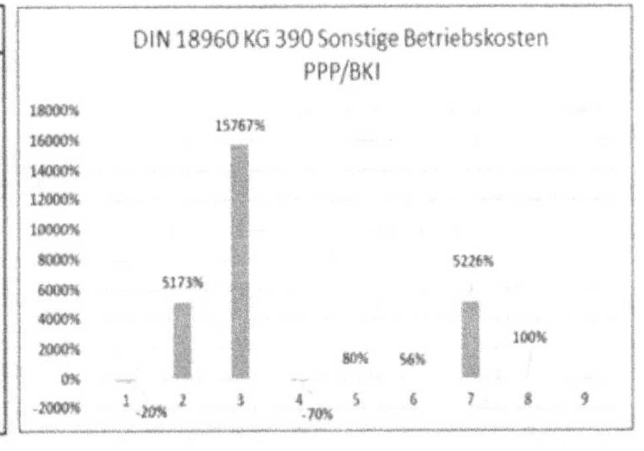

Tabelle 2.18: Sonstige Betriebskosten PPP/KGST und PPP/BKI

(118) Die Sonstigen PPP-Betriebskosten liegen im Mittel um 455% über den KGST-Kennzahlen. 8 der 9 PPP-Projekte mit ausgewiesenen Kosten dieser Kostengruppe liegen über dem KGST-Kennwert.

Sonstige
Betriebskosten:
PPP/KGST:
Ø +455%

(119) Die Sonstigen PPP-Betriebskosten überschreiten die BKI-Kennwerte im Mittel um 1660%. 1 PPP-Projekt mit ausgewiesenen Kosten dieser Kostengruppe liegt unter dem BKI-Kennwert.

PPP/BKI:
Ø +1660%

(120) Der Anteil dieser Kostengruppe an den Nutzungskosten über die Vertragslaufzeit beträgt bei PPP durchschnittlich 3,2%, bei KGST 0,3% und bei BKI 0,2% (siehe unten Rn. 155).

b) ANMERKUNGEN:

(121) Die Sonstigen PPP-Betriebskosten sind bei 8 der 16 PPP-Projekte ausgewiesen und liegen hier zum großen Teil signifikant über den Kennwerten von KGST und BKI.

(122) Bei einigen PPP-Projekten lag eine Differenzierung dieser Kostengruppe vor. Hier zeigte sich, dass in dieser Kostengruppe Kosten enthalten waren, die anderen Kostengruppen der DIN 18960 zugeordnet werden können (z.B. Overhead-Kosten der KG 200; Versicherungskosten der KG 370).

PPP: Kosten anderer Kostengruppen

(123) Eine besondere Fallgruppe stellen die Projekte mit Projektfinanzierung dar. Hier fallen im Vergleich zur Finanzierung mit Forfaitierung und Einredeverzicht zusätzliche laufende Kosten der Projektgesellschaft für Wirtschaftsprüfung und Steuerberatung, Kosten für Bürgschaften und Patronatserklärungen sowie Due Dilligence (z.B. Kontrolle der Einhaltung der Service levels durch externe Gutachter) an.

Mehrkosten bei der Projektfinanzierung

2.12 DIN 18960 KG 400 – Instandsetzung

a) ERGEBNIS:

DIN 18960 KG 400	PPP/KGST
Minimum	-27%
1. Quartil	23%
Median (MED)	57%
3.Quartil	126%
Maximum	291%
Mittelwert (MW)	74%
Mittelwert gewichtet (MWG)	67%
Ø MED/MW/MWG	66%

n=16

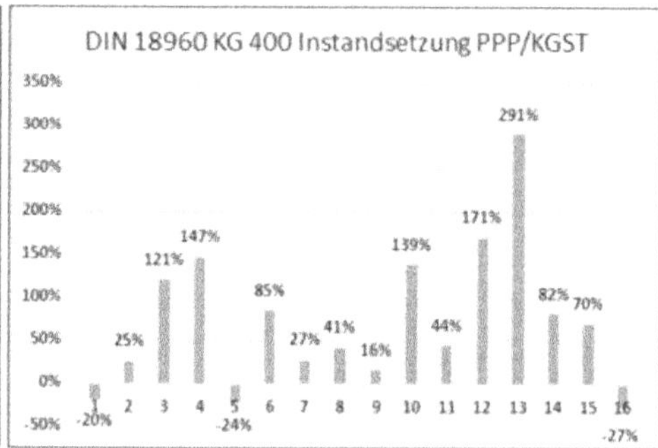

DIN 18960 KG 400	PPP/BKI
Minimum	-63%
1. Quartil	-47%
Median (MED)	-30%
3.Quartil	-6%
Maximum	360%
Mittelwert (MW)	10%
Mittelwert gewichtet (MWG)	-9%
Ø MED/MW/MWG	-10%

n=16

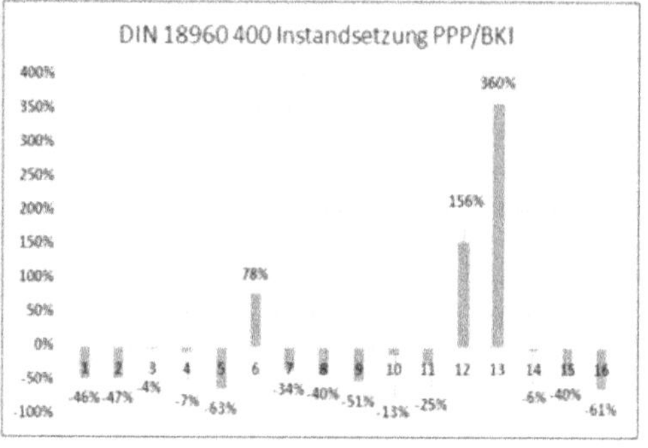

Tabelle 2.19: Instandsetzungskosten PPP/KGST und PPP/BKI

(124) Die PPP-Instandsetzungskosten liegen im Durchschnitt der Mittelwerte um 66% über den KGST-Kennzahlen. 13 der 16 PPP-Projekte liegen über dem KGST-Kennwert, 3 darunter.

Instandsetzung: PPP/KGST: Ø +66%

(125) Die PPP-Instandsetzungskosten unterschreiten die BKI-Kennwerte im Durchschnitt der Mittelwerte um 10%. 3 der PPP-Projekte liegen über dem BKI-Kennwert, 13 darunter.

PPP/BKI: Ø -10%

(126) Der Anteil der Instandsetzungskosten an den Nutzungskosten über die Vertragslaufzeit beträgt bei PPP durchschnittlich 12,6%, bei KGST 7,4% und bei BKI 13,1% (siehe unten Rn. 155).

b) ANMERKUNGEN:

(127) Die KGST-Instandsetzungsbudgets liegen signifikant unter den PPP- und BKI-Budgets.

2.13 DIN 18960 KG 200 (anteilig), KG 350, KG 400 - Instandhaltungskosten
2.13.1 Kosten

a) ERGEBNIS:

(128) Die PPP-Instandhaltungskosten liegen im Mittel um 137% über den KGST-Kennzahlen. Alle 16 PPP-Budgets liegen über dem KGST-Kennwert.

(129) Die PPP-Instandhaltungskosten unterschreiten die BKI-Kennwerte im Mittel um 15%. 6 PPP-Projekte liegen über dem BKI-Kennwert, 10 darunter.

(130) Der Anteil der Instandhaltungskosten an den Nutzungskosten über die Vertragslaufzeit beträgt bei PPP durchschnittlich 20,2%, bei KGST 8,6% und bei BKI 21,5% (siehe unten Rn. 155).

DIN 18960 KG 200+350+400	PPP/KGST
Minimum	24%
1. Quartil	105%
Median (MED)	137%
3.Quartil	199%
Maximum	311%
Mittelwert (MW)	148%
Mittelwert gewichtet (MWG	126%
Ø MED/MW/MWG	137%

n=16

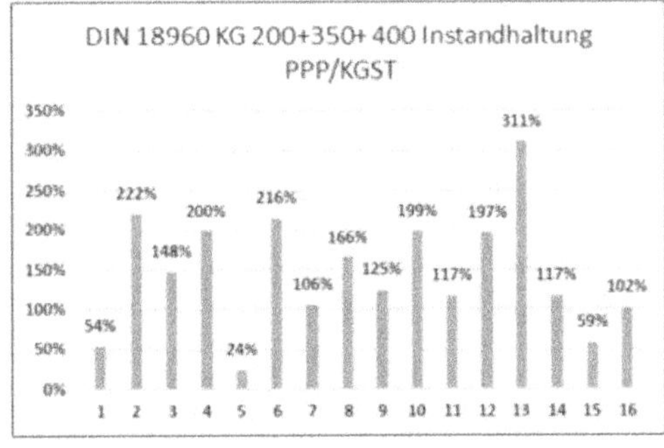

Instandhaltung:
PPP/KGST:
Ø +137%

PPP/BKI:
Ø -15%

DIN 18960 KG 200+350+400	PPP/BKI
Minimum	-56%
1. Quartil	-34%
Median (MED)	-17%
3.Quartil	2%
Maximum	49%
Mittelwert (MW)	-12%
Mittelwert gewichtet (MWG)	-14%
Ø MED/MW/MWG	-15%

n=16

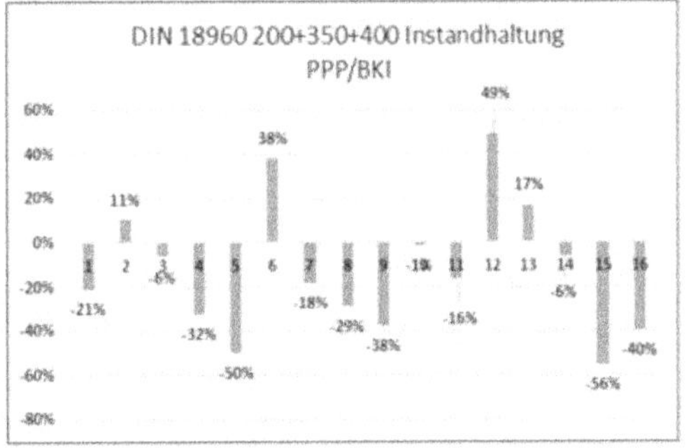

Tabelle 2.20: Instandhaltungskosten PPP/KGST und PPP/BKI

b) ANMERKUNGEN:

(131) Die Instandhaltungskosten setzen sich zusammen aus den anteilig auf die Instandhaltung entfallenden Objektmanagementkosten (DIN 18960 KG 200), aus den Kosten für Wartung und Inspektion (KG 350) sowie den Instandsetzungskosten (KG 400).

Instandhaltung: anteiliges Objektmanagement + Wartung&Insp. + Instandsetzung

(132) Die PPP-Instandhaltungsbudgets liegen signifikant über KGST und leicht unter BKI.

KGST-IST signifikant unter PPP und BKI

2.13.2 Instandhaltungsbudgets in Prozent der Wiederherstellungskosten

a) ERGEBNIS:

(133) Das durchschnittliche PPP-Instandhaltungsbudget beträgt 1,6% der Wiederherstellungskosten p.a. und liegt damit signifikant über KGST (0,6%), deutlich über dem KGST-Soll-Budget (1,2%) und leicht unter BKI (1,7% p.a.).

DIN 18960 KG 200+350+400 in % WHK p.a.	PPP
Minimum	1,2%
1. Quartil	1,4%
Median (MED)	1,6%
3.Quartil	1,7%
Maximum	2,5%
Mittelwert (MW)	1,6%
Mittelwert gewichtet (MWG)	1,8%
Ø MED/MW/MWG	1,6%

n=16

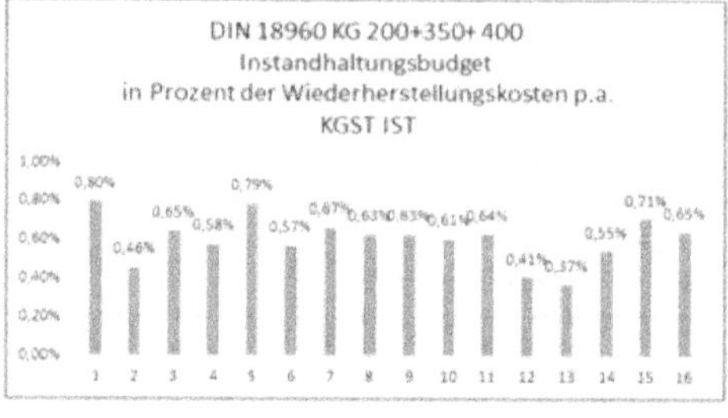

Instandh.-Budget in % der WHK p.a.:
PPP: 1,6%
KGST IST: 0,6%,
KGST SOLL: 1,2%
BKI: 1,7%

Ergebnis entspricht i.W. der PPP-Schulstudie, PPP-Budgets vorliegend höher

DIN 18960 KG 200+350+400 in % WHK p.a.	KGST IST
Minimum	0,4%
1. Quartil	0,5%
Median (MED)	0,6%
3.Quartil	0,7%
Maximum	0,8%
Mittelwert (MW)	0,6%
Mittelwert gewichtet (MWG)	0,6%
Ø MED/MW/MWG	0,6%

n=16

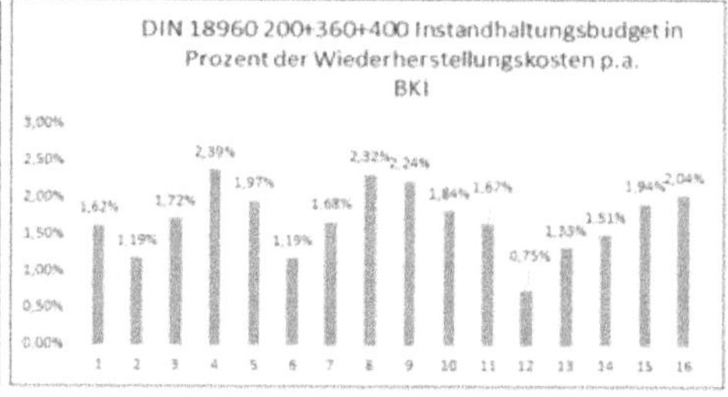

DIN 18960 KG 200+350+400	BKI
Minimum	0,7%
1. Quartil	1,5%
Median (MED)	1,7%
3.Quartil	2,0%
Maximum	2,2%
Mittelwert (MW)	1,7%
Mittelwert gewichtet (MWG)	1,7%
Ø MED/MW/MWG	1,7%

n=16

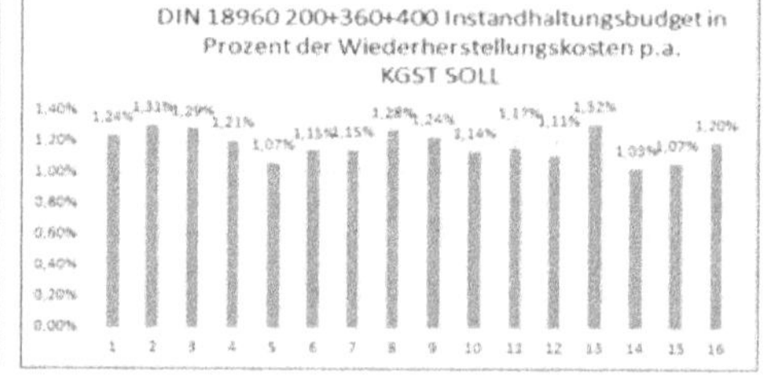

DIN 18960 KG 200+350+400	KGST SOLL
Minimum	1,2%
1. Quartil	1,1%
Median (MED)	1,2%
3.Quartil	1,3%
Maximum	1,1%
Mittelwert (MW)	1,2%
Mittelwert gewichtet (MWG)	1,2%
Ø MED/MW/MWG	1,2%

n=16

**Tabelle 2.21: Instandhaltungsbudgets in Prozent der Wiederherstellungskosten
PPP / KGST IST / BKI / KGST SOLL**

b) ANMERKUNGEN:

(134) Das Ergebnis deckt sich i.W. mit den Ergebnissen der PPP-Schulstudie (2019, Rn. 108 ff.). Die KGST-IST-Budgets liegen signifikant unter PPP, BKI und auch den SOLL-Budget-Empfehlungen der KGST. Bei der vorliegenden PPP-Fallgruppe sind die durchschnittlichen PPP-Instandhaltungsbudgets der 16 PPP-Projekte allerdings deutlich höher als bei den 34 PPP-Neubauprojekten der PPP-Schulstudie (1,2% p.a.).

Auswirkung auf Bauschäden und Nutzungsdauer / Restwert

(135) Die unterschiedlichen Instandhaltungsbudgets haben Auswirkungen auf Bauschäden durch unterlassene Instandhaltung und den voraussichtlichen Restwert der Objekte am Ende der Vertragslaufzeit (siehe unten Rn. 153, 162f.).

Instandhaltungs-budget von 1,6% p.a. ermöglicht hohes Niveau

2.13.3 Qualitative Aspekte der PPP-Instandhaltung

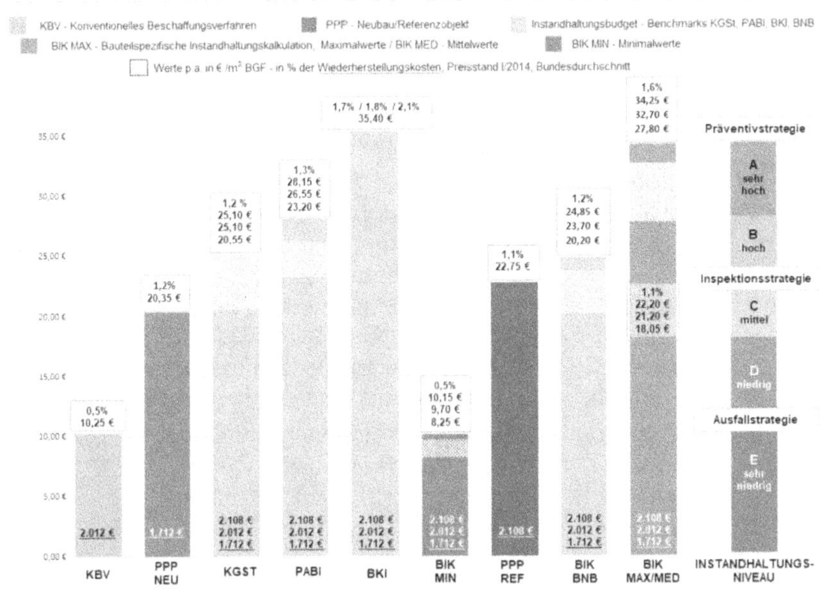

Tabelle 2.22 Ist- und Soll-Dotierung von Instandhaltungsbudgets über 25 Jahre p.a. bei 807 konventionellen Schulen und 34 PPP-Neubau-Schulprojekten, Preisstand I/2014, PPP-Schulstudie (2019)

(136) Im Rahmen der PPP-Schulstudie (2019) konnte durch Analyse von bauteilspezifischen Instandhaltungskalkulationen eines PPP-Projekts und der Empfehlungen des BNB-Leitfadens für Unterrichtsgebäude aufgezeigt werden, dass das Soll-Instandhaltungsbudget der KGST (1,2% der Wiederherstellungskosten p.a.) ein mittleres Instandhaltungsniveau über 25 Jahre ermöglicht und Voraussetzung für das Erreichen der gewöhnlichen Nutzungsdauer von Schulen ist. Mit einem Budget von 0,6% p.a. kann dagegen nur ein sehr geringes Instandhaltungsniveau (im Sinne einer Ausfallstrategie) erreicht werden. Ein PPP-Budget von 1,6% p.a. ermöglicht demgegenüber ein hohes Instandhaltungsniveau.

(137) Darüber hinaus ist das PPP-Instandhaltungsmanagement von einigen organisatorischen Eckpunkten geprägt, die für die Qualität der Instandhaltungsleistung von wesentlicher Bedeutung sind. Dabei spielt das im Vertrag verankerte Anreizsystem eine zentrale Rolle.

Anreizstrukturen im PPP-Vertrag

(1) Kostenobergrenzen zur Instandhaltung, Service levels, Bonus/malus-Regeln

(138) Im PPP-Vertrag werden typischerweise Kostenobergrenzen für die Instandhaltungsentgelte vereinbart; das geht einher mit der Vereinbarung sog. Service Levels, die festlegen, in welchem Zustand sich die wesentlichen Bauteile des Objekts über die gesamte Vertragslaufzeit befinden müssen. Bei Soll-Abweichungen treten Reaktions- und Behebungsregeln in Kraft, die bestimmen, in welchem Zeitraum aufgetretene Mängel behoben werden müssen; sofern das nicht termingerecht erfolgt, drohen Entgeltkürzungen (Malus oder Bonuskürzungen).

PPP-Kostenrisiko aus qualitativen Vorgaben

(139) In einer im Jahr 2020 durchgeführten Umfrage u.a. unter den Bau- und Finanzabteilungen der größten 300 deutschen Städte wurde festgestellt, dass Nutzer üblicherweise keine Ansprüche auf Einhaltung von fest definierten Reaktions- und Behebungszeiten haben und es in der konventionellen Praxis auch keine Sanktionen für den Fall der Nichtbehebung von Mängeln gibt[15].

Konventionelles Verfahren ohne Sanktionen

(2) Bauteilspezifische Instandhaltungskalkulationen

(140) Eine PPP-Firma, die ein derartiges vertragliches Kostenrisiko übernimmt, muss Maßnahmen zur Risikominimierung treffen. So berichtet das PPP-Personal, dass kein Angebot gelegt werden dürfe, ohne dass dem eine sog. bauteilspezfische Instandhaltungskalkulation zugrunde liege. Darin wird für

Risikoreduktion durch möglichst genaue - bauteilspezifische - Kalkulation

jedes Bauteil über die Vertragslaufzeit kalkuliert, wie oft und zu welchen Kosten es gewartet, instandgesetzt oder ggf. auch ausgetauscht werden muss. Mit diesen bauteilspezifischen Instandhaltungskalkulationen entsteht ein ganz spezielles technisches und finanzielles Expertenwissen, das die Kalkulation der Entgelte bestimmt. Im PPP-Verfahren definiert also die Qualität das Budget. Es ist somit auch kein Zufall, dass sich die PPP-Instandhaltungsbudgets im Rahmen der einschlägigen Benchmarks bewegen, weil der Budgetbedarf objektbezogen ermittelt wird.

(141) Demgegenüber werden konventionelle Instandhaltungsbudgets bislang in aller Regel von allgemeinen Haushaltsüberlegungen bestimmt; mit den oftmals viel zu niedrigen Budgets kann dann nur ein sehr niedriges Instandhaltungsniveau gewährleistet werden. Die o.g. Umfrage ergab demnach auch, dass in der Regel keine Vorgaben für die Erstellung von bauteilspezifischen Instandhaltungskalkulationen existieren. Bemerkenswert ist, dass 79% der an der Umfrage Teilnehmenden nicht angeben konnten, wie hoch ihre jährlichen Instandhaltungsbudgets in Prozent der Wiederherstellungskosten sind[16]. Dabei gibt es Berichte, wonach gerade diese Kennziffer für die Bauverwaltungen ein sehr effektives Mittel ist, um unter Hinweis auf Betreiberrisiken die Budgets auf ein angemessenes Niveau anzuheben (vgl. PPP-Schulstudie 2019, Rn 210).

(3) Rücklagenkonten mit Beteiligung an eventuellen Restguthaben

(142) Für PPP-Verträge typisch ist auch das sog. Rücklagenkonto, auf dem nicht benötigtes Instandhaltungsbudget eingezahlt oder gebucht wird, um dann im Fall des Mittelbedarfs zum sofortigen Abruf bereitzustehen. Ein am Ende des Vertrages bestehendes Restguthaben wird idR hälftig geteilt.

(143) Konventionell sind derartige Rücklagenkonten bislang nicht üblich. Sie werden von der Verwaltung als Quantensprung bezeichnet, weil konventionell für jede einzelne Instandsetzungsmaßnahme ein aufwendiges Budgetverfahren durchgeführt werden muss, bei dem es dann wegen auftretender Prioritätenkonflikte mit anderen kommunalen Aufgaben oftmals zur Verschiebung der Instandsetzungsmaßnahme kommt. Das ist mit ein Grund für den vom KfW-Kommunalpanel 2024 festgestellten kommunalen Investitionsrückstand z.B. bei Schulen iHv 54,76 Mrd. €[17].

(4) Angemessene Personalausstattung

(144) Die Kostenanalyse zeigt, dass bei PPP der Personalkostenanteil an den Nutzungskosten deutlich höher ist als im konventionellen Verfahren. Teil der Instandhaltungskalkulation ist eben auch, dass ausreichende Personalkapazitäten vorgehalten werden müssen, um die Vertragsrisiken beherrschen und den Vertragserfolg realisieren zu können. Das impliziert z.B. Hausmeister, die in der Lage sind, kleine Instandsetzungsmaßnahmen selbst durchzuführen, oder aber auch eine gestaffelte Projektorganisation mit gut ausgebildetem Personal vor Ort und in der Zentrale. Es versteht sich von selbst, dass die Vergütung mit erfolgsabhängigen Entgeltbestandteilen erfolgt.

(145) Konventionell wird dagegen über einen erheblichen Personalfehlbedarf berichtet[18], oftmals fehlt es schon am Personal, um die zu niedrigen Instandhaltungsbudget ausgeben zu könne. Im Zweifel führt das im nächsten Jahr zur weiteren Kürzung der „offensichtlich nicht benötigten" Budgetmittel.

(146) Im Ergebnis zeigt sich also, dass sich das PPP-Instandhaltungsmanagement organisatorisch in einer Reihe zentraler Punkte vom konventionellen Verfahren unterscheidet und dass das im PPP-Vertrag verankerte Anreizsystem eine wesentliche Ursache dafür ist, dass ein nachhaltiges und hochwertiges Instandhaltungsniveau erreicht werden kann.

2.14 Nutzungskosten

2.14.1 Nutzungskosten ohne Risikokosten

Nutzungskosten o. Risikokosten	PPP/KGST
Maximum	-10%
1. Quartil	-9%
Median (MED)	0%
3.Quartil	4%
Minimum	20%
Mittelwert (MW)	0%
Mittelwert gewichtet (MWG)	-3%
Ø MED/MW/MWG	-1%

n=16

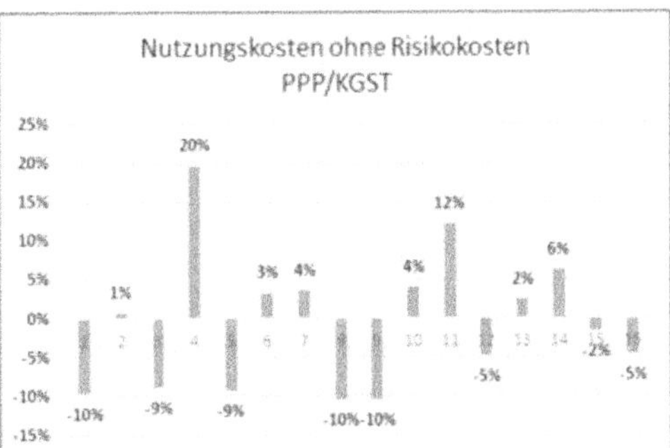

Nutzungskosten o. Risikokosten	PPP/BKI
Maximum	-28%
1. Quartil	-21%
Median (MED)	-13%
3.Quartil	-9%
Minimum	-7%
Mittelwert (MW)	-15%
Mittelwert gewichtet (MWG)	-17%
Ø MED/MW/MWG	-15%

n=16

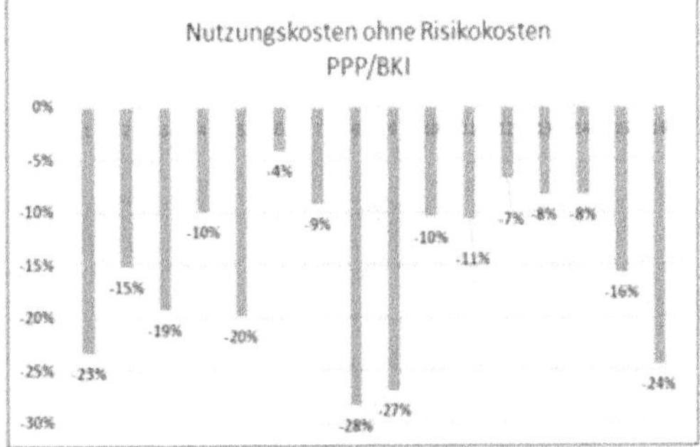

Tabelle 2.23: Nutzungskosten ohne Risikokosten PPP/KGST und PPP/BKI

a) ERGEBNIS:

(147) Die PPP-Nutzungskosten ohne Risikokosten liegen im Mittel um 1% unter den KGST-Kennzahlen. 8 PPP-Projekte unterschreiten den KGST-Kennwert (zwischen -2% und -10%), 8 liegen darüber (zwischen +1% und +20%), 5 davon geringfügig zwischen 1% und 4%).

Nutzungskosten ohne Risikokosten: PPP/KGST: Ø -1%

(148) Die PPP-Nutzungskosten ohne Risikokosten unterschreiten die BKI-Kennwerte im Mittel um 15%. Alle 16 PPP-Projekte liegen unter dem BKI-Kennwert.

PPP/BKI: Ø -15%

b) ANMERKUNGEN:

(149) Trotz höherer Kosten bei Instandhaltung, Objektmanagement, Reinigung und sonstigen Betriebskosten liegen die PPP-Nutzungskosten aufgrund der niedrigeren Kapitalkosten (aufgrund niedrigerer Baukosten) und niedrigerer Energieverbrauchskosten auch ohne Risikobewertung im Mittel geringfügig unter den KGST-Kosten. Bei 5 der 7 Projekte mit höheren Kosten sind die Mehrkosten relativ gering (+0,8% bis +4%).

(150) Die BKI-Kennwerte werden relativ deutlich unterschritten. Das wird ermöglicht durch einen effizienten Bauprozess mit niedrigeren Baukosten und kürzeren Bauzeiten sowie Einsparungen beim Energiemanagement.

2.14.2 Nutzungskosten inkl. Risikokosten

Nutzungskosten inkl. Risikokosten	PPP/KGST
Maximum	-12%
1. Quartil	-9%
Median (MED)	-2%
3.Quartil	3%
Minimum	17%
Mittelwert (MW)	-2%
Mittelwert gewichtet (MWG)	-4%
Ø MED/MW/MWG	-3%

n=16

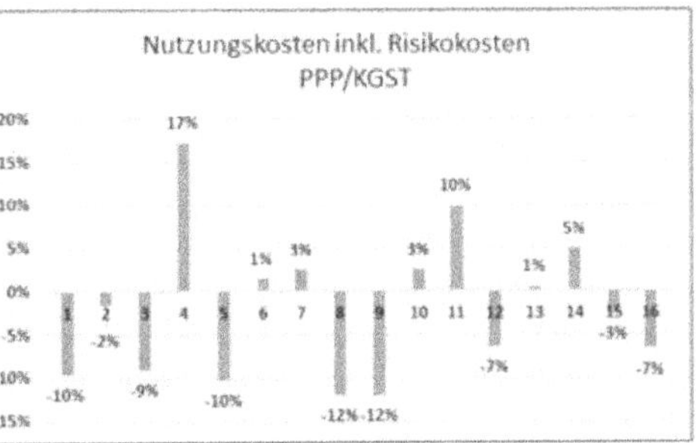

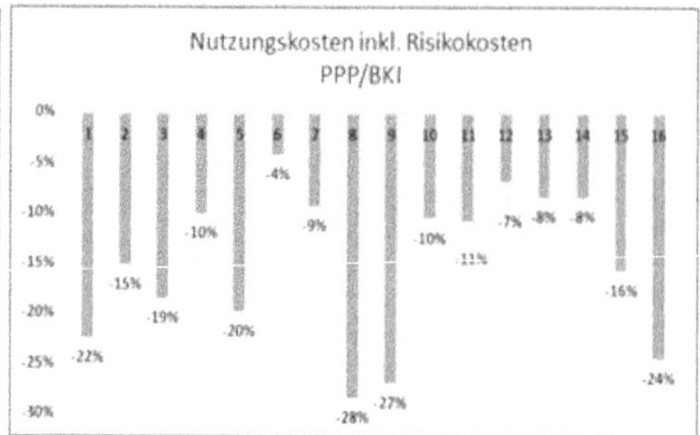

Nutzungskosten inkl. Risikokosten	PPP/BKI
Maximum	-28%
1. Quartil	-20%
Median (MED)	-13%
3.Quartil	-9%
Minimum	-7%
Mittelwert (MW)	-15%
Mittelwert gewichtet (MWG)	-16%
Ø MED/MW/MWG	-15%

n=16

Tabelle 2.24: Nutzungskosten inkl. Risikokosten PPP/KGST und PPP/BKI

a) ERGEBNIS:

(151) Die PPP-Nutzungskosten inkl. Risikokosten liegen im um 3% unter den KGST-Kennzahlen .

Nutzungskosten inkl. Risikokosten:
PPP/KGST: Ø -3%

(152) Die PPP-Nutzungskosten inkl. Risikokosten unterschreiten die BKI-Kennwerte im Mittel um 15%.

PPP/BKI: Ø -15%

b) ANMERKUNGEN:

(153) Der Unterschied zum Ergebnis bei den Nutzungskosten ohne Risikokosten resultiert i.W. aus dem Ansatz von Risikokosten für Bauschäden durch niedrige Instandhaltungsbudgets bei der KGST-Variante (Höhe: 2% der Herstellungskosten, indexiert zum Vertragsende). Dieser Ansatz dürfte am unteren Ende liegen. So zeigt das Praxisbeispiel der Stadt Neuwied mit Bauschäden durch unterlassene Instandhaltung bei 16 Schulen iHv 7% der Wiederherstellungskosten (vgl. PPP-Schulstudie (2019), Rn. 139).

Bauschäden durch unterlassene Instandhaltung:

(154) Theoretisch könnten bei PPP auch noch weitere Kosten den Risikokosten zugeordnet werden (z.B. höhere Zinssätze, Bürgschaftskosten, Kosten der Due Dilligence; vgl. Projektdokumentation PPP-Berufskolleg Duisburg, S. 40).

2.14.3 Anteil der einzelnen Kostengruppen an den Nutzungskosten

(155) Betrachtet man die Verteilung der Nutzungskosten auf die einzelnen Kostengruppen der 3 Alternativen, so ergibt sich folgendes Bild:

Anteil der Kostengruppen an den Nutzungskosten

DIN 18960	Kostengruppen	PPP Ø		KGST Ø		BKI Ø	
KG 100	Kapitalkosten	59,2%	1	67,7%	1	59,0%	1
KG 100	Zinsen Endfinanzierung	21,4%		23,4%		20,4%	
KG 100	Zinssatz Endfinanzierung						
KG 200	Objektmanagement	6,7%	4 (3)	6,0%	5	4,6%	6
KG 210	Personalkosten	5,9%					
KG 210	Eigenkosten der Stadt	0,8%					
KG 300	Betriebskosten	21,4%		17,5%		23,2%	
KG 310	Versorgung**	5,2%	6	6,4%	4	6,5%	5
KG 311	Wasser	0,3%		0,4%		0,5%	
KG 312	Heizung	2,3%		3,0%		3,3%	
KG 313	Strom	2,5%		2,4%		2,5%	
KG 320	Entsorgung	1,0%	8	1,0%	6	0,8%	8
KG 330	Reinigung	8,5%	3 (4)	8,2%	2	6,8%	4
KG 350	Wartung, Inspektion	6,1%	5	0,7%	7	7,4%	3
KG 350	Energiemanagement	0,5%				2,1%	
KG 370	Abgaben, Beiträge, Versicherungen	0,9%	9	0,4%	8	1,1%	7
KG 391	Mensabetrieb	0,7%		0,7%		0,6%	
KG 393	Sonstige Betriebskosten	3,2%	7	0,3%	9	0,2%	9
KG 400	Instandsetzung	12,6%	2	7,4%	3	13,1%	2
KG 460	Risiko Bauschäden (Instandhaltung)*			1,6%			
KG 200/350/400	Instandhaltungskosten p.a.	20,2%		8,6%		21,5%	
KG 100-400	Nutzungskosten	100%		100%		100%	
KG 200 - 400	Nutzungskosten ohne Kapitalkosten	41%		31%		41%	
KG 300+400	Betriebskosten und Instandsetzung	34%		25%		36%	

Unterschiedliche Budgetverteilung

Tabelle 2.25: Verteilung der Nutzungskosten bei PPP, KGST und BKI

(156) Die Kapitalkosten stellen bei allen 3 Alternativen die größte einzelne Kostengruppe dar. Die zweitgrößte Position ist bei PPP und BKI die Instandsetzung (bei KGST Position 3 hinter den Reinigungskosten). Bei PPP folgen dann die Kosten für Objektmanagement (wenn man Anteile der KG 390 hinzuzählt), Reinigung, Wartung&Inspektion sowie Versorgung.

(157) Bei BKI liegen die Kosten für Wartung&Inspektion (Position 3) vor den Kosten der Reinigung, Versorgung und Objektmanagement.

(158) Bei KGST stehen die Kosten für Objektmanagement an Position 4 noch hinter den Kosten der Versorgung. Die Kosten für Wartung&Inspektion haben einen geringeren Anteil als die Entsorgungskosten, die bei PPP und BKI lediglich an Position 8 liegen.

(159) Die größten Unterschiede zwischen KGSt einerseits und PPP und BKI andererseits bestehen bei den Instandhaltungskosten, die KGST-Werte liegen über 50% unter PPP und BKI. Bei PPP ist eine Schwerpunktsetzung bei den Objektmanagementkosten festzustellen und bei den Versorgungskosten wird von einem guten Energiemanagement profitiert.

2.15　Vergleich der Restwertentwicklung

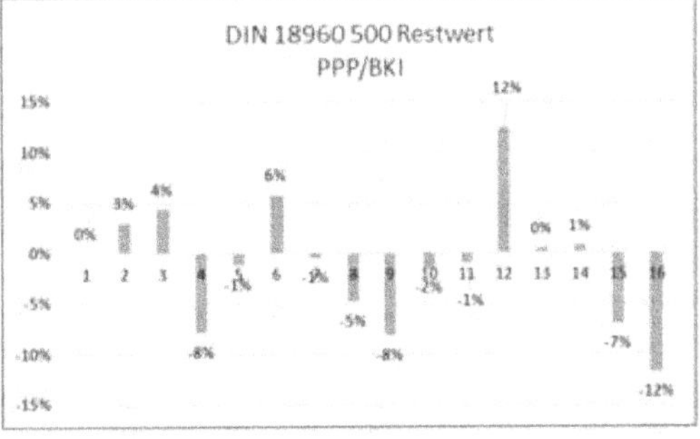

DIN 18960 KG 500 Restwert	PPP/KGST
Minimum	14%
1. Quartil	21%
Median (MED)	28%
3.Quartil	33%
Maximum	46%
Mittelwert (MW)	29%
Mittelwert gewichtet (MWG)	25%
Ø MED/MW/MWG	27%

n=16

DIN 18960 KG 500 Restwert	PPP/BKI
Minimum	-12%
1. Quartil	-5%
Median (MED)	-1%
3.Quartil	1%
Maximum	12%
Mittelwert (MW)	-1%
Mittelwert gewichtet (MWG)	0%
Ø MED/MW/MWG	0%

n=16

Tabelle 2.26: Vergleich der Wertentwicklung

a)　ERGEBNIS:

(160) Der voraussichtliche PPP-Restwert zum Ende der Vertragslaufzeit liegt im Mittel der Durchschnittswerte um 27% über der KGST-Alternative und gleichauf mit der BKI-Alternative.

Restwerte:
PPP/KGST: Ø +27%
PPP/BKI: Ø 0%

b)　ANMERKUNGEN:

(161) Bei der Ermittlung des voraussichtlichen Restwerts sind 3 Aspekte zu unterscheiden: (1) Abhängigkeit von Instandhaltungsbudget und Restwert/Nutzungsdauer, (2) Berücksichtigung von stillen Reserven und (3) Preisentwicklung.

(162) Zu (1): Die Höhe des Instandhaltungsbudgets und die damit verbundenen unterschiedlichen Instandhaltungsstrategien sind von zentraler Bedeutung für den Restwert einer Immobilie; hierdurch werden die Risiken und Chancen der Restwertentwicklung maßgeblich beeinflusst. Dass ein solcher Zusammenhang besteht, erscheint sicher. Nicht exakt sicher ist die Höhe. Hierfür bedarf es einer ausreichenden Empirie. Erste Erkenntnisse liefert die PPP-Schulstudie (2019) auf Basis von 800 konventionellen Schulen, 50 PPP-Projekten und

Abhängigkeit Restwert und Instandhaltungs-Budget

Berichten von Kommunen zu Auswirkungen von niedrigen Instandhaltungsbudgets auf Bauschäden, Nutzungsdauer und Restwerte (PPP-Schulstudie 2019, Rn. 137 ff.).

(163) Beispiel: Um die normale Nutzungsdauer bei Schulgebäuden von 80 Jahren zu erreichen und ein mittleres Instandhaltungsniveau während der Betriebsphase sicherzustellen, benötigt man in dem Lebenszyklusabschnitt der ersten 25 Jahre ein Instandhaltungsbudget von 1,1% der Wiederherstellungskosten pro Jahr; der Restwert läge dann nach 25 Jahren bei 16,9 Mio. €. Ist das tatsächlich verfügbare Instandhaltungsbudget niedriger (0,5% p.a.), dann verkürzt sich die Nutzungsdauer um 30% auf 56 Jahre und der Restwert sinkt auf 13,1 Mio. €, ist das Instandhaltungsbudget höher (1,9% p.a.), verlängert sich die Nutzungsdauer auf 91 Jahre und der Restwert erhöht sich auf 18,8 Mio. €. Die Verkürzung der Nutzungsdauer um 30% bei sehr niedrigen Instandhaltungsbudgets lässt sich empirisch unterlegen (vgl. PPP-Schulstudie 2019, a.a.O). Zur Verlängerung der Nutzungsdauer bei höheren Instandhaltungsbudgets fehlt bislang soweit ersichtlich Empirie. Die vorliegenden Ansätze gehen von der Annahme aus, dass die Verlängerung der Nutzungsdauer bei steigenden Instandhaltungsbudgets etwas langsamer erfolgt als die Verkürzung bei abnehmenden Budgets.

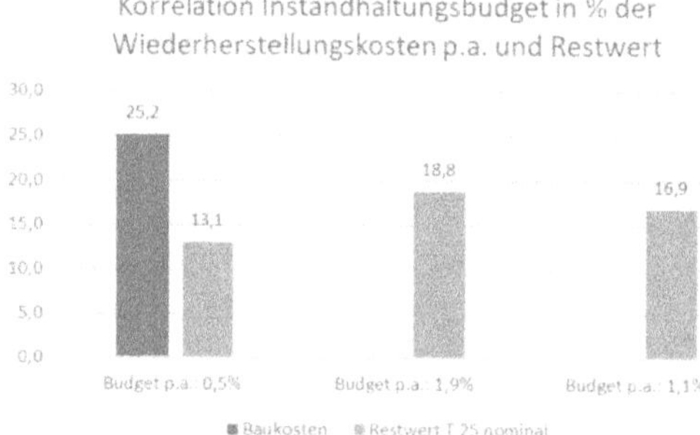

Tabelle 2.27: Abhängigkeit Instandhaltungsbudget und Restwert

(164) Zu (2): Grundsätzlich wird der Restwert durch Abschreibung der Herstellungskosten/Baukosten ermittelt. Liegen die PPP-Baukosten z.B. von 17,7 Mio. € bei vergleichbarem Baustandard z.B. 30% unter den BKI-Baukosten von 25,2 Mio. €, so läge der PPP-Restwert bei linearer Abschreibung nach 25 Jahren mit 12,1 Mio. € um 5,2 Mio. € unter dem BKI-Restwert von 17,3 Mio. €. Das ist nicht plausibel. Hier zeigt sich, dass durch den effizienten PPP-Bauprozess zugunsten der Kommune im Vergleich zu den durchschnittlichen konventionellen Kosten stille Reserven entstanden sind. Der voraussichtliche PPP-Restwert der Immobilie nach 25 Jahren ist daher inklusive der stillen Reserven zu ermitteln.   **Restwert und stille Reserven**

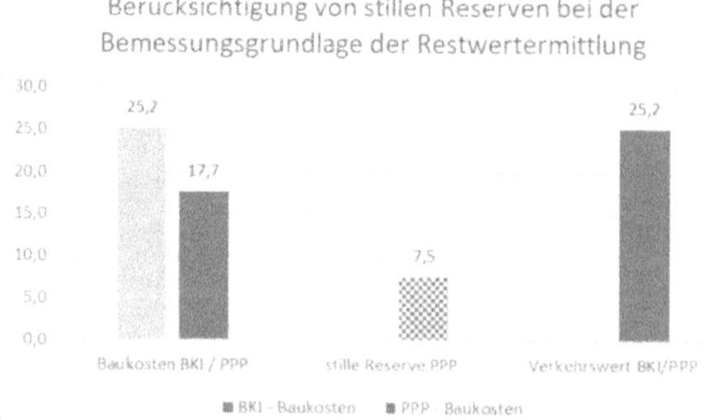

Tabelle 2.28: Berücksichtigung von stillen Reserven bei der Restwertermittlung

(165) Zu (3): Wirtschaftlichkeitsuntersuchungen sollen den voraussichtlichen Kostenverlauf transparent machen (vgl. Landesrechnungshof Hessen,   **Restwert und Indexierung**

Prüfbericht vom 26.03.2015 zum PPP-Schulprojekt Landkreis Offenbach). Aus diesem Grunde werden die Betriebskosten indexiert. Dann muss folgerichtig auch die voraussichtliche Preisentwicklung bei der Restwertermittlung berücksichtigt werden.

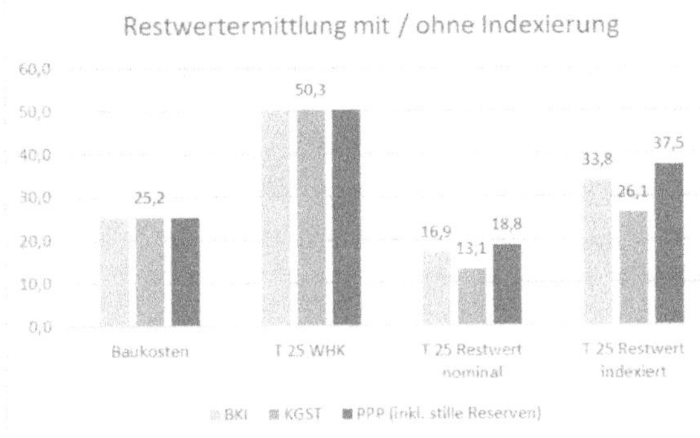

Tabelle 2.29: Restwertermittlung mit / ohne Indexierung

(166) Im Beispiel betragen die Wiederherstellungskosten bei einer jährlichen Preissteigerung von 2,92% (DESTATIS, Baupreisindex, Nichtwohngebäude/Gewerbebauten zwischen 2007 und 2021) in 25 Jahren 50,3 Mio. €. Je nach Instandhaltungsstrategie wird der (indexierte) Restwert dann voraussichtlich zwischen 26,1 Mio. € und 37,5 Mio. € liegen.

2.16   Lebenszykluskosten

2.16.1   Lebenszykluskosten ohne Risikokosten

a)   ERGEBNIS:

Lebenszykluskosten ohne Risikokosten	PPP/KGST
Maximum	-28%
1. Quartil	-22%
Median (MED)	1%
3.Quartil	10%
Minimum	56%
Mittelwert (MW)	-1%
Mittelwert gewichtet (MWG)	-9%
Ø MED/MW/MWG	-3%

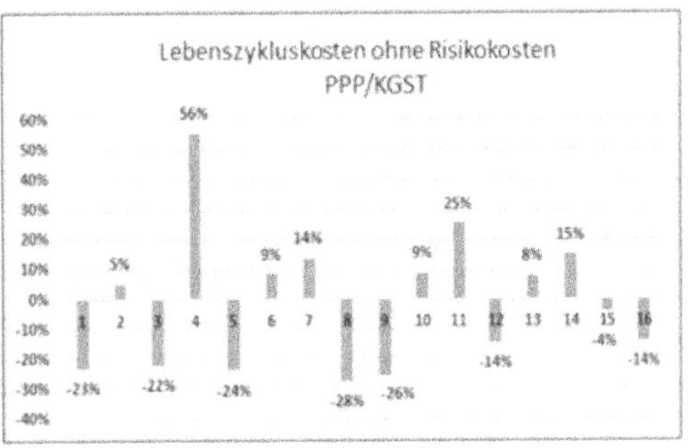

n=16

Lebenszykluskosten ohne Risikokosten	PPP/BKI
Maximum	-56%
1. Quartil	-48%
Median (MED)	-29%
3.Quartil	-20%
Minimum	-10%
Mittelwert (MW)	-33%
Mittelwert gewichtet (MWG)	-35%
Ø MED/MW/MWG	-32%

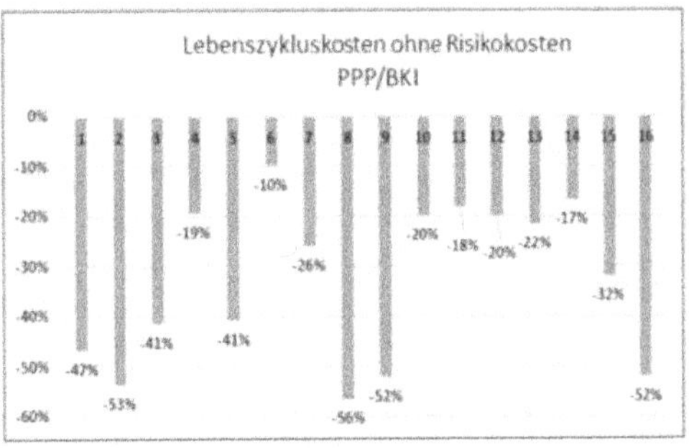

n=16

Tabelle 2.30: Lebenszykluskosten ohne Risikokosten PPP/KGST und PPP/BKI

(167) Die PPP-Lebenszykluskosten ohne Risikokosten liegen im Mittel um 3% unter der KGST-Variante. 8 PPP-Projekte liegen unter der KGST-Variante (zwischen -4% und -28%), 8 darüber (zwischen +5% und +56%).

Lebenszykluskosten ohne Risikokosten: PPP/KGST: Ø -3%

(168) Die PPP-Lebenszykluskosten ohne Risikokosten unterschreiten die BKI-Variante im Mittel um 32%. Alle 16 PPP-Projekte liegen unter der BKI-Variante (zwischen -9% und -56%).

PPP/BKI: Ø -32%

b) ANMERKUNGEN:

(169) Die Lebenszykluskosten definieren sich als Nutzungskosten abzgl. Restwert. Damit wird der Ressourcenverbrauch während der Betriebsphase mit abgebildet.

(170) Die Lebenszykluskosten ohne Risikokosten ermitteln sich ohne Quantifizierung des Instandhaltungsrisikos. D.h. Es erfolgt bei den Nutzungskosten bei der KGSt-Variante kein Ansatz von Bauschäden; darüber hinaus wird der Restwert bei allen Varianten gleich angesetzt.

(171) Die prozentualen Vergleichsergebnisse liegen über den Ergebnissen zu den Nutzungskosten, das liegt daran, dass die Bemessungsgrundlage für den prozentualen Vergleich (Nutzungskosten abzgl. Restwert) niedriger ist.

2.16.2   Lebenszykluskosten inkl. Risikokosten [19]

a) ERGEBNIS:

(172) Die PPP-Lebenszykluskosten inkl. Risikokosten liegen im Mittel um 35% unter der KGST-Variante. Alle 16 PPP-Projekte liegen unter KGST-Variante (zwischen -2% und -64%).

Lebenszykluskosten inkl. Risikokosten: PPP/KGST: Ø -35%

(173) Die PPP-Lebenszykluskosten inkl. Risikokosten unterschreiten die BKI-Variante im Mittel um 34%. Alle PPP-Projekte liegen unter der BKI-Variante (zwischen -13% und -58%).

PPP/BKI: Ø -34%

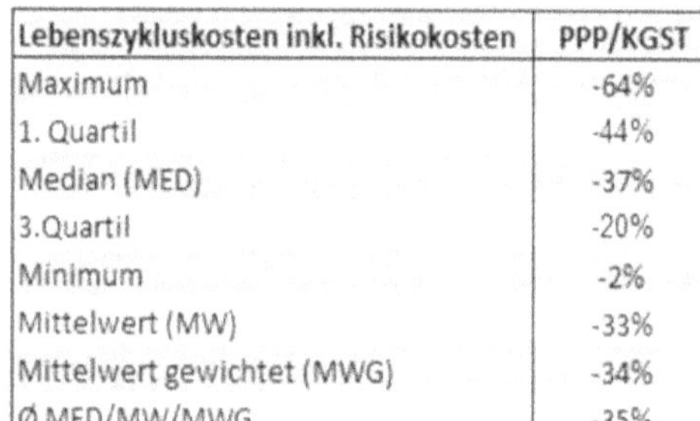

Lebenszykluskosten inkl. Risikokosten	PPP/KGST
Maximum	-64%
1. Quartil	-44%
Median (MED)	-37%
3.Quartil	-20%
Minimum	-2%
Mittelwert (MW)	-33%
Mittelwert gewichtet (MWG)	-34%
Ø MED/MW/MWG	-35%

n=16

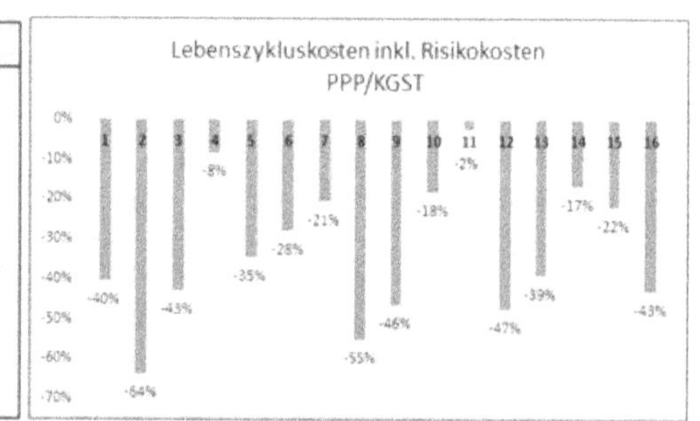

Lebenszykluskosten inkl. Risikokosten	PPP/BKI
Maximum	-58%
1. Quartil	-47%
Median (MED)	-31%
3.Quartil	-19%
Minimum	-13%
Mittelwert (MW)	-34%
Mittelwert gewichtet (MWG)	-37%
Ø MED/MW/MWG	-34%

n=16

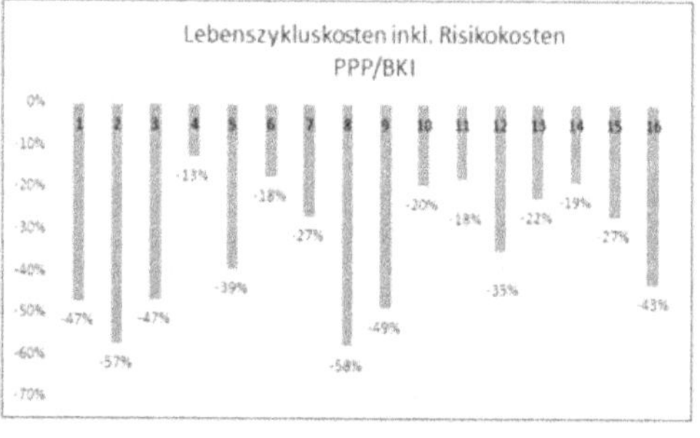

Tabelle 2.31: Lebenszykluskosten inkl. Risikokosten PPP/KGST und PPP/BKI

b) ANMERKUNGEN:

(174) Beim Vergleich PPP / KGST zeigt sich die große Bedeutung des Instandhaltungsbudgets auf den Restwert. Instandhaltungsbudgets, die über 50% unter den Empfehlungen einschlägiger Benchmarks liegen, führen zu Bauschäden[20] und deutlich reduzierten Nutzungsdauern und Restwerten[21]. Es erscheint insofern sehr plausibel, dass zu niedrige Instandhaltungsbudgets ein wesentlicher Grund für den bei Schulen aufgelaufenen Investitionsrückstand iHv 54,76 Mrd. € sind (KfW Kommunalpanel 2024).

Signifikante Auswirkung von zu niedrigen Instandhaltungs-Budgets auf Nutzungsdauer und Restwert

(175) Der Vergleich PPP / BKI ändert sich bei Betrachtung der Risikokosten nur geringfügig.

(176) Zu beachten ist die erhebliche Auswirkung der Indexierung auf das Gesamtergebnis (s.u.).

2.16.3　Lebenszykluskosten inkl. Risikokosten und MWSt-Mehraufkommen

a)　ERGEBNIS:

(177) Unter Einbeziehung des bei PPP entstehenden MWST-Mehraufkommens erhöht sich der PPP-Vorteil bei den Lebenszykluskosten inkl. Risikokosten sowohl gegenüber der KGST-Variante auf 37% und gegenüber der BKI-Variante im Mittel auf 36%.

Lebenszykluskosten inkl. Risikokosten und MWST-Mehraufkommen: PPP/KGST: Ø -37% PPP/BKI: Ø -36%

Lebenszykluskosten inkl. Risikok.+MWSt	PPP/KGST
Maximum	-66%
1. Quartil	-45%
Median (MED)	-39%
3.Quartil	-22%
Minimum	-5%
Mittelwert (MW)	-35%
Mittelwert gewichtet (MWG)	-36%
Ø MED/MW/MWG	-37%

n=16

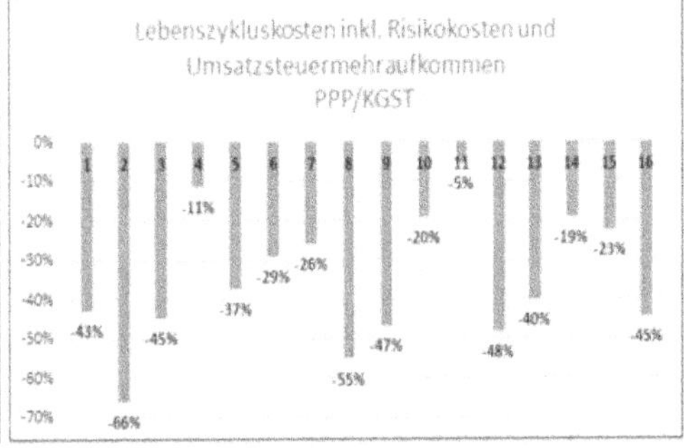

Lebenszykluskosten inkl. Risikok.+MWSt	PPP/BKI
Maximum	-60%
1. Quartil	-49%
Median (MED)	-34%
3.Quartil	-21%
Minimum	-15%
Mittelwert (MW)	-36%
Mittelwert gewichtet (MWG)	-39%
Ø MED/MW/MWG	-36%

n=16

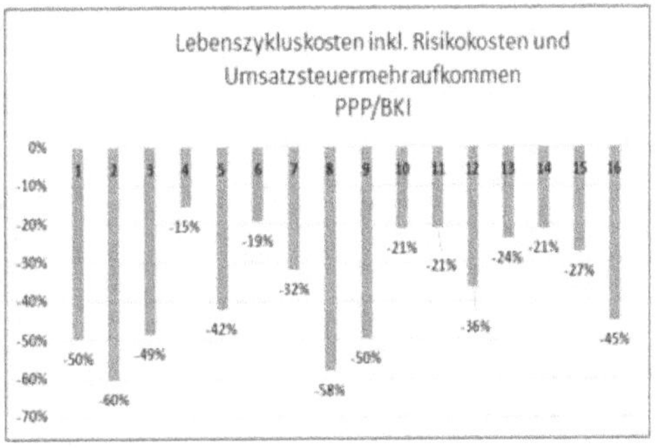

Tabelle 2.32: Lebenszykluskosten inkl. Risikokosten und MWSt-Mehraufkommen

b)　ANMERKUNGEN:

(178) PPP-Personalkosten sind mit Umsatzsteuer belastet; die Kosten öffentlicher Bediensteter sind dagegen umsatzsteuerfrei; PPP führt damit zu MWSt-Mehreinnahmen bei Bund, Ländern und Kommunen.

(179) Die Mehreinnahmen betragen ca. 2% der Lebenszykluskosten.

(180) Beachte: Anders als in mehreren EU-Mitgliedsstaaten gibt es in Deutschland kein sog. Tax Refund-System, dort können sich PPP-Kommunen die MWSt beim Finanzamt erstatten lassen; dadurch sollen die MWSt-Wettbewerbsnachteile der privatrechtlichen Realisierung eliminiert werden.

In Deutschland kein MWST-Tax Refund

2.16.4　Ergebnis-Übersicht PPP-Neubauprojekte

(181) Im Vergleich zur KGST-Variante liegen die reinen PPP-Nutzungskosten über 25 Jahre um 1% bzw. inkl. Risikokosten um 3% unter den Kosten der KGSt-Variante. Berücksichtigt man die Auswirkung unterschiedlicher Instandhaltungsstrategien auf Bauschäden, Nutzungsdauern und Restwerten, so erhöht sich der PPP-Vorteil auf 35%, inkl. Umsatzsteuer-Mehreinnahmen auf 37%.

PPP/KGST o./m. Risikokosten: Nutzungskosten -1% / -3% Lebenszyklus-kosten:-3 / -35% / -37% inkl. MWSt-Mehraufkommen

(182) Beim Vergleich PPP/KGST-Variante zeigt sich im Einzelnen:

- Die PPP-Kapitalkosten (-15%) und die Energieversorgungskosten (-16%) sind niedriger, die PPP-Kosten für Objektmanagement (+12%), Reinigung (+5%), Wartung und Inspektion (+685%), Versicherung (+179%), sonstige

PPP mit zum Teil höheren Betriebskosten

Betriebskosten (+455%) und Instandsetzung (+66%) sind höher als die KGSt-Vergleichskosten. Im Saldo verbleibt vom PPP-Baukostenvorteil (15%-20%) ein reiner Kostenvorteil bei den Nutzungskosten von 1%.

Europäische PPP-Vergleichsstudie - Deutschland		NEUBAU Projekte 1-16	
		PPP/KGST	PPP/BKI
DIN 276 KG 200-700	Baukosten	-17%	
	Nachträge (n=15)	0,6% (Median 0%)	
DIN 277	Bauzeit PPP/KBV	-30%	
	Terminüberschreitung (n=15)	2% (Median 0%)	
DIN 18960 KG 100	Kapitalkosten	-15%	-15%
KG 200	Objektmanagement	12%	23%
KG 300	Betriebskosten	19%	-24%
KG 310	Versorgung	-16%	-33%
KG 320	Entsorgung	0%	0%
KG 330/340	Reinigung	5%	9%
KG 350	Wartung und Inspektion	685%	-21%
KG 360	Energiemanagement	0%	-2%
KG 370	Versicherungen, Abgaben	179%	-7%
KG 390	Sonstige Betriebskosten*	455%	1660%
KG 400	Instandsetzung (inkl. Risikokosten)	66%	-10%
KG 200/350/400	Instandhaltungsbudget	137%	-15%
	in % p.a. PPP / KGST-SOLL	1,6%	1,2%
	in % p.a. KGST-IST / BKI	0,6%	1,7%
Nutzungskosten ohne Risikokosten		-1%	-15%
Nutzungskosten inkl. Risikokosten		-3%	-15%
Restwert		27%	0%
Lebenszykluskosten ohne Risikokosten		-3%	-32%
Lebenszykluskosten inkl. Risikokosten		-35%	-34%
Lebenszykluskosten inkl. Risiko + MWSt-Mehraufkommen		-37%	-36%

*Anteil KG 390 an den Nutzungskosten: PPP 3,2% (davon sind ca. 3% der KG 200 zuzuordnen), KGST: 0,3%, BKI: 0,2%

Tabelle 2.33: Übersicht Ergebnis PPP-Neubau-Projekte

- Dabei ist zu beachten, dass den Mehrkosten höhere Qualitäten gegenüberstehen: So zeigt der zweitgrößte Kostenblock der Instandhaltung eine überdurchschnittliche Qualität, während die in der KGST-Variante abgebildete kommunale Beschaffungswirklichkeit aufgrund Personal- und Budgetrestriktionen nur auf sehr niedrigem Niveau arbeiten kann.

  Mehrkosten steht z.T: signifikant höhere Qualität gegenüber, Insbesondere: Instandhaltung

- Bei den Finanzierungskosten sind bei der reinen Kostenbetrachtung Mehrkosten aufgrund höherer Zinssätze zulasten von PPP enthalten, obwohl diesen Mehrkosten qualitative Gegenleistungen gegenüberstehen (Zinssicherung für den Baukosten-Festpreis; zusätzliche Risikoabsicherung bei der Projektfinanzierung durch Qualitätskontrollen der refinanzierenden Bank).

  Finanzierung

- Bei den Reinigungskosten zeigt sich an einem Beispiel, dass sich der PPP-Nachteil bei den höheren Reinigungskosten pro m² BGF aufgrund umfangreicherer Reinigungsintervalle ein PPP-Kostenvorteil pro m² Jahresreinigungsfläche ergeben kann.

  Beispiel Reinigung

- Die Mehrkosten beim Objektmanagement (inkl. sonstigen Betriebskosten) sind niedriger als die in den Kosten enthaltene Mehrwertsteuer-Mehrbelastung, d.h. den dadurch bedingten Kosten der PPP-Kommune stehen Steuer-Mehreinnahmen bei Bund, Ländern und Kommunen gegenüber; in anderen EU-Staaten können sich PPP-Kommunen über ein Tax-Refundsystem diese Mehrkosten erstatten lassen.

  Objektmanagement MWSt Mehreinnahmen für Bund und Länder

- Die sehr hohen prozentualen PPP-Mehrkosten bei KG 370 und KG 390 beziehen sich auf vergleichsweise niedrige konventionelle Nominalkosten, die nur 0,4% bzw. 0,3% der KGST-Nutzungskosten ausmachen. *(KG 370/390 geringer Anteil an Nutzungskosten)*

- Insofern erscheint es beachtlich, dass die PPP-Nutzungskosten bei zum Teil deutlich höherer Qualität im Mittel immer noch (leicht) unter den Nutzungskosten der KGST-Variante liegen. Dies wird i.W. ermöglicht durch einen sehr effizienten Bauprozess und Einsparungen bei den Energieverbräuchen. *(PPP-Effizienz im Bauprozess ermöglicht niedrigere Kosten bei deutlich höheren Qualitäten)*

- Der ökonomische Vorteil der PPP-Realisierung gegenüber der KGST-Variante wird bei Bewertung der unterschiedlichen Instandhaltungsstrategien deutlich: Sehr niedrige Instandhaltungsbudgets bergen das Risiko von Bauschäden, verkürzten Nutzungsdauern und reduzierten Restwerten, überdurchschnittliche Budgets haben dagegen einen positiven Effekt auf Nutzungsdauer und Restwerte. Die quantitativen Auswirkungen lassen sich auf Basis erster empirischer Untersuchungen ermitteln (PPP-Schulstudie 2019). Bei den vorliegenden 16 PPP-Projekten erhöht sich so der PPP-Vorteil bei den Lebenszykluskosten aufgrund der Bewertung von Bauschäden sowie unterschiedlicher Nutzungsdauer- und Restwertentwicklung auf 34%. Dass derartige Größenordnungen realistisch sein können, zeigen die Berichte über u.a. durch unterlassene Instandhaltung aufgelaufene Investitionsrückstand von 54,76 Mrd € bei Schulen (KfW-Kommunalpanel 2024)[22]. *(PPP-Restwertvorteil 34% bei Bewertung der unterschiedlichen Instandhaltungsqualität)*

(183) Im Vergleich zur BKI-Variante unterschreiten die reinen PPP-Nutzungskosten über 25 Jahre die Nutzungskosten der BKI-Variante um 15%. Unter Einbeziehung des künftigen Restwertes erhöht sich der PPP-Vorteil bei den Lebenszykluskosten auf 34%, inkl. Umsatzsteuer-Mehreinnahmen auf 36%. *(PPP/BKI: PPP-Vorteil 15% - 36%)*

(184) Beim Vergleich PPP/BKI-Variante zeigt sich im Einzelnen:

- Die PPP-Kosten für Kapitaldienst (-15%), Energieversorgung (-33%), Wartung und Inspektion (-21%), Versicherung (-7%) und Instandsetzung (-10%) liegen unter den BKI-Vergleichswerten, die Kosten für Objektmanagement (+23%), Reinigung (+9%) sowie sonstige Betriebskosten (+1660%) liegen darüber. Im Saldo verbleibt vom PPP-Baukostenvorteil (15%-20%) ein reiner Kostenvorteil bei den Nutzungskosten von 15%. *(PPP-Betriebskosten über-wiegend unter BKI)*

- Die Mehrkosten beim Objektmanagement (23%) sind höher als der Anteil der Mehrwertsteuer.

- Die PPP-Kosten unterschreiten die BKI-Ansätze für Wartung und Inspektion um 21% und für Instandsetzung um 10%, m.a.W.: die BKI-Ansätze liegen noch deutlicher über den Kosten der KGST-Variante als die PPP-Kosten. D.h. auch nach der Bewertung des Kennzahlensystems der deutschen Architektenkammern sind konventionelle Projekte mit derartig niedrigen Instandhaltungsbudgets signifikant unterdotiert. *(BKI bestätigt Defizite von zu niedrigen Instandhaltungsbudgets)*

- Der PPP-Vorteil bei den Nutzungskosten (15%) erhöht sich bei den Lebenszykluskosten unter Einbeziehung des künftigen Restwerts auf 34%. Das liegt daran, dass sich der Betrag der höheren BKI-Nutzungskosten bei Ermittlung der Lebenszykluskosten rechnerisch auf eine niedrigere Bemessungsgrundlage bezieht (Nutzungskosten abzüglich Restwert). *(PPP-Vorteil 34% bei Einbeziehung des künftigen Restwerts bei den Lebenszykluskosten)*

2.16.5 Auswirkung der Indexierung auf das Gesamtergebnis

(185) Die Höhe der Indexierung hat erhebliche Auswirkungen auf das Gesamtergebnis. Das betrifft insbesondere den Baupreisindex, der für die Indexierung der Instandsetzungskosten und des künftigen Restwertes maßgeblich ist. Es wurden daher für alle Projekte Sensitivitätsanalysen mit einer Baupreissteigerungsrate von 2,0% und 1,5% p.a. durchgeführt. *(Relevanz der Indexierung)*

(186) Im Ergebnis reduziert sich der PPP-Vorteil bei den Lebenszykluskosten inkl. Risikokosten bei einer Indexierung mit 2% p.a. gegenüber der KGST-Variante von 35% auf 26% bzw. gegenüber der BKI-Variante von 34% auf 28%.

Indexierung Restwert+Instandhaltung mit Index. 2,92% p.a.*	PPP/KGST	PPP/BKI	
Nutzungskosten o.Risikokosten	-1%	-15%	Baupreissteigerung (2007 – 2021) 2,92% p.a.
Nutzungskosten m. Risikokosten	-3%	-15%	
Lebenszykluskosten o.Risikokosten	-3%	-32%	
Lebenszykluskosten m. Risikokosten	-35%	-34%	
Lebenszykluskosten m. Risiko + MWSt	-37%	-36%	

Sensitivitäsanalyse Indexierung Restwert+Instandhaltung mit Index. 2% p.a.			
Nutzungskosten o.Risikokosten	-2%	-15%	Sensitivitäts-analyse: Baupreisindex mit 2% p.a.
Nutzungskosten m. Risikokosten	-3%	-15%	
Lebenszykluskosten o.Risikokosten	-4%	-27%	
Lebenszykluskosten m. Risikokosten	-26%	-28%	
Lebenszykluskosten m. Risiko + MWSt	-28%	-30%	

Sensitivitäsanalyse Indexierung Restwert+Instandhaltung mit Index. 1,5% p.a.			
Nutzungskosten o.Risikokosten	-3%	-15%	Sensitivitäts-analyse: Baupreisindex mit 1,5% p.a.
Nutzungskosten m. Risikokosten	-4%	-15%	
Lebenszykluskosten o.Risikokosten	-5%	-26%	
Lebenszykluskosten m. Risikokosten	-23%	-26%	
Lebenszykluskosten m. Risiko + MWSt	-25%	-28%	

* DESTATIS FS 17 Reihe 4 Baupreisindex, Nichtwohngebäude, Bürogebäude, jährliche Preissteigerungsrate 2007 - 2021

Tabelle 2.34: Auswirkung der Baupreisindexierung auf das Gesamtergebnis

(187) Bei einer Baupreissteigerungsrate von 1,5% p.a. reduziert sich der PPP-Vorteil auf 23% (KGST) bzw. 26% (BKI).

2.16.6 Teilergebnisse Schulen, Verwaltungsgebäude, Projektfinanzierung

Europäische PPP-Vergleichsstudie		SCHULEN		VERWALTUNG		PROJEKTFINANZIERUNG	
		ØPPP-KGSt	ØPPP-BKI	ØPPP-KGSt	ØPPP-BKI	ØPPP-KGSt	ØPPP-BKI
		n=14		n=2		n=4	
DIN 276 KG 200-700	Baukosten PPP/KBV inkl. KG 760	-16%		-20%		-20%	
DIN 277	Bauzeit	-30%		-31%		-27%	
DIN 276 KG 100	Kapitalkosten	-13%	-13%	-19%	-19%	-15%	-15%
KG 200	Objektmanagement	12%	26%	7%	0%	-18%	-2%
KG 300	Betriebskosten	18%	-25%	45%	10%	22%	-14%
KG 310	Versorgung	-20%	-32%	-3%	-11%	15%	0%
KG 320	Entsorgung	0%	0%	0%	0%	0%	0%
KG 330/40	Reinigung	6%	5%	15%	66%	-17%	-17%
KG 350	Wartung und Inspektion	545%	-12%	296%	-17%	442%	-20%
KG 360	Energiemanagement	0%	-7%	0%	0%	0%	0%
KG 370	Versicherungen, Abgaben	50%	-12%	279%	141%	174%	-24%
KG 390	Sonstige Kosten	403%	746%	285%	7934%	382%	9%
KG 400	Instandsetzung	67%	-6%	128%	117%	76%	-30%
KG 200/350/400	Instandhaltungsbudget	139%	-20%	206%	44%	107%	-28%
	in % der WHK p.a. PPP / KGST-SOLL	1,6%	1,2%	1,5%	1,1%	1,7%	1,1%
	in % der WHK p.a. KGST-IST / BKI	0,6%	1,8%	0,5%	1,0%	0,7%	1,9%
Nutzungskosten ohne Risikokosten		0%	-16%	-1%	-5%	-4%	-16%
Nutzungskosten inkl. Risikokosten		-2%	-16%	-3%	-5%	-5%	-16%
Restwert		28%	-2%	33%	9%	20%	-1%
Lebenszykluskosten ohne Risikokosten		-1%	-35%	-3%	-15%	-10%	-33%
Lebenszykluskosten inkl. Risikokosten		-32%	-35%	-38%	-26%	-29%	-33%
Lebenszykluskosten inkl. Risikokosten u. MWSt-Mehraufk.		-34%	-37%	-39%	-28%	-31%	-35%
Sensitivitätsanalysen Indexierung Restwert+Instandhaltung 2% p.a.							
Nutzungskosten ohne Risikokosten		-1%	-17%	-2%	-7%	-5%	-17%
Nutzungskosten inkl. Risikokosten		-2%	-17%	-3%	-7%	-6%	-17%
Lebenszykluskosten ohne Risikokosten		-2%	-30%	-5%	-14%	-10%	-29%
Lebenszykluskosten inkl. Risikokosten		-24%	-29%	-28%	-21%	-24%	-29%
Lebenszykluskosten inkl. Risikokosten u. MWSt-Mehraufk.		-25%	-31%	-30%	-23%	-25%	-30%
Sensitivitätsanalysen Indexierung Restwert+Instandhaltung 1,5% p.a.							
Nutzungskosten ohne Risikokosten		-2%	-17%	-3%	-7%	-5%	-17%
Nutzungskosten inkl. Risikokosten		-3%	-17%	-4%	-7%	-6%	-17%
Lebenszykluskosten ohne Risikokosten		-4%	-28%	-5%	-13%	-10%	-28%
Lebenszykluskosten inkl. Risikokosten		-21%	-27%	-25%	-20%	-22%	-28%
Lebenszykluskosten inkl. Risikokosten u. MWSt-Mehraufk.		-22%	-29%	-26%	-21%	-23%	-29%

* Arithmetische Mittelwerte

Tabelle 2.35:Teilergebnis Schulen, Verwaltungsgebäude, Projektfinanzierung

(188). Beim Vergleich der PPP-Schul- und Verwaltungsgebäude fällt insbesondere auf, dass die Instandhaltungsbudgets der Verwaltungsgebäude bei der KGST-Variante (0,5% der Wiederherstellungskosten p.a) nochmals unter den Werten der Schulgebäude (KGST: 0,6%; BKI) liegen. Bemerkenswert ist weiterhin, dass die Instandhaltungskosten-Kennwerte der BKI-Variante für Verwaltungsgebäude (1%) um fast 50% unter der für Schulen liegt (1,8%). Das führt zu kürzeren Nutzungsdauern und niedrigeren Restwerten. Dementsprechend verbessert sich das PPP-Ergebnis in diesem Punkt bei den Verwaltungsgebäuden relativ gegenüber dem Ergebnis bei den Schulgebäuden.

Teilergebnisse PPP-Schul- und Verwaltungsgebäude

(189) Beim Vergleich der PPP-Projekte mit Projektfinanzierung reduziert sich der Baukostenvorteil (20%) bei den Kapitalkosten auf 15%; hier machen sich die höheren Finanzierungszinssätze bemerkbar. Das Ergebnis zu den Lebenszykluskosten der Projektfinanzierungsprojekte liegt gleichwohl nur geringfügig unter dem Gesamtergebnis der PPP-Neubauprojekte.

Teilergebnis PPP-Projektfinanzierung

3　Die Ergebnisse zu den PPP-Sanierungsprojekten

Europäische PPP-Vergleichsstudie - Deutschland		SANIERUNG 100% Projekte 17-18	
		PPP/KGST	PPP/BKI
DIN 276 KG 200-700	Baukosten	-11%	
	Nachträge (n=15)	3,5%	
DIN 277	Bauzeit PPP/KBV	-29%	
	Terminüberschreitung (n=15)	0%	
DIN 18960 KG 100	Kapitalkosten	-8%	-8%
KG 200	Objektmanagement	18%	27%
KG 300	Betriebskosten	33%	-5%
KG 310	Versorgung	11%	-10%
KG 320	Entsorgung	0%	0%
KG 330/340	Reinigung	-15%	-14%
KG 350	Wartung und Inspektion	0%	0%
KG 360	Energiemanagement	0%	0%
KG 370	Versicherungen, Abgaben	211%	-22%
KG 390	Sonstige Betriebskosten*	7310%	5955%
KG 400	Instandsetzung (inkl. Risikokosten)	69%	-21%
KG 200/350/400	Instandhaltungsbudget	80%	-40%
	in % p.a. PPP / KGST-SOLL	1,8%	1,2%
	in % p.a. KGST-IST / BKI	0,6%	1,7%
Nutzungskosten ohne Risikokosten		11%	-7%
Nutzungskosten inkl. Risikokosten		10%	-7%
Restwert		30%	0%
Lebenszykluskosten ohne Risikokosten		39%	-17%
Lebenszykluskosten inkl. Risikokosten		-17%	-20%
Lebenszykluskosten inkl. Risiko + MWSt-Mehraufkommen		-21%	-23%

*Anteil KG 390 an den Nutzungskosten: PPP 3,2% (davon sind ca.3% der KG 200 zuzuordnen), KGST: 0,3%, BKI: 0,2%

Tabelle 3.1: Ergebnis PPP-Sanierungsprojekte

a)　ERGEBNIS:

(190) Im Vergleich zu den KGST-Kennzahlen zeigen die 2 PPP-Sanierungsprojekte höhere Kosten bei den Nutzungskosten ohne und mit Risikokosten (+11% / +10%) sowie bei den Lebenszykluskosten ohne Risikokosten (+39%). Positiv wird das Ergebnis für PPP im Vergleich der Lebenszykluskosten inkl. Risikokosten (-17%) und inkl. Risikokosten und MWST-Mehraufkommen (-21%).

PPP-/ KGST Nutzungskosten -/+ Risiko: +11% /+10% LZK +/- Risiko: +39%/-17%% sowie -21% inkl MWST

(191) Dagegen unterschreiten die Werte der beiden PPP-Sanierungsprojekte die BKI-Kennwerte bei den Nutzungskosten ohne und mit Risikokosten (-7%) sowie bei den Lebenszykluskosten ohne und mit Risikokosten (-17%/-20%) sowie bei den Lebenszykluskosten inkl. Risikokosten und MWST-Mehraufkommen (-23%).

PPP/BKI: Ø -7/-23%

(192) Bei der Sensitivitätsanalyse mit Variation des Baupreisindexes mit den Preissteigerungsraten 2,0% reduziert sich der PPP-Vorteil gegenüber der KGST-Variante auf -9% und gegenüber der BKI-Variante auf -17%. Bei einer Preissteigerungsrate von 1,5% p.a. sinkt der PPP-Vorteil auf -7% (KGST) und -16% (BKI).

Sensitivitätsanalyse Indexierung Instandsetzung und Restwert mit 2% und 1,5% p.a.

Indexierung Restwert+Instandhaltung	PPP/KGST	PPP/BKI	PPP/KGST	PPP/BKI	PPP/KGST	PPP/BKI
Nutzungskosten o.Risikokosten	11%	-7%	10%	-8%	9%	-9%
Nutzungskosten m. Risikokosten	10%	-7%	8%	-8%	8%	-9%
Lebenszykluskosten o.Risikokosten	39%	-17%	23%	-15%	18%	-15%
Lebenszykluskosten m. Risikokosten	-17%	-20%	-9%	-17%	-7%	-16%
Lebenszykluskosten m. Risiko + MWSt	-21%	-23%	-12%	-19%	-9%	-18%
	Index 2,92% p.a.		Index 2% p.a.		Index 1,5% p.a.	

Tabelle 3.2: Auswirkung der Baupreisindexierung auf das Gesamtergebnis

b) ANMERKUNGEN:

(193) Bei den beiden reinen PPP-Sanierungsprojekten war eine vertiefte Überprüfung der Bewertung der Sanierungsleistung mit einem sachgerechten BKI-Vergleichsmaßstab im Rahmen dieser Studie nicht möglich. Das gilt insbesondere für das Denkmalschutzprojekt (Projekt 17).

(194) Bei dem Denkmalschutzprojekt kam es zu Kostensteigerungen während des Bauverlaufs iHv 3,5%. Die sind in der Kostenberechnung nicht berücksichtigt, weil es soweit ersichtlich zu konventionellen Denkmalschutzprojekten keine offiziellen Informationen zu Kostensteigerungen im Bauverlauf gibt.

4   Die Ergebnisse zu den Neubau- und Sanierungsprojekten
4.1 Übersicht

Europäische PPP-Vergleichsstudie - Deutschland	NEUBAU Projekte 1-16		SANIERUNG 100% Projekte 17-18		NEUBAU+SANIERUNG Projekte 1-18	
	PPP/KGST	PPP/BKI	PPP/KGST	PPP/BKI	PPP/KGST	PPP/BKI
DIN 276 KG 200-700 Baukosten	-17%		-11%		-16%	
Nachträge (n=15)	0,6% (Median 0%)		3,5%		0,7% (Median 0%)	
DIN 277 Bauzeit PPP/KBV	-30%		-29%		-30%	
Terminüberschreitung (n=15)	2% (Median 0%)		0%		2% (Median 0%)	
DIN 18960 KG 100 Kapitalkosten	-15%	-15%	-8%	-8%	-14%	-14%
KG 200 Objektmanagement	12%	23%	18%	27%	14%	24%
KG 300 Betriebskosten	19%	-24%	33%	-5%	20%	-20%
KG 310 Versorgung	-16%	-33%	11%	-10%	-15%	-30%
KG 320 Entsorgung	0%	0%	0%	0%	0%	0%
KG 330/340 Reinigung	5%	9%	-15%	-14%	2%	6%
KG 350 Wartung und Inspektion	685%	-21%	0%	0%	685%	-21%
KG 360 Energiemanagement	0%	-2%	0%	0%	0%	-2%
KG 370 Versicherungen, Abgaben	179%	-7%	211%	-22%	179%	-11%
KG 390 Sonstige Betriebskosten*	455%	1660%	7310%	5955%	455%	1660%
KG 400 Instandsetzung (inkl. Risikokosten)	66%	-10%	69%	-21%	68%	-9%
KG 200/350/400 Instandhaltungsbudget	137%	-15%	80%	-40%	128%	-17%
in % p.a. PPP / KGST-SOLL	1,6%	1,2%	1,8%	1,2%	1,6%	1,2%
in % p.a. KGST-IST / BKI	0,6%	1,7%	0,6%	1,7%	0,6%	1,7%
Nutzungskosten ohne Risikokosten	-1%	-15%	11%	-7%	0%	-14%
Nutzungskosten inkl. Risikokosten	-3%	-15%	10%	-7%	-2%	-13%
Restwert	27%	0%	30%	0%	27%	0%
Lebenszykluskosten ohne Risikokosten	-3%	-32%	39%	-17%	2%	-30%
Lebenszykluskosten inkl. Risikokosten	-35%	-34%	-17%	-20%	-32%	-32%
Lebenszykluskosten inkl. Risiko + MWSt-Mehraufkommen	-37%	-36%	-21%	-23%	-34%	-34%

*Anteil KG 390 an den Nutzungskosten: PPP 3,2% (davon sind ca. 3% der KG 200 zuzuordnen), KGST: 0,3%, BKI: 0,2%

Tabelle 4.1: Ergebnis Neubau und Sanierung

a) ERGEBNIS:

(195) Die Nutzungs- und Lebenszykluskosten der 18 PPP-Neubau- und Sanierungsprojekte liegen ohne Berücksichtigung des Instandhaltungsrisikos nahezu gleichauf mit der KGST-Variante (0%/2%). Die PPP-Lebenszykluskosten ohne Risikokosten unterschreiten die Kosten der KGST-Variante geringfügig (-2%).

PPP-/ KGST Nutzungskosten: -/+ Risiko: Ø 0%/-2% Lebenszykluskosten: -/+ Risiko: Ø2%/-32% inkl. MWST: Ø -34%

Die PPP-Lebenszykluskosten inkl. Risikokosten sowie inkl. Risikokosten und MWST-Mehraufkommen liegen deutlich unter der KGST-Variante (-32%/-34%).

(196) Die Nutzungs- und Lebenszykluskosten aller 18 PPP-Projekte liegen zwischen -13% und -34% unter den Kosten der BKI-Variante.

PPP/BKI -/+ Risiko Ø-13%/-34%

(197) Bei der Sensitivitätsanalyse mit Variation des Baupreisindexes mit der Preissteigerungsrate 2,0% reduziert sich der PPP-Vorteil bei den Lebenszykluskosten inkl. Risikobewertung gegenüber der KGST-Variante auf 24% und gegenüber der BKI Variante auf 27%. Bei einer Preissteigerungsrate von 1,5% p.a. sinkt der PPP-Vorteil auf 21% (KGST) und 25% (BKI).

Sensitivitätsanalyse Indexierung Instandsetzung und Restwert mit 2% und 1,5% p.a.

Indexierung Restwert+Instandhaltung mit Index 2,92% p.a.*	PPP/KGST	PPP/BKI	PPP/KGST	PPP/BKI	PPP/KGST	PPP/BKI
Nutzungskosten o.Risikokosten	0%	-14%	-1%	-14%	-1%	-14%
Nutzungskosten m. Risikokosten	-2%	-13%	-2%	-14%	-2%	-14%
Lebenszykluskosten o.Risikokosten	2%	-30%	-1%	-25%	-3%	-24%
Lebenszykluskosten m. Risikokosten	-32%	-32%	-24%	-26%	-21%	-25%
Lebenszykluskosten m. Risiko + MWSt	-34%	-34%	-26%	-28%	-22%	-27%
	Index 2,92% p.a.		Index 2% p.a.		Index 1,5% p.a.	

Tabelle 4.2: Auswirkung der Baupreisindexierung auf das Gesamtergebnis

b) ANMERKUNGEN:

(198) Bei Einbeziehung der beiden PPP-Sanierungsprojekte ergibt sich keine wesentliche Ergebnisänderung.

4.2 Einsparungen

(199) Den prozentualen PPP-Vorteilen liegen entsprechende Kostenvorteile zugrunde.

(200) Bei den untersuchten 18 PPP-Projekten liegt die Summe der PPP-Baukosten iHv 616 Mio. € um 141 Mio. € unter den BKI-Kennwerten[23]. Im Hinblick auf den Anteil der Kapitalkosten (Tilgung der Baukosten und Zinsen) von 60% und mehr an den Nutzungskosten über die Vertragslaufzeit kommt den Baukosten eine besondere Bedeutung zu. Der effiziente Bauprozess legt die Grundlage dafür, dass im Betrieb insbesondere das Instandhaltungsmanagement mit den ausreichenden Personal- und Finanzressourcen organisiert werden kann.

Baukosten: 141 Mio. € Einsparungen

Europäische PPP-Vergleichsstudie Deutschland	NEUBAU / NEU+SAN n=16		SANIERUNG n=2		NEUBAU+SANIERUNG n=18	
	ØPPP-KGSt	ØPPP-BKI	ØPPP-KGSt	ØPPP-BKI	ØPPP-KGSt	ØPPP-BKI
PPP-Baukosten	579.107.769 €		36.841.207 €		615.948.976 €	
Differenz Baukosten		-135.222.483 €		-5.415.981 €		-140.638.464 €
PPP-Nutzungskosten ohne Risikosten	1.549.111.276 €		122.571.743 €		1.671.683.019 €	
Differenz	-47.212.843 €	-302.274.231 €	13.045.729 €	-9.713.670 €	-34.167.114 €	-311.987.901 €
PPP-Nutzungskosten inkl. Risikokosten	1.553.828.718 €		122.571.743 €		1.676.400.462 €	
Differenz	-65.425.877 €	-297.556.789 €	11.327.476 €	-9.713.670 €	-54.098.401 €	-307.270.459 €
PPP-Lebenszykluskosten ohne Risikokosten	584.933.934 €		44.649.848 €		629.583.782 €	
Differenz	-48.928.051 €	-303.989.440 €	13.045.729 €	-9.713.670 €	-35.882.322 €	-313.703.109 €
PPP-Lebenszykluskosten inkl. Risikokosten	542.899.483 €		38.638.230 €		581.537.714 €	
Differenz	-271.015.746 €	-298.844.229 €	-8.328.426 €	-10.453.234 €	-279.344.172 €	-309.297.464 €
- wie vor inkl. MWSt-Mehreinnahmen	526.533.349 €		36.547.073 €		563.080.422 €	
Differenz	-287.381.880 €	-315.210.364 €	-10.419.583 €	-12.544.391 €	-297.801.464 €	-327.754.755 €

Tabelle 4.3: Einsparungen bei Baukosten, Nutzungs- und Lebenszykluskosten

(201) Die Summe der PPP-Nutzungskosten der 18 PPP-Projekte ohne Risikokosten über ca. 25 Jahre iHv 1,7 Mrd.€ liegt um 34 Mio. € unter den KGST-IST-Werten und um 312 Mio. € unter den BKI-Kennwerten. Berücksichtigt man potentielle Schäden durch unterlassene Instandhaltung, so erhöht sich der PPP-Vorteil bei den Nutzungskosten inkl. Risikokosten gegenüber KGST auf 54 Mio. €.

PPP-Nutzungskosten Einsparungen ggü.: KGST: 34-/ 54 Mio. € BKI: 312 / 314 Mio. € (ohne/mit Risiko-kosten)

(202) Im Vergleich PPP/KGST liegt die Summe der PPP-Lebenszykluskosten ohne Risikokosten (630 Mio. €) um 36 Mio. € unter KGST, die PPP-Lebenszyklus-kosten inkl. Risikokosten unterschreiten die KGST-Variante um 279 Mio. €. Die Differenz von 243 Mio. € ergibt sich aus dem Risiko von verkürzten Nutzungs-

PPP-Lebenszyklus-kosten Einsparungen - ggü. KGST: -38 /-279 Mio. € (ohne/mit Risiko-kosten)

dauern aufgrund zu niedriger Instandhaltungsbudgets, das zu reduzierten Restwerten führt.

(203) Im Vergleich PPP/BKI liegt die Summe der PPP-Lebenszykluskosten ohne Risikokosten um 314 Mio. € unter BKI, die PPP-Lebenszykluskosten inkl. Risikokosten unterschreiten die BKI-Variante um 309 Mio. €.

> - ggü. BKI
> -314 / -310 Mio. €
> (ohne/mit Risiko-
> kosten)

(204) Das bei den 18 PPP-Projekten generierte Umsatzsteuermehraufkommen über rd. 25 Jahre Vertragslaufzeit beträgt 18,5 Mio. €.

> 18,5 Mio. € MWST-
> Mehraufkommen

5. Die Ergebnisse zum Fragebogen Kosten- und Terminsicherheit
5.1 PPP-Baukostensicherheit

PPP-Baukostensicherheit	IST/SOLL
Maximum	-1,0%
1. Quartil	0,0%
Median (MED)	0,0%
3.Quartil	0,9%
Minimum	5,7%
Mittelwert (MW)	0,9%
Mittelwert gewichtet (MWG)	1,1%
Ø MED/MW/MWG	0,7%

n=15

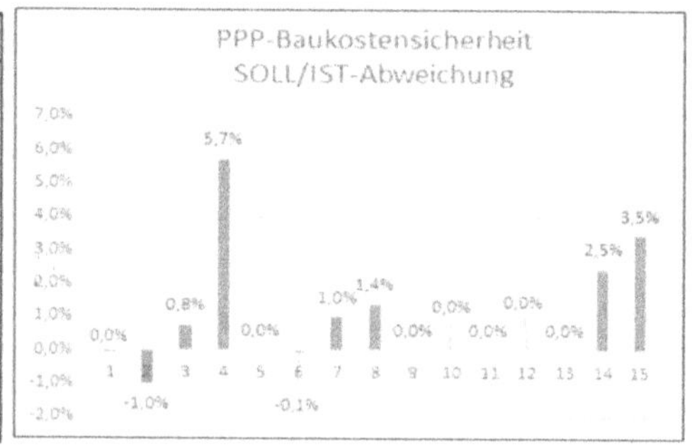

Tabelle 5.1: PPP-Baukostensicherheit

a) ERGEBNIS:

(205) Von den 15 Projekten mit Angaben zu dieser Frage sind 2 unter den vertraglich vereinbarten Kosten abgerechnet worden. Bei 5 Projekten lagen die Kostensteigerungen zwischen 0,8% und 3,5%, in einem Projekt waren es 5,7%.

> Hohe PPP-Bau-
> kostensicherheit

(206) Der Median der 12 Projekte liegt bei 0%, der Durchschnitt der Mittelwerte bei 0,7%. Bei den Mehrkosten handelt es sich um nachträgliche Nutzerwünsche (z.B. erhebliche Vergrößerung der ursprünglich geplanten Tiefgarage).

b) ANMERKUNGEN:

(207) Die überwiegende Zahl der Projekte zeigt eine hohe Kostensicherheit. Wenn es zu Mehrkosten kommt, liegt das i.W. an zusätzlichen Nutzerwünschen: Bei einem Projekt (+5,7%) kam es im Bauprozess zu einer deutlichen Erweiterung der Tiefgaragenstellplätze (von 24 auf 170). Bei dem Projekt mit 3,5% Kostensteigerung handelt es sich um ein denkmalgeschütztes Sanierungsprojekt.

> Ursache: zusätzliche
> Nutzerwünsche,
> Denkmalschutz

(208) Die Vertragsparteien berichten, dass sie von Anfang an das Ziel haben, die vereinbarten Kosten einzuhalten; unvorhergesehene Kostensteigerungen im Bauverlauf werden durch Optimierungen und Einsparungen an anderer Stelle aufgefangen.

> Baubegleitende
> Kostensteuerung

(209) Eine weitere Ursache für eine Einhaltung der vertraglich vereinbarten Kosten sind auf kommunaler Seite die vorher durchgeführten Wirtschaftlichkeitsuntersuchungen. Die dort ermittelten Wirtschaftlichkeitsvorteile gegenüber konventionellen Benchmarks sind die Voraussetzung für die Akzeptanz des Projekts bei Aufsichtsbehörden und Rechnungshöfen, u.U. auch für die Gewährung von Fördermitteln. Deshalb besteht hier ein besonderer Anreiz, dass die vertraglich vereinbarten Kosten eingehalten werden.

> Anreizstrukturen zur
> Einhaltung der
> Baukosten
>
> Wirtschaftlichkeits-
> untersuchungen bei
> Projektentwicklung
> und Vergabe

5.2 PPP-Terminsicherheit

(210) Bei 12 der 15 Projekten erfolgte die Fertigstellung punktgenau zum vertraglich vereinbarten Termin, bei 2 Projekten gab es sogar eine vorzeitige Fertigstellung. Bei einem Projekt gab es eine Verzögerung gegenüber der vereinbarten um 45% aufgrund eines nachträglichen Nutzerwunschs (erhebliche Erweiterung einer Tiefgarage).

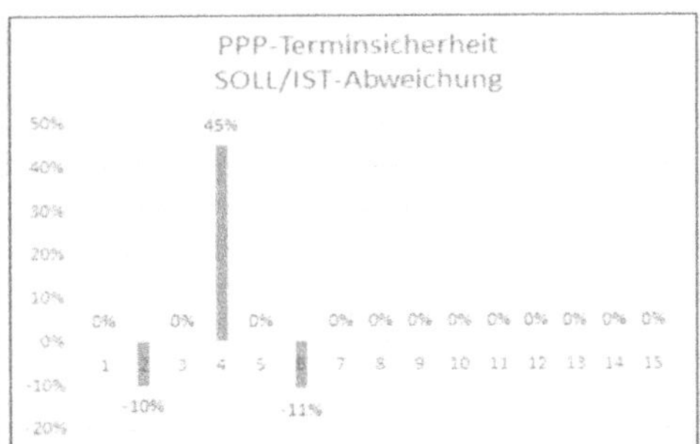

PPP-Terminsicherheit	SOLL/IST
Minimum	-11%
1. Quartil	0%
Median (MED)	0%
3.Quartil	0%
Maximum	45%
Mittelwert (MW)	2%
Mittelwert gewichtet (MWG)	4%
Ø MED/MW/MWG	2%

n=15

Tabelle 5.2: PPP-Terminsicherheit

a) ERGEBNIS:

(211) Der Median der 14 Projekte liegt bei 0%, der Durchschnitt der Mittelwerte bei 2%.

Hohe PPP-Terminsicherheit

b) ANMERKUNGEN:

(212) Wie bei den Baukosten gibt es eine Reihe von Gründen dafür, warum bei PPP die ohnehin schon kurzen Bauzeiten so gut eingehalten werden:

Anreizstrukturen zur Termineinhaltung

(213) Ein wesentlicher Anreiz liegt in dem vereinbarten Kostenfestpreis und der dadurch erforderlichen Zinssicherung bei der Zwischenfinanzierung. Dadurch muss sich die PPP-Firma auf einen Mittelabflussplan festlegen, der die Zahlungstermine für die Auszahlung der Kredittranchen fixiert. Für die unterschiedlichen Zahlungszeiträume der einzelnen Kredittranchen werden dann mit der refinanzierenden Bank bereits bei Vertragsschluss feste Zinssätze vereinbart. Die PPP-Firma hat dann ein originäres Eigeninteresse, dass der Terminplan eingehalten wird, damit das Projekt im Kosten- und Terminplan fertiggestellt wird. Der aufgrund der Zinssicherung zu zahlende Zinsaufschlag steht damit in direktem Zusammenhang mit dem vereinbarten Kosten- und Terminplan.

Zinssicherung fixiert Kosten- und Terminplan

(214) Ein weiterer Anreiz für die PPP-Firma zur Einhaltung der vereinbarten Termine sind vereinbarte Vertragsstrafen bei nicht termingerechter Fertigstellung.

Vertragsstrafen

(215) Hinzu kommt eine gleichgerichtete Interessenlage des öffentlichen Vertragspartners, die aus den Besonderheiten des PPP-Verfahrens mit den Anforderungen nach Wirtschaftlichkeitsuntersuchungen während der Projektentwicklung und des Ausschreibungsverfahrens resultiert: Die öffentliche Hand ist darauf bedacht, die im Vorfeld durchgeführten Wirtschaftlichkeitsuntersuchungen nicht zu konterkarieren, das Risiko von zusätzlichen Nutzerwünschen wird daher im Rahmen der Ausschreibungsvorbereitung durch konsequente Nutzerbeteiligung von Beginn an reduziert, das wirkt sich naturgemäß auf die Einhaltung der kalkulierten Bauzeiten aus.

Interesse der öff. Hand an Einhaltung des Terminplans

5.3 PPP-Kosten- und Terminsicherheit im Betrieb

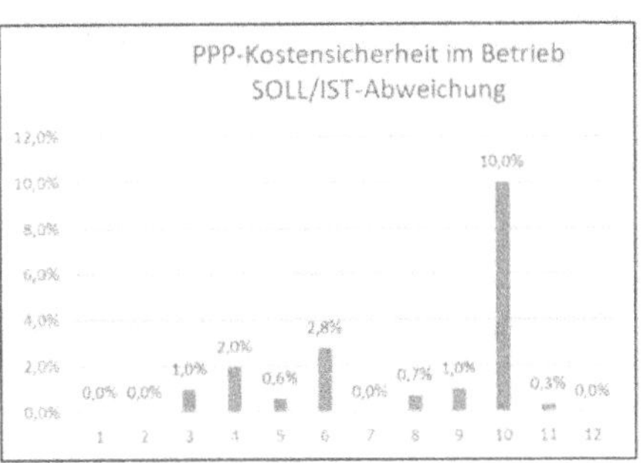

PPP-Terminsicherheit	SOLL/IST
Minimum	0,0%
1. Quartil	0,0%
Median (MED)	0,6%
3.Quartil	1,2%
Maximum	10,0%
Mittelwert (MW)	1,5%
Mittelwert gewichtet (MWG)	1,3%
Ø MED/MW/MWG	1,2%

n=12

Tabelle 5.3: PPP-Kosten- und Terminsicherheit im Betrieb

a) ERGEBNIS:

(216) Bei 4 der 15 Projekte werden bislang keine Leistungsänderungen berichtet. Bei 7 Projekten gab es Mehrleistungen zwischen 0,3% und 2,8% der Nutzungskosten. Bei einem Projekt kam es zu zusätzlichen Leistungen von 10% (Erweiterung einer Schule zur Ganztagsschule). Der Median der 12 Projekte liegt bei 0,6%, der Durchschnitt der Mittelwerte bei 1,2%.

Hohe PPP-Kostensicherheit im Betrieb

(217) In den vorstehend genannten Werten sind die bisher erzielten und voraussichtlichen künftigen Einsparungen aus dem Energiemanagement nicht enthalten, die bereits bei der Ermittlung der Nutzungskosten berücksichtigt wurden. Die realisierten und prognostizierten Einsparungen betragen durchschnittlich 0,8% der Nutzungskosten (arithmetisches Mittel).

Einsparungen beim Energiemanagement

b) ANMERKUNGEN:

(218) In der ganz überwiegenden Zahl der Projekte liegen die Mehrkosten im Vergleich zum vertraglichen SOLL in zusätzlichen Nutzerwünschen.

Gründe für Mehrkosten: Zusatzleistungen

(219) Nur bei einem Sanierungsprojekt gab es nach Nutzungsbeginn Probleme bei einem Bauteil, bei dem sich ein bei Sanierung nicht erkannter Mangel in der Bausubstanz zeigte, der unter Kostenbeteiligung der PPP-Firma behoben werden musste.

(220) Entgeltkürzungen wegen Nichteinhaltung der Service Levels werden nur in ganz geringem Umfang berichtet.

Bislang iW. keine Entgeltkürzungen im Betrieb

5.4 Kosten- und Terminsicherheit bei konventionellen Projekten

(221) BKI-Vergleichsdaten zur Kosten- und Terminsicherheit bei konventionellen Projekten sind soweit erkennbar nicht publiziert und konnten daher im Rahmen dieser Arbeit nicht berücksichtigt werden[24].

Keine konventionellen Vergleichsdaten

(222) Eine im Dezember 2020 durchgeführte Internet-Recherche zum Stichwort „Verzögerungen bei Schulbauen" ergab 48 Treffer (vgl. Anhang B1). Die durchschnittliche Verzögerung bei diesen Projekten betrug 7 Monate; bezogen auf die durchschnittliche Bauzeit bei Schulen von 25,9 Monaten sind das 27%.

Internet-Recherche zu Verzögerung bei Schulbauten: Ø + 7 Monate (+27%)

(223) Die o.g. Internet-Recherche zum Stichwort „Kostensteigerungen/Kostenexplosion bei Schulbauen" ergab 50 Treffer (vgl. Anhang B2) mit einer durchschnittlichen Kostensteigerung von 116%. Dabei ist allerdings zu beachten, dass die hier berichteten Kostensteigerungen nicht nur in der Bauphase anfielen, sondern auch die Projektentwicklungsphase einbeziehen.

Internet-Recherche zu Kostenexplosion bei Schulbauten: Ø +116% Aber: Zeitraum Projektentwicklung und Bauphase

(224) Häufig genannte Ursachen für die konventionellen Kostensteigerungen sind: ein langer Zeitraum zwischen Projektbeschluss und Realisierungsphase, Planungsfehler, Trennung der Verantwortung für Planung und Umsetzung, mangelhafte Kostenschätzung und mangelhaftes Kostenmanagement, Baupreissteigerungen, zusätzliche Nutzerwünsche, Umplanungen in der Bauphase, fehlende Fachleute in der Bauverwaltung und Klageverfahren.

Ursachen für Kostensteigerungen

(225) Wie die Vergleichsdaten bei PPP-Projekten ab Beginn der Projektentwicklungsphase aussehen, konnte im gegebenen Zeitrahmen dieser Untersuchung nicht geprüft werden.

Agenda: PPP-Kostensteigerungen ab Start Projektentwicklung ?

6 Bewertung der Bau- und Betriebsleistungen durch den öffentlichen Vertragspartner

Europäische PPP-Vergleichsstudie (Deutschland)
Fragebogen Bewertung der Bau- und Betriebsleistung durch die PPP-Vertragskommune

PPP-Projekt Nr:		1	2	3	4	5	6	7	8	9	10	12	13	14	15	16	18	Ø
A. Investitionsphase		1,3	2,0	2,4	1,0	2,4	1,1	1,3	2,0	2,0	1,8	1,7	1,7	1,0	2,0	1,7	2,0	1,7
DIN 276	Baukosten	1	2	3	1	3	1	1	2	2	2	2	2	1	2	2	2	1,8
	Bauqualität	1	2	1	4	1	1	2	2	2	2	2	2	1	2	2	2	1,8
DIN 277	Verfahren	2	2	2	1	2	2	2	2	2	3	2	2	1	2		2	1,9
	o Ausschreibung		2	1	1	1	1	2	2	2	2	1	1	1	2	1	2	1,5
	o Baugenehmigung		2	1	1	1	1	2	2	2	1	1	1	1	2	1	2	1,4
	o Bauphase		2	1	1	1	2	2	2	2	1	1	1	1	2	1	2	1,5
B. Nutzungsphase (DIN 18960)		1,1	2,1	1,4	1,3	1,5	1,2	2,6	2,9	2,9	1,2	2,3	2,3	1,5	2,0	1,2	2,0	1,9
KG 100	Finanzierung	1	2	1	1	1	1	2	2	2		1	1		2	1	2	1,4
KG 200	Objektmanagement	1	2	1	1	1	1	2	3	3	1	2	2	3	2	1	2	1,8
KG 202	o Hausmeisterleistung		2	1	1	1	1	4	3	3	1	2	2	1	2	2	2	1,9
KG 204	o Einbindung ext. Nachunternehmer			2	2	2		3	2	2	1	2	2	1	2	2	2	1,9
KG 310	Versorgung, Energiemanagement	1	2	1	1	1	1	2	3	3	1	5	5	1	2	1	2	2,0
KG 320	Entsorgung	1		2	1	1	1	2			1	1	1	1	2	1	2	1,3
KG 330	Reinigung	2	3	2	2	2	2	5	4	4	1	2	2	3	2	1	2	2,4
KG 350/400	Instandhaltung	1	2	1	2	1	1	2	3	3	1	3	3	1	2	1	2	1,8
KG 350/400	o Einhaltung Service levels	1	2	1	1	1	1	2	3	3	1	3	3	3	2	1	2	1,9
KG 350/400	o Rücklagenkonto	1	2	1	1	2	1	2	3	3		3	3		2	1	2	1,9
KG 390	Betrieb Cafeteria	3		2	1	3	3	3			3	1	1	2		1		2,1
C. Aktueller Gebäudezustand		1,0	1,0	1,0	1,0	1,0	1,0	2,0	3,0	3,0	1,0	2,0	2,0	1,0	2,0	1,0	2,0	1,6
D. Ergebnis Bewertung durch die PPP-Kommunen		1,1	1,7	1,6	1,1	1,6	1,1	2,0	2,6	2,6	1,3	2,0	2,0	1,2	2,0	1,3	2,0	1,7

1 = sehr gut / 2 = gut / 3 = befriedigend / 4 = ausreichend / 5 = unbefriedigend

Tabelle 6.1: Bewertung Bau und Betrieb durch öffentlichen Vertragspartner

6.1 Die Bewertung der einzelnen Leistungen im Überblick

(226) Die öffentlichen Vertragspartner wurden im Jahr 2023 zur Bewertung der Bau- und Betriebsleistungen befragt. Im Fragebogen sollten die einzelnen Leistungen aus der Bau- und Betriebsphase mit Noten bewertet sowie darüber hinaus 4 offene Fragen beantwortet werden. Im gegebenen Zeitrahmen erfolgten Rückmeldungen von 11 Kommunen zu 16 der 18 Projekte.

(227) Die Baukosten (1,8) und die Bauqualität (1,8) werden im Mittel mit gut bewertet. Bei einem Projekt fällt die Bauqualität ab (4), bei diesem Projekt war der Preis sehr gut (1), es sind aber Baumängel aufgetreten.

> Baukosten: 1,8
> Bauqualität: 1,8

(228) Die Bewertung des PPP-Verfahrens ist im Mittel gut (1,9). Ausschreibung (1,5), Baugenehmigung (1,4) und Bauphase (1,5) werden sogar mit gut bis sehr gut bewertet.

> Verfahren: 1,9
> Ausschreibung;1,5
> Genehmigung: 1,4
> Bauphase: 1,5

(229) Die Finanzierungsleistung wird mit gut bis sehr gut (1,4) bewertet.

> Finanzierung: 1,4

(230) Das Ergebnis zum Objektmanagement ist gut (1,8), ebenso wie das Ergebnis zur Einbindung von Nachunternehmern (1,9) und zu den Hausmeisterleistungen (1,9). In einem Fall, der nur mit der Note ausreichend bewertet wurde, kam es zu Abstimmungsproblemen mit den von der Kommune nach dem ursprünglichen Vertragsinhalt zu stellenden Hausmeistern. Hier wurde zwischenzeitlich die Vertragsregelung geändert, die Hausmeister werden jetzt von der PPP-Firma gestellt.

> Objektmanagement: 1,8

(231) Das Energiemanagement wird im Mittel mit gut bewertet (2,0). Der Mittelwert wird belastet durch die Bewertung mit „unbefriedigend" bei zwei Projekten. Der kommunale Auftraggeber ist hier offensichtlich mit der Vertragsregelung unzufrieden, wonach die PPP-Firma nur garantierte Vertragsmengen einhalten muss und eventuelle Einsparungen gegenüber den Garantiemengen hälftig geteilt werden. Das führt dazu, dass die PPP-Firma darüber hinaus gehende

> Energiemanagement: 2,0

Einsparmaßnahmen auf eigene Rechnung nicht durchführt, weil die dafür notwendigen Investitionskosten in der verbleibenden Vertragszeit nicht amortisiert werden. Bei dieser Kritik wird allerdings nicht berücksichtigt, dass es der Kommune beim PPP-Inhabermodell grundsätzlich freisteht, jederzeit zusätzliche energetische Optimierungsmaßnahmen auf eigene Rechnung durchführen zu lassen.

(232) Die Entsorgungsleistungen werden mit gut bis sehr gut bewertet (1,3).

Entsorgung: 1,3

(233) Die Bewertung der Reinigungsleistungen ist dagegen im Mittel nur mit gut bis befriedigend bewertet (2,4). In einem Fall gab es eine schlechte Note (5), weil es während der Corona-Pandemie zu Unstimmigkeiten über den zusätzlichen Reinigungsbedarf gab.

Reinigung: 2,4

(234) Der Cafeteria-Betrieb wird mit gut bewertet (2,1).

Cafeteriabetrieb: 2,1

(235) Die Instandhaltungsleistungen werden mit gut bewertet (1,8), das gilt für das Rücklagenkonto (1,9) ebenso wie für die Einhaltung der Service Levels (1,9).

Instandhaltung: 1,9

(236) Der aktuelle Gebäudestand liegt bei gut bis sehr gut (1,6).

Aktueller Gebäude-zustand: 1,6

(237) Im Mittelwert der Noten für die Investmentphase, die Nutzungsphase und den aktuellen Gebäudezustand liegt die Bewertung der PPP-Leistung bei einem gehobenen Gut (1,7).

Gesamtnote: 1,7

(238) Die Gesamtnote aus Sicht der kommunalen Vertragspartner ist damit noch einmal deutlich besser als das bisherige bereits gute qualitative Ergebnis (2,2) im Rahmen der vorliegenden Studie (vgl. hierzu die Anlagen A2 und A4 mit den Ergebnisübersichten zu den einzelnen Projekten).

Subjekte Bewertung der Kommunen deutlich besser als die gute qualitative Einordnung iR dieser Studie

(239) Das liegt i.W. an folgenden Aspekten:

o Das Preisleistungsverhältnis (Baukosten/Bauqualität) wird von den kommunalen Vertretern mit 1,8 deutlich besser als die bisherige Bewertung des Baustandards eingeschätzt (2,7). Während bisher bei der Studie nur die Aspekte Bauzeit und Terminsicherheit (1,0) berücksichtigt wurden, umfasst die Note 1,5 neben der Bauzeit auch das Ausschreibungs- und Baugenehmigungsverfahren, dessen Bewertung aber insgesamt in einem guten bis sehr guten Bereich angesiedelt wird.

Europäische PPP-Vergleichsstudie (D) Qualität der PPP-Leistungen		EU-Studie (D) Ergebnis*	Bewertung Kommunen (Fragebogen Bau+Betrieb)
Investitionsphase		**2,2**	**1,6**
DIN 276	Baustandard / Baukosten+Bauqualität	2,7	1,8
	Kostensicherheit	1,2	
DIN 277	Bauzeit+Terminsicherheit / Verfahren	1,0	1,5
	Zinssicherung	1,0	
Nutzungsphase (DIN 18960)		**2,5**	**1,8**
KG 100	Finanzierung	2,7	1,4
KG 200	Objektmanagement	1,8	1,8
KG 310	Versorgung	2,3	2,0
KG 320	Entsorgung	3*	1,3
KG 330/3·	Reinigung	2,9*	2,4
KG 350	Wartung und Inspektion	1,4	
KG 370	Abgaben, Versicherung	2,8*	
KG 390	Betrieb Cafeteria	3*	2,1
KG 390	Sonstige Betriebskosten	2,6*	
KG 400	Instandsetzung / Instandhaltung	2,1	1,9
Restwert		**2,1**	**1,6**
Gesamtergebnis		**2,2**	**1,7**

* Bislang noch keine vertiefte qualitative Untersuchung

Tabelle 6.2: Qualitative Bewertung Bau und Betrieb – Vergleich bisherige Bewertung / kommunale Bewertung

o Augenfällig ist weiterhin die sehr gute Bewertung der Finanzierungs-leistung (1,4). Bei der PPP-Finanzierung erfolgte in der Studie bei den

Projekten mit Projektfinanzierung ein Ansatz mit gut (2), während die Projekte mit Forfaitierung und Einredeverzicht mit einer mittleren Note (3) wie beim konventionellen Verfahren bewertet wurden.

- o Bei den Kostengruppen KG 320 (Entsorgung), KG 330/340 (Reinigung), KG 370 (Abgaben und Versicherung) und KG 390 (Cafeteria) gab es bislang keine vertiefte qualitative Untersuchung, deswegen erfolgte hier grundsätzlich eine mittlere Bewertung wie beim konventionellen Verfahren.

6.2 Offene Frage: „Was gefällt Ihnen bei PPP besonders ?"

(240) Hier wurde mehrfach hervorgehoben, dass der bauliche Zustand der PPP-Gebäude im Gegensatz zu den konventionell realisierten Gebäuden besser ist. Als Hauptgrund hierfür wird die konsequente Abarbeitung der baulichen Mängel und die turnusmäßige Begehung der Gebäude mit den daraus resultierenden Schönheitsreparaturen sowie Instandsetzungsarbeiten genannt, wodurch Mängel schnell abgearbeitet werden können. Das Objekt werde so kontinuierlich auf einem guten Stand gehalten. Dies führe auch zu einer hohen Zufriedenheit der Schulleitungen, was diese regelmäßig in den Jour Fix Terminen zum Ausdruck brächten.

PPP-Vorteil: guter baulicher Zustand der PPP-Gebäude aufgrund hochwertiger Instandhaltung

Zufriedene Nutzer

(241) Weiterhin wurde hier aufgeführt:

- o Vertrauensvolle Zusammenarbeit

Vertrauensvolle Zusammenarbeit

- o Die Investitionsphase, grundsätzlich: das Inhabermodell

PPP-Inhabermodell Investitionsphase Kurze Bauzeit

- o Die termingerechte Erstellung in kurzer Bauzeit

- o Die eigenverantwortliche Pflege, Betreuung, Instandhaltung, Wartung und Prüfung durch den Investor und seine Nachunternehmer

Eigenverantwortung der PPP-Firma

- o „Alles aus einer Hand"

Alles aus einer Hand

- o Die derzeitige Situation auf dem Arbeitsmarkt: So sei es momentan kaum möglich, Ingenieure und Architekten für das Objektmanagement von Schulen im Bereich der öffentlichen Verwaltung zu gewinnen. Mit dem PPP-Vertrag sei es gelungen, eine lange Partnerschaft bzgl. der Objektbetreuung von zwei großen Objekten für mehr als eine Dekade zu fixieren. Von der damaligen Entscheidung profitiere die Kommune heute.

Mangel an Ingenieuren und Architekten in der Verwaltung

6.3 Offene Frage: „Wo besteht Verbesserungsbedarf ?"

(242) Der häufigste Verbesserungsbedarf wird beim Betrieb der Cafeteria benannt (5x): Der solle besser über das Amt für Schulentwicklung abgewickelt werden (1x). Hier stelle sich das Problem, dass durch viele Wechsel des Caterers die Arbeiten der Auftragnehmer erschwert werden (3x). In einem Fall wird eine bessere Abstimmung zum Betrieb der Cafeteria und die Durchführung von QM-Nutzerabfragen angeregt.

Cafeteria-Betrieb

(243) Bei 3 Projekten wird bei der Reinigungsleistung Verbesserungsbedarf gesehen: bei 2 Projekten werde die Leistungsqualität durch knappen Personaleinsatz beeinträchtigt, in einem anderen Fall wird Optimierungsbedarf bei Nachkontrollen insbesondere bei der Grundreinigung gesehen (3x). In einem Fall gab es während der Corona-Pandemie Unstimmigkeiten wegen der zusätzlich notwendig gewordenen Reinigungsleistungen.

Reinigung

(244) Beim Energiemanagement wird bei 2 Projekten bemängelt, dass Investitionen im Energiebereich durch die Amortisationszeit stark beeinflusst werden (s.o.).

Vertragsregelung Energiemanagement

(245) Beim Objektmanagement wird bei einem Projekt die Notwendigkeit für eine bessere Einhaltung der Service Levels sowie eine bessere CAFM-Nachverfolgung und Informationsweitergabe gesehen.

Besseres Controlling (CAFM)

(246) In einem Fall wird benannt, dass die (End-) Finanzierung besser über den

Endfinanzierung über Kommune

Auftraggeber erfolgen solle.

(247) In einem Projekt wird bei der Instandhaltung der Wunsch nach einer aktiveren Kommunikation artikuliert. Die kommunalen Mitarbeiter seien keine Instandhaltungsexperten und könnten Mängel oftmals nicht richtig bewerten.

> *Besseres Info-management zur Instandhaltung*

(248) Bei einem Projekt gab es unter dieser Fragestellung die Anmerkung. „PPP-Projekte sind teurer, rechnen sich aber über den Lebenszyklus. Nach Ablauf dieses Zyklus wird der öffentlichen Hand ein einwandfreies Gebäude übergeben."

> *PPP ist teurer, das rechnet sich aber über den Lebenszyklus: Einwandfreies Gebäude am Vertragsende*

(249) Bei 5 Projekten wurde kein Verbesserungsbedarf genannt.

6.4 Offene Frage: „Wie sind Ihre Erfahrungen während der Pandemie ?"

(250) Die kommunalen Auftraggeber berichten, dass es während der Corona-Pandemie in den Betriebsabläufen offenbar keine Probleme gab. Das ist interessant, wird doch oftmals als PPP-Nachteil eine fehlende Flexibilität für das Reagieren auf bei Vertragsschluss unvorhersehbare Ereignisse genannt.

> *Keine Probleme während der Corona-Pandemie*

(251) Im Einzelnen lauteten die Antworten:

- o Während der Corona-Pandemie gab es in den Betriebsabläufen keine Probleme. Dies ist die Auswirkung der positiven Zusammenarbeit der Beteiligten von PPP-Firma und Kommune. Die für das Projekt Verantwortlichen kannten sich bei Beginn der Pandemie schon länger, sodass auf dieser Vertrauensbasis die negativen Auswirkungen gemeistert wurden. Durch häufige Telefonate, in denen schon Vorabgespräche zu allen Problemstellungen geführt wurden, konnten konstruktive Lösungen gefunden werden.

> *Vertrauensvolle Zusammenarbeit*

- o Der Betreiber hat "flexibel" reagiert.

> *Flexible Reaktion des Betreibers*

- o Während der Schulschließung wurde die Gebäudetechnik weiter betreut. Bei Wiederaufnahme gab es keine Probleme. Die Vorgaben der Ministerien wurden auch mit Hilfe des Vertragspartners umgesetzt.

> *Ministeriale Vorgaben wurden umgesetzt*

- o Es ist sehr gut gelaufen, man hat sich schnell auf die neuen Situationen eingestellt.

> *Schnelles Einstellen auf neue Situation*

- o Ein reibungsloser Ablauf wurde zu jederzeit gewährleistet.

> *Ablauf reibungslos*

- o Es gab eine zuverlässige Abwicklung der notwendigen Maßnahmen. Seitens der Kommune waren keine Komplikationen festzustellen und die Durchführung der notwendigen Maßnahmen war zufriedenstellend.

> *Zuverlässige Abwicklung*

- o In einem Fall gab es Unstimmigkeiten wegen des zusätzlichen Reinigungsbedarfs.

> *1x Unstimmigkeit wegen Reinigung*

6.5 Offene Frage: „Würden Sie PPP nochmal machen ?"

(252) Diese Frage wurde von 11 kommunalen Auftraggebern beantwortet, sieben mal positiv, einmal negativ, einmal offen („Das sind politische Entscheidungen"). Bei den positiven Voten wurde mehrmals auf die schwierige Personalsituation in der Verwaltung hingewiesen:

> *7x ja, 1x nein, 3x offen*

(253) So wurde in einem Fall wie folgt ausführlich Stellung genommen: „Die Realisierung weiterer Schulen im Rahmen von PPP-Projekten ist für die öffentliche Hand von Vorteil, da die Realisierung solcher Projekte einen großen personellen Aufwand für die öffentliche Verwaltung darstellt und das Personal oftmals fehlt. Das Knowhow privater Firmen ist bei solchen Projekten von unschätzbarem Wert. Auch der Betrieb von schon errichteten Schulgebäuden durch einen Betreiber ist positiv zu sehen, da der öffentliche Dienst oft die Schulhausverwalter, Objektleiter und auch Haustechniker nicht in ihren Reihen hat. Auch ist klar geregelt, dass die Verantwortlichkeit für das Gebäude beim Errichter bzw. Betreiber liegt."

> *Wesentlicher Grund: Schwierige Personal-situation in der Verwaltung*
>
> *Klare Objekt-verantwortung bei PPP-Firma*

(254) Eine andere Kommune führte aus, dass mindestens Teilbereiche des bestehenden PPP-Vertrages sinnvoll auf weitere Schulen übertragbar seien.

Dies liege insbesondere an der momentan schwierigen Akquise von Fachpersonal zur Objektbetreuung und Durchführung von Baumaßnahmen.

(255) In einem Fall wurde das positive Votum mit dem Hinweis verbunden: „auch wenn die Vertragsabwicklung mit sehr viel mehr Aufwand verbunden ist als beim konventionellen Verfahren."

Aufwand bei PPP-Vertragsabwicklung

(256) Das ablehnende Votum wurde mit dem Stichwort "Architekturqualität" verbunden.

Problem: Einbindung Architekturleistung

7 Die Ergebnisse zu Kosten und Qualitäten im Überblick
7.1 Neubauprojekte
7.1.1 Bau
7.1.1.1 Baukosten

(257) Die Baukosten der PPP-Projekte unterschreiten die BKI-Kennwerte im Mittel um 17% (zwischen 15% und 20%). Die Gebäude verfügen über einen mittleren, teilweise überdurchschnittlichen Baustandard.

Baukosten: PPP/BKI: -15% bis -20% Ø -17%

(258) Die Projekte zeigen eine hohe Kostensicherheit: Die vertraglich vereinbarten Kosten werden ganz überwiegend eingehalten, zum Teil unterschritten. Die durchschnittliche Kostensteigerung liegt bei 0,5%, im Median bei 0% (n=14).

Hohe Kostensicherheit

7.1.1.2 Bauzeit

(259) Die PPP-Bauzeit liegt im Mittel um 30% unter den BKI-Vergleichswerten. Bei den großen Projekten mit bis zu 4 Standorten erfolgte die Realisierung zum Teil in der gleichen Zeit, in der konventionell ein Projekt gebaut wird.

Bauzeit: Ø -30% < BKI

(260) Die PPP-Terminsicherheit ist hoch: Bei der überwiegenden Zahl der Projekte erfolgte die Fertigstellung exakt im vereinbarten Zeitrahmen, bei 2 Projekten früher als vereinbart. Bei einem Projekt kam es zu einer deutlicheren Verzögerung aufgrund einer nachträglichen, signifikanten Erhöhung der Tiefgaragen-Stellplätze. Die durchschnittliche Terminüberschreitung liegt bei 2,3%, im Median bei 0% (n=12).

Hohe Terminsicherheit

7.1.1.3 Qualitative Aspekte: Effizienter Bauprozess und Lebenszyklusansatz

(261) Baukosten-Einsparungen von 15-20% gegenüber den konventionellen BKI-Vergleichswerten bei mittleren bis überdurchschnittlichen Qualitäten und eine bemerkenswerte Kostensicherheit, darüber hinaus um 30% kürzere Bauzeiten bei einer hohen Terminsicherheit – das sind die Merkmale eines effizienten Planungs- und Bauprozesses beim PPP-Verfahren.

(262) Auffallend sind dabei die organisatorischen Unterschiede zum konventionellen Verfahren mit einzelgewerkeweiser Ausschreibung. Bei PPP wird der Planungs- und Bauprozess federführend von der PPP-Firma durchgeführt. Sie steht nicht nur während der Bauphase, sondern über einen langen Lebenszykluszeitraum in der unternehmerischen Verantwortung, und das mit allen Chancen und Risiken. Die PPP-Firma hat daher ein ganz besonderes Eigeninteresse an einer guten Bauperformance, weil hier das Fundament für ein erfolgreiches langfristiges Vertragsverhältnis mit auskömmlichen Gewinnerwartungen und einem zufriedenen Vertragspartner gelegt wird. Im konventionellen Verfahren gibt es dagegen eine derartige Verzahnung von persönlicher Verantwortung mit Risiken und Chancen bei den an Planung, Bau und Betrieb Beteiligten über eine vergleichbar lange Lebenszyklusspanne nicht oder jedenfalls nicht im vergleichbaren Maße.

Organisatorische Unterschiede zum konventionellen Verfahren

PPP-Firma steht in Eigenverantwortung mit Chancen und Risiken über den Lebenszyklus

Effizienter Bauprozess ist Fundament für erfolgreichen Betrieb

(263) Aufgrund der unternehmerischen Verantwortung für Bau- und Betrieb erfolgt die PPP-Planung mit Fokus auf den Lebenszyklusansatz. Die positiven Effekte lassen sich mittlerweile deutlich bei der Instandhaltung und beim Energiemanagement belegen (s.u.)

Lebenszyklus-Planung für Bau und Betrieb

(264) Für die hohe Kosten- und Terminsicherheit im Bauprozess gibt es noch weitere Ursachen: Auch die von der PPP-Firma beauftragten Nachunternehmer haben ein starkes Eigeninteresse an einer vertrags- und termingerechten Erbringung ihrer Bauleistungen; der Anreiz für eine gute Performance liegt für

PPP-Bauteam: Eigeninteresse an Kosten- und Terminsicherheit

diese Firmen darin, im Bauteam der PPP-Firma zu verbleiben und so in der Betriebsphase die Erfüllung der Instandhaltungsleistungen vor Ort in den kurzen Reaktions- und Behebungszeiten gewährleisten zu können; außerdem erhöht das die Chance, von der PPP-Firma auch bei weiteren Projekten beauftragt zu werden. Das alles sichert langfristiges Auftragsvolumen und erzielt eine überraschend positive mittelstandsfreundliche Wirkung, wie Untersuchungen im Rahmen des PPP-Pilotprojekts Südbad Trier gezeigt haben[25].

Service levels erhöhen
Mittelstands-freundlichkeit

(265) Der Baukostenfestpreis führt zu einer Fixierung der Zwischenfinanzierungskosten, brechen die Termine, gerät das gesamte Finanzierungskonzept in Gefahr. Auch deshalb ist die PPP-Firma bereit, auftretende Probleme im Bauprozess zügig und ohne Baustopp, Gutachter- oder Gerichtsverfahren zu bereinigen (vgl. Beispiel Südbad Trier[26]).

Zwischenfinan-zierung und Baukostenfestpreis

(266) Über den Baukostenfestpreis wird im Übrigen die Baupreissteigerung von der PPP-Firma einkalkuliert. Die Berücksichtigung von Baupreissteigerungen im Bauverlauf ist bei der konventionellen Kostenplanung bislang verbreitet aus haushalterischen Gründen nicht zulässig.

Baukostenfestpreis und Preissteigerung

(267) PPP-Projekte sehen darüber hinaus auch oftmals Vertragsstrafen bei verspäteter Fertigstellung vor. Bei allen hier untersuchten Projekten war die Bauzeit-Performance sehr gut; ob und inwieweit dieser Teilaspekt dafür relevant war, konnte im Rahmen dieser Untersuchung nicht vertieft werden.

Vertragsstrafen für verspätete Fertigstellung

(268) Im Übrigen kann die hohe Kosten- und Terminsicherheit im Bauprozess auch in einem Zusammenhang mit Besonderheiten des PPP-Verfahrens gesehen werden. In der Projektentwicklung liegt ein Schwerpunkt auf der Durchführung von Wirtschaftlichkeitsuntersuchungen über den vorgesehenen Lebenszykluszeitraum, der durch externe technische, betriebswirtschaftliche und juristische Berater unterstützt wird. Hier werden die Bedarfe, Qualitäten und Kostenobergrenzen festgelegt. Die frühzeitige Einbindung der Nutzer in der Projektentwicklung führt im Übrigen zu einer Eindämmung von zusätzlichen Nutzerwünschen, die erst im Bauprozess auftreten. Die Beteiligten auf Auftraggeberseite haben daher ein gesteigertes Interesse an der Einhaltung der dort fixierten Kosten, Qualitäten und Termine, nicht zuletzt auch um sich vor Beanstandungen von Seiten der Rechnungshöfe zu schützen. Das wird der PPP-Firma auch kommuniziert. Wenn dann Probleme im Bauprozess auftreten, was sich auch im PPP-Verfahren nicht vollständig vermeiden lassen wird, gibt es bei allen Beteiligten ein gemeinsames Interesse, diese Probleme konstruktiv zu lösen, auch wenn es z.B. darum geht, Kostenobergrenzen durch Einsparungen an anderer Stelle einzuhalten.

Projektentwicklung nach FMK-Leitfaden

mit Schwerpunkt Lebenszyklusansatz

fördert besonderes Interesse der Beteiligten an Kosten- und Terminsicherheit

7.1.2 Finanzierung
7.1.2.1 Kosten

(269) Die PPP-Kapitalkosten liegen aufgrund des Baukostenvorteils im Mittel um 15% unter den konventionellen Kapitalkosten. Der Baukostenvorteil reduziert sich damit etwas aufgrund höherer PPP-Zinskonditionen (Ø +0,63% bei der Zwischenfinanzierung, Ø +0,18% bei den Projekten mit Forfaitierung und Einredeverzicht und Ø +0,59% bei den Projekten mit Projektfinanzierung).

Kapitalkosten PPP/KBV Ø -15%
Höhere Zinssätze bei PPP

(270) Zu beachten ist, dass bei der Projektfinanzierung idR zusätzliche Kosten im Rahmen der sonstigen Betriebskosten (DIN 18960 KG 390) anfallen.

7.1.2.2 Qualitative Aspekte

(271) Die aus den PPP-Preisblättern abgeleiteten Zinsaufschläge erklären sich u.a. aus einer unterschiedlichen Risikoabsicherung. Die PPP-Baukosten sind Festpreise, daher muss die PPP-Firma das Zinsänderungsrisiko während der Bauzeit absichern.

Höherer Zins – Mehr an Gegenleistung ?
Baukosten-Festpreis zwingt zu Zinssicherung

(272) Bei der Projektfinanzierung enthalten die Zinskonditionen Risikozuschläge für Projektrisiken, weil der an die PPP-Firma ausgereichte Kredit bei Schlechtleistungen der PPP-Firma ebenfalls im Risiko steht. Die refinanzierende Bank hat daher ein Eigeninteresse an der ordnungsgemäßen

Projektfinanzierung: Qualitätsicherung durch Bank

PPP-Vertragserfüllung und führt deshalb eigenständige Kontrollmaßnahmen vor Vertragsschluss und im Projektverlauf durch.

(273) Diese qualitativen Unterschiede zum konventionellen Verfahren wurden nicht quantitativ bewertet.

7.1.3 Objektmanagement
7.1.3.1 Kosten

(274) Die PPP-Objektmanagementkosten liegen um 12% über den KGST- und um 23% über den BKI-Kennzahlen. Die tatsächlichen PPP-Objektmanagementkosten werden um ca. 3% höher sein, weil hierzu zählende Kostenbestandteile oftmals in der Kostengruppe der Sonstigen Betriebskosten (DIN 18960 KG 390) gebucht werden (siehe unten Rn. 121f).

Objektmanagement: PPP/KGST: Ø +12% PPP/BKI: Ø +23%

(275) Die PPP-Mehrkosten relativieren sich, wenn man bedenkt, dass die Personalkosten der PPP-Firma mit Mehrwertsteuer belastet sind, während auf die Personalkosten der öffentlichen Verwaltung keine Mehrwertsteuer anfällt. PPP-Projekte lösen insofern Mehrwertsteuer-Mehreinnahmen bei Bund, Ländern und Kommunen aus.

MWST auf PPP-Personal - Unterschied zu KBV

7.1.3.2 Qualitative Aspekte

(276) Die PPP-Objektmanagementkosten sind mit 6,7% (zzgl. Anteil an den Sonstigen Betriebskosten) der drittgrößte Kostenblock der Nutzungskosten nach Kapitalkosten und Instandsetzung. Bei KGST rangieren die Objektmanagementkosten lediglich an Position 5 (6%), bei BKI ist es Position 6 (4,6%).

Unterschiedliche PPP-Prioritäten Personalkosten 3.-größter Kostenblock

(277) Damit setzen PPP-Firmen bei der Verteilung der Kostenbudgets im Vergleich zu KGST und BKI andere Prioritäten. Dies kann mit den PPP-immanenten Anreiz- und Haftungsstrukturen erklärt werden: Die PPP-Firmen haben eine langfristige Gewinnerzielungschance, dafür stehen sie in der Leistungsverpflichtung, im Kostenrisiko und in der Betreiberhaftung. Bei Soll-Abweichungen von den Service Levels drohen Entgeltkürzungen und Regressansprüche. Aus guter Leistung folgen kalkulierter Gewinn und die Beteiligung an Einsparungen (so bei Energiemanagement und Instandhaltung). Es ist demnach notwendig und lohnend, dem mit ausreichendem und gut qualifiziertem Personal und einer gut organisierten Firmenhierarchie mit Projektleitern und Projektleiterinnen vor Ort und koordinierend steuernden Bereichsleitungen unterhalb der Geschäftsführung Rechnung zu tragen.

Objektmanagement hat bei PPP deutlich höhere Budgetpriorität

Ursache: Anreiz- und Haftungsstrukturen

Gewinnsicherung u. Risikominimierung erfordern ausreichendes + qualifiziertes Personal

(278) Diese Anreiz- und Haftungsstrukturstruktur bedingt - im eigenen Interesse der PPP-Firma – auch die Einrichtung und Vorhaltung eines effizienten IT-basierten Controlling- und Monitoring-Systems zur Steuerung der Betriebsabläufe und zur Abwehr von Risiken aus der Betreiberhaftung. Davon profitiert naturgemäß dann auch der öffentliche Vertragspartner.

Effizientes Controlling und Monitoring-System

(279) Es ist folgerichtig, dass auch das Vergütungssystem diese Anreiz- und Haftungsstruktur aufgreift und neben dem Grundgehalt einen erfolgsabhängigen Entgeltbestandteil vorsieht, der auch an den persönlichen Deckungsbeitrag für Erfolg oder Misserfolg der Projektarbeit anknüpft. Das ist im öffentlichen Bereich völlig unüblich. Insofern ist es nicht verwunderlich, wenn das Ziel einer termingerechten Bauleistung im Kostenrahmen nicht erreicht wird, wenn diese Zielsetzung nicht durch systeminterne Anreizstrukturen flankiert wird.

Erfolgsorientiertes Vergütungssystem

7.1.4　Energieversorgung
7.1.4.1 Kosten

(280) Die voraussichtlichen PPP-Versorgungskosten liegen im Mittel um 16% unter den KGST- und um 33% unter den BKI-Kennzahlen.

Energieversorgung: PPP/KGST: Ø -16% PPP/BKI: Ø -33%

(281) Das PPP-Vertragswerk sieht typischerweise die Regelung vor, dass die PPP-Firma maximale Verbrauchsmengen für Wärme, Strom und Wasser garantiert; werden diese Garantiemengen überschritten, so trägt die PPP-Firma das Kostenrisiko, Einsparungen werden idR hälftig geteilt.

(282) Bei 10 der untersuchten Projekte lagen Informationen zu den tatsächlichen Verbrauchsmengen vor; die voraussichtlichen PPP-Versorgungskosten konnten somit auf Basis der tatsächlichen Verbrauchsmengen ermittelt und abgeleitet hieraus auch für die restlichen Betriebsjahre angesetzt werden. Im Ergebnis werden die maximalen Verbrauchsmengen bzw. Versorgungskosten um durchschnittlich 11% unterschritten, das entspricht voraussichtlichen Einsparungen von 7,9 Mio. € bei 10 Projekten.

> Ø 11% Einsparungen ggü. Garantierten maximalen Verbrauchsmengen für Wärme, Strom und Wasser

7.1.4.2 Qualitative Aspekte

(283) Beim Vergleich der Wärmeverbrauchswerte liegen die bei PPP garantierten maximalen Verbrauchsmengen um 8% unter dem Richtwert der VDI 3807, um 38% unter dem Mittelwert der VDI 3807 und um 36% unter den KGST-Vergleichswerten.

> PPP-Wärmemengen Ø PPP MAX:
> -8% < VDI Richtwert
> -38% < VDI Mittelwert
> -36 < KGST

(284) Die IST-Verbrauchswerte der PPP-Projekte unterschreiten den VDI-Richtwert um 38%, den VDI-Mittelwert um 58% und die KGST-Vergleichswerte um 56%.

> Ø PPP IST:
> -38% < VDI Richtwert
> -58% < VDI Mittelwert
> -56 < KGST

(285) Im Ergebnis zeigt sich also, dass die garantierten maximalen PPP-Verbrauchsmengen durchaus anspruchsvoll fixiert waren und dann von den tatsächlichen Verbrauchswerten noch einmal deutlich unterschritten wurden.

> Gutes qualitatives Ergebnis

(286) Besonders interessant ist in diesem Zusammenhang das Ergebnis zur Auswertung der EnEV-Energieausweise zur Reduktion der Transmissionswärmeverluste, das im Rahmen der Masterarbeit zur PPP-Energie-Effizienz entdeckt wurde. Die Auswertung ergab einen signifikanten Zusammenhang zwischen der Vertragsregelung zur Risikoverteilung bei Mehr- und Minderverbrauchsmengen: Je höher die Einsparbeteiligung der PPP-Firma vereinbart war, umso besser wird der Transmissionswärmeverlust reduziert: In der Fallgruppe ohne Einsparbeteiligung wurden die EnEV-Vorgaben um 36% unterschritten, in der Fallgruppe mit hälftiger Teilung der Einsparungen sind es 45%. Kann die PPP-Firma die Einsparungen zu 100% behalten, wurden die EnEV-Vorgaben mit 69% am deutlichsten unterschritten. Der Anreiz, von künftigen Energieeinsparungen zu 100% profitieren zu können, hat hier also die PPP-Firma offensichtlich dazu beeinflusst, besonderes Augenmerk auf die Reduktion der Transmissionswärmeverluste zu legen (z.B. durch Verbesserung der thermischen Außenhülle).

> EnEV Vorgaben zum Transmissionswärmeverlust werden deutlich unterschritten
>
> Korrelation Einsparbeteiligung / Reduktion EnEV Vorgabe
>
> bei 0%: -36%
> bei 50%: -45%
> bei 100%: -69%

7.1.5 Entsorgungskosten

(287) Aufgrund unklarer Datenlage bei PPP und BKI wurden für die Entsorgung von Abwasser, Niederschlagswasser und Müll die KGST-Kennzahlen auch bei PPP und BKI angesetzt. Der Anteil der Entsorgungskosten an den Nutzungskosten beträgt 1% (PPP und KGST) bzw. 0,8% (BKI).

> Entsorgung: KGST-Kostenansatz bei PPP und BKI

7.1.6   Reinigung
7.1.6.1 Kosten

(288) Die voraussichtlichen PPP-Reinigungskosten liegen im Mittel um 5% über den KGST- und um 9% über den BKI-Kennzahlen.

> Reinigung:
> PPP/KGST: Ø +5%
> PPP/BKI: Ø +9%

7.1.4.2 Qualitative Aspekte

(289) Bei einem der 16 Projekte konnte eine genauere Analyse der Reinigungsleistung durchgeführt werden. Das Leistungsprofil zeigt hier im Vergleich zur DIN 77400 um 30% differenzierte und zusätzliche Reinigungsleistungen, die Jahresreinigungsfläche ist gegenüber dem KGST-Kennwert deutlich größer. Der PPP-Nachteil beim Vergleich der Reinigungskosten pro m² BGF wandelt sich daher hier beim Vergleich der Reinigungskosten pro m² Jahresreinigungsfläche in einen PPP-Vorteil.

> Beispiel Analyse Reinigungsleistung Vergleich mit DIN 77400 und KGST

(290) Im Übrigen wurden im Rahmen der Befragung zur Kosten- und Terminsicherheit nur selten und allenfalls im geringfügigen Umfang Entgeltkürzungen wegen Beanstandungen der Reinigungsleistungen berichtet.

> Geringfügige Soll-/Ist Abweichungen

7.1.7 Abgaben und Versicherungen

(291) Die prozentualen Abweichungen der PPP-Kosten für Abgaben und Versicherungen im Vergleich zu den KGST-Kennzahlen betragen +179% und zu BKI -7%. Der Anteil dieser Kosten an den Nutzungskosten beträgt 0,9% (PPP), 0,4% (KGST) und 1,1% (BKI). Diese Kosten sind in den PPP-Verträgen nur teilweise separat ausgewiesen und dann in anderen Kostengruppen enthalten.

Abgaben u.a.:
PPP/KGST: Ø +179%
PPP/BKI: Ø -7%

7.1.8 Sonstige Betriebskosten

(292) Die Kostengruppe der Sonstigen Betriebskosten zeigt bei PPP signifikante prozentuale Abweichungen gegenüber KGST (+455%) und BKI (+1660%). Der Anteil dieser Kosten an den Nutzungskosten beträgt 3,2% (PPP), 0,3% (KGST) und 0,2% (BKI).

Sonstige Kosten:
PPP/KGST: Ø +455%
PPP/BKI: Ø +1660%
Aber: geringer Anteil an Gesamtkosten

(293) Auch hier sind diese Kosten in den PPP-Verträgen nur teilweise separat ausgewiesen. Die hohe prozentuale Abweichung gegenüber KGST und BKI ist dadurch erklärbar, dass hier Kostenbestandteile aus anderen Kostengruppen gebucht sind (z.B. Overhead-Kosten, die den Objektmanagementkosten zuzuordnen sind).

PPP: Anteilige Zuordnung zu anderen Kostengruppen

(294) Bei den Projekten mit Projektfinanzierung finden sich hier zusätzliche laufende Kosten der Projektgesellschaft für Wirtschaftsprüfung und Steuerberatung, Kosten für Bürgschaften und Patronatserklärungen sowie externe Gutachter iR der laufenden Due Diligence (z.B. Kontrolle der Einhaltung der Service levels).

Sonderkosten bei der Projektfinanzierung

7.1.9 Instandhaltung
7.1.9.1 Kosten

(295) Die PPP-Instandhaltungskosten (d.h. die anteilig für die Instandhaltung anfallenden Personalkosten, die Kosten für Wartung und Inspektion und Instandsetzung) liegen im Mittel um 137% über den KGST- und um 15% unter den BKI-Kennzahlen.

Instandhaltung:
PPP/KGST: Ø +137%
PPP/BKI: Ø -15%

(296) Besonders signifikant sind die Unterschiede bei den Kosten für Wartung& Inspektion: Hier liegen die PPP-Kosten um 685% über den KGST- und um 21% unter den BKI- Kennzahlen. Eine wesentliche Ursache für diese gravierenden Unterschiede zu den KGST-Werten dürfte in den unterschiedlichen Anreiz- und Haftungsstrukturen des PPP-Vertrages liegen (siehe unten).

Wartung&Inspektion
PPP/KGST: Ø +685%
PPP/BKI: Ø -21%
Gravierender Unterschied zu KGST Ursache: PPP-Anreiz- und Haftungssystem

(297) Die PPP-Instandsetzungskosten überschreiten die KGST-Werte um +66%, und bleiben um -10% unter den BKI-Kennzahlen.

Instandsetzung:
PPP/KGST: +66%
PPP/BKI: - 10%

(298) Das durchschnittliche jährliche PPP-Instandhaltungsbudget beträgt 1,6% der Wiederherstellungskosten[27], das ist deutlich mehr als das konventionelle IST-Budget mit 0,6% und etwas weniger als das BKI-Budget (1,7%).

Instandhaltungs-budget In Prozent der Wiederherstellungs-kosten:

7.1.9.2 Qualitative Aspekte

(299) Nach den Ergebnissen der PPP-Schulstudie (2019) kann mit einem Instandhaltungsbudget von 0,6% der Wiederherstellungskosten p.a. nur ein sehr niedriges Instandhaltungsniveau erreicht werden, der Soll-Bereich für ein mittleres Niveau über 25 Jahre liegt bei 1,2% p.a., ein Budget von 1,6% bzw. 1,7% ermöglicht demgegenüber ein hohes Instandhaltungsniveau.

PPP-Schulstudie:
0,6% geringes Niveau
1,2% mittl. Niveau
1,7% hohes Niveau

(300) Die PPP-Instandhaltung hebt sich damit signifikant von der bisher üblichen konventionellen Praxis ab: Instandhaltungsbudgets im Sollbereich für ein mittleres bis hochwertiges Instandhaltungsniveau, bessere Personalausstattung, Nutzeransprüche für die Einhaltung von Reaktions- und Behebungszeiten, Rücklagenkonten für einen zügigen Mittelabruf, die von der Bauverwaltung als Quantensprung bezeichnet werden. Wesentliche Ursachen dieser Unterschiede sind andere organisatorische Prioritätensetzungen und vertragliche Anreizstrukturen:

Signifikante Vorteile beim PPP-Instandhaltungs-management

(301) Die im Vertrag vereinbarten Kostenobergrenzen für die Instandhaltungskosten, die Festlegung von qualitativen Sollzuständen von wesentlichen Bauteilen und drohende Entgeltkürzungen bei Nichteinhaltung der Service levels bis hin zur Beteiligung an einem Restguthaben auf dem Rücklagenkonto bei Vertrags-

Ursache:
Vertragliches Leistungs- und Anreizsystem

ende – das alles hat zur Folge, dass PPP-Firmen ein striktes Risikomanagement einführen müssen. Dazu zählt insbesondere die Durchführung von bauteilspezifischen Instandhaltungskalkulationen. Ohne die gibt es kein Angebot, und das hieraus ermittelte Budget ist conditio sine qua non für den Vertragsschluss; das führt zu Expertenwissen und Kostentransparenz.

Risiko zwingt zu detaillierter Kostenkalkulation

Qualitative, projektbezogene Budgetermittlung

(302) Konventionelle Instandhaltungsbudgets werden dagegen in aller Regel haushaltsgetrieben und nicht objektspezifisch gebildet. Wie eine Umfrage u.a. unter den 300 größten deutschen Städten im Jahr 2020 ergab, praktizieren die zuständigen Verwaltungseinheiten bislang keine bauteilspezifischen Instandhaltungskalkulationen. 79% der an der Umfrage Teilnehmenden konnten nicht angeben, wie hoch ihr Instandhaltungsbudget in Prozent der Wiederherstellungskosten ist. Das spricht für eine hohe Kostenintransparenz.

KBV: keine objektbezogene Budgetermittlung

Keine detaillierten Kostenkalkulationen, Kosten-Intransparenz

(303) Ein weiterer wesentlicher Grund für die organisatorischen Unterschiede dürfte auch in der Betreiberhaftung liegen. Um die daraus resultierenden Risiken nicht nur für das Unternehmen, sondern auch für die persönliche strafrechtliche Verantwortung der Beschäftigten auszuschließen, werden die Inspektions- und Wartungstermine minutiös durchgeführt und dokumentiert. Wie die erheblichen Budgetunterschiede bei Wartung und Inspektion zeigen, wird das konventionell offensichtlich völlig anders gehandhabt.

Betreiberhaftung zwingt zu Priorisierung von Wartung&Inspektion

7.1.10 Vergleich der Nutzungskosten mit und ohne Risikokosten

(304) Trotz höherer Kosten bei Instandhaltung, Objektmanagement, Reinigung und Sonstigen Betriebskosten und höheren Finanzierungszinssätzen liegen die PPP-Nutzungskosten ohne Risikokosten mit 1% leicht unter den Kosten der KGST-Variante. Die BKI-Kennwerte werden um 15% unterschritten. Das wird ermöglicht durch einen effizienten Bauprozess und Einsparungen beim Energiemanagement.

Nutzungskosten ohne Risikokosten: PPP/KGST: Ø -1% PPP/BKI: Ø -15%

(305) Bei den Nutzungskosten mit Risikokosten erfolgte bei der KGST-Variante ein Ansatz iHv 2% der Herstellungskosten für das Risiko von Bauschäden durch zu niedrige Instandhaltungsbudgets. Der Vorteil der PPP-Nutzungskosten inkl. Risikokosten erhöht sich dadurch gegenüber der KGST-Variante auf 3%. Zu beachten ist, dass dieser Ansatz relativ gering ist (s.o. Rn 153, Praxisbeispiel der Stadt Neuwied mit festgestellten Bauschäden bei 16 Schulen durch unterlassene Instandhaltung iHv 7% der Wiederherstellungskosten).

Nutzungskosten inkl. Risikokosten: PPP/KGST: Ø -3% PPP/BKI: Ø -15%

Risiko Bauschäden wegen unterlassener Instandhaltung

7.1.11 Restwert

(306) Aus den Ergebnissen der PPP-Schulstudie (2019) folgt, dass bei Wirtschaftlichkeitsuntersuchungen die Auswirkungen der Instandhaltungsstrategie auf den Restwert berücksichtigt werden müssen. So stehen dem Liquiditätsvorteil von niedrigen Instandhaltungsbudgets nicht nur reduzierte Nutzungsqualitäten während der Betriebszeit gegenüber, sondern auch Bauschäden, verkürzte Nutzungsdauern und dadurch reduzierte Restwerte zum Ablauf des Vergleichszeitraums. Andererseits werden überdurchschnittliche Instandhaltungsbudgets zu einer Verlängerung der Nutzungsdauer führen. Dass ein solcher Zusammenhang besteht erscheint gesichert; die quantitative Bewertung erfordert eine Schätzung, die auf hinreichendes Datenmaterial gestützt werden muss. Die Reduktion der Nutzungsdauer um 30% bei Instandhaltungsbudgets von 50% unter Soll wird durch die Ergebnisse der PPP-Schulstudie empirisch unterlegt (vgl. oben Rn. 162f).

Einbeziehung des künftigen Restwertes bei Wirtschaftlichkeitsuntersuchungen

Korrelation Instandhaltungsbudget und Nutzungsdauer/Restwert

(307) Neben der Abhängigkeit zwischen Instandhaltungsbudget und Nutzungsdauer sind bei der Restwertermittlung auch stille Reserven (siehe hierzu oben Rn. 164) und die Indexierung zu berücksichtigen (siehe hierzu oben Rn. 165).

Berücksichtigung von stillen Reserven und Indexierung

(308) Auf dieser Basis liegt der voraussichtliche Restwert der PPP-Projekte im Mittel um 27% über der KGST-Alternative und gleichauf mit der BKI-Alternative[28].

Restwert: PPP/KGST: Ø +27% PPP/BKI: Ø +/-0%

7.1.12 Vergleich der Lebenszykluskosten mit und ohne Risikokosten

(309) Die PPP-Lebenszykluskosten ohne Risikokosten (d.h. die Nutzungskosten abzüglich Restwert) liegen im Mittel um 3% unter der KGST-Variante und um

Lebenszykluskosten ohne Risikokosten: PPP/KGST: Ø -3%

32% unter der BKI-Variante[29]. 8 PPP-Projekte bleiben unter den Kosten der KGST-Variante, alle PPP-Projekte liegen unterhalb der BKI-Variante.

PPP/BKI: Ø -32%

(310) Bei den Lebenszykluskosten inkl. Risikokosten wird das Instandhaltungsrisiko mit der Auswirkung der Instandhaltungsbudgets auf Nutzungsdauer und Restwert berücksichtigt. Dadurch erhöht sich der PPP-Vorteil bei den Lebenszykluskosten inkl. Risikokosten auf 35% gegenüber der KGST-Variante. Gegenüber der BKI-Variante beträgt der PPP-Vorteil 34%. Alle 16 PPP-Projekte bleiben unter den Kosten der KGST-Variante und unterhalb der Kosten der BKI-Variante.

Lebenszykluskosten inkl. Risikokosten: PPP/KGST: Ø -35% PPP/BKI: Ø -34%

7.1.13 Berücksichtigung des Mehrwertsteuer-Mehraufkommens

(311) Die Mehrwertsteuer-Mehreinnahmen aus den PPP-Personalkosten verbessern das PPP-Ergebnis gegenüber der KGST- und BKI-Variante um ca. 2% der Lebenszykluskosten inkl. Risikokosten.

PPP führt zu MWST-Mehraufkommen

7.1.14 Auswirkung der Indexierung auf das Ergebnis

(312) Die Höhe der Indexierung hat erhebliche Auswirkungen auf das Gesamtergebnis, das gilt insbesondere für den Baupreisindex, der für die Indexierung der Instandhaltungskosten und des Restwertes maßgeblich ist. In den Jahren 2007 bis 2021 lag die Baupreissteigerungsrate 2,92% p.a.; bei Variation der Baupreissteigerung auf 2% bzw. auf 1,5% ergibt sich folgendes Bild:

Sensitivitätsanalyse Baupreisindex mit 2%+1,5% statt 2,92%

Inflation erhöht Restwert und PPP-Vorteil

(313) Bei einer Indexierung mit 2% p.a. reduziert sich der PPP-Vorteil bei den Lebenszykluskosten inkl. Risikokosten gegenüber der KGST-Variante von 35% auf 26% bzw. gegenüber der BKI-Variante von 34% auf 28%.

Index 2% p.a. PPPKGST: Ø -26% PPP/BKI: Ø -28%

(314) Bei einer Baupreissteigerungsrate von 1,5% p.a. reduziert sich der PPP-Vorteil auf 23% (KGST) bzw. 26% (BKI).

Index 1,5% p.a. PPPKGST: Ø -23% PPP/BKI: Ø -26%

7.2 Sanierungsprojekte

(315) Bei den beiden Sanierungsprojekten liegen die Baukosten 11% unter BKI. Der Bauzeitvorteil beträgt 29%. Zu beachten ist, dass der Vergleich der PPP-Sanierungsleistung mit BKI-Kennzahlen nur eingeschränkt möglich war.

Baukosten: Ø–11% Bauzeit: Ø–29% <BKI

(316) Die Objektmanagementkosten liegen um 18% über KGST bzw. um 27% über BKI. Die Werte bei den Versorgungskosten sind schlechter als beim Neubau (+11% ggü KGST, -10% ggü. BKI). Die Reinigungskosten sind mit -15% (KGST) bzw. -14% (BKI) günstiger. Das PPP-Instandhaltungsbudget in Prozent der Wiederherstellungskosten liegt hier mit 1,75% etwas über BKI (1,72%) und wiederum signifikant über den KGST-Kennzahlen (0,63%).

(317) Im Ergebnis liegen die PPP-Nutzungskosten ohne und mit Risikokosten über der KGST-Variante (+11%/+10%) und unter der BKI-Variante (-7%).

Nutzungskosten PPP>KGST (+11/10%) PPP< BKI (-7%)

(318) Die PPP-Lebenszykluskosten ohne Risikokosten überschreiten die KGST-Variante um 39%, inkl. Risikokosten sind sie um 17% niedriger. Gegenüber der der BKI-Variante sind die PPP-Lebenszykluskosten ohne und mit Risikokosten um 17% bzw. 20% günstiger. Inkl. Mehrwertsteuer-Mehraufkommen erhöht sich der PPP-Vorteil auf 21% (KGST) bzw. 23% (BKI).

Lebenszykluskosten PPP/KGST: +39/-17% PPP/BKI: -17/-20%

(319) Bei der Sensitivitätsanalyse reduziert sich der PPP-Vorteil bei den Lebenszykluskosten inkl. Risikokosten bei einem Baupreisindex von 2% p.a. auf 9% (KGST) bzw. auf 17% (BKI) und bei einem Baupreisindex von 1,5% p.a. auf 7% (KGST) bzw. auf 16% (BKI).

Sensitivitätsanalyse Indexierung: PPP-Vorteil sinkt mit abnehmender Inflation

7.3 Neubau- und Sanierungsprojekte

(320) Die Nutzungskosten ohne und mit Risikokosten sowie die Lebenszykluskosten ohne Risikokosten der 18 PPP-Neubau- und Sanierungsprojekte liegen nahezu gleichauf mit der KGSt-Variante (0%/-2%/2%). Die PPP-Lebenszykluskosten ohne Risikokosten sind geringfügig höher als die KGST-Variante (2%), inkl.

PPP/KGST: Nutzungskosten -/+ Risiko: 0%/-2% Lebenszykluskosten -/+ Risiko: 2%/-32% Inkl. MWSt: .34%

Risikokosten liegen sie dagegen deutlich unter der KGST-Variante (32%). Inkl. MWST-Mehraufkommen erhöht sich der PPP-Vorteil auf 34%.

(321) Die Nutzungs- und Lebenszykluskosten aller 18 PPP-Projekte liegen zwischen 13% und 32% unter den Kosten der BKI-Variante. Inkl. MWST-Mehraufkommen erhöht sich der PPP-Vorteil auf 34%.

PPP/BKI:
Nutzungskosten
-/+ Risiko: -14%/-13%
Lebenszykluskosten
-/+ Risiko: -30%/-34%

(322) Bei der Sensitivitätsanalyse zur Indexierung der Instandhaltungskosten und des Restwertes reduziert sich der PPP-Vorteil bei den Lebenszykluskosten inkl. Risikokosten bei einem Baupreisindex von 2% p.a. auf 24% (KGST) bzw. auf 26% (BKI), und bei einem Baupreisindex von 1,5% p.a. auf 21% (KGST) bzw. auf 25% (BKI).

Sensitivitätsanalyse
Indexierung:
steigende Inflation
erhöht PPP-Vorteil

8   Fazit, Empfehlungen

(323) Die vorliegende Untersuchung zeigt, dass die Debatte der vergangenen Jahre zur Wirtschaftlichkeit bzw. Unwirtschaftlichkeit von PPP-Projekten weitgehend ohne belastbare Datengrundlage geführt wurde. Die Ergebnisse dieser Arbeit -

Gute Ergebnisse
legitimieren neue
PPP-Projekte

- o   Eine PPP-Vorteilhaftigkeit iHv 17% bis 35% (im Mittel 32%) mit 298 bis 328 Mio. € Einsparungen bei den Lebenszykluskosten über 25 Jahre,

- o   ein hocheffizienter Bauprozess mit 15-20% günstigeren Baukosten bei mittleren bis guten Qualitäten, 30% kürzere Bauzeiten und einer Kosten- und Terminsicherheit nahe am Optimum,

- o   dazu deutlich qualitative Vorteile insbesondere bei Objektorganisation, Instandhaltung und Energiemanagement,

- o   voraussichtlich deutlich bessere Restwerte sowie

- o   eine bemerkenswert gute qualitative Bewertung der bisherigen Bau- und Betriebsleistungen durch die öffentlichen Vertragspartner (Note 1,7).

belegen, dass der PPP-Lebenszyklusansatz sein bei Beginn der deutschen PPP-Initiative erhofftes Effizienzpotential bei den untersuchten 18 PPP-Projekten bislang tatsächlich generieren und damit die Realisierung von neuen PPP-Projekten legitimieren kann[30].

(324) Wirtschaftlichkeitsuntersuchungen bei öffentlichen Infrastrukturprojekten bezwecken immer auch, die bestehenden Strukturen auf Optimierungspotential hin zu überprüfen und Impulse für eine Verwaltungsmodernisierung zu geben.

Impuls zur
Verwaltungs-
modernisierung

(325) Wie bereits bei der PPP-Schulstudie (2019) zeigt diese Untersuchung erhebliches Optimierungspotential bei der konventionellen Instandhaltung auf. Um vergleichbare Strukturen zu erreichen, wäre Folgendes erforderlich:

Instandhaltung
verbessern durch:

- o   Einführung von bauteilspezifischen Instandhaltungskalkulationen bei der Entwurfsplanung,

Bauteilspezifische
Instandhaltungs-
kalkulationen

- o   Definition von Service Levels für die wesentlichen Bauteile mit Reaktions- und Behebungszeiten

Service Levels

- o   Einrichtung von (virtuellen) Rücklagenkonten mit der Möglichkeit des kurzfristigen Mittelabrufs ohne langwierige Genehmigungsverfahren,

Rücklagenkonto

- o   Einführung von Anreizmechanismen wie die Einführung

  - ▪   sanktionsbewehrter Nutzeransprüche auf Einhaltung von Reaktions- und Behebungszeiten. Das würde die Einführung von Entgeltstrukturen innerhalb der Verwaltung bedeuten, wonach die Schulverwaltung Anspruch auf fristgemäße Mängelbeseitigung hat und es bei Nichteinhaltung zu einer Entgeltkürzung zulasten der Bau- und Liegenschaftsverwaltung kommen müsste.

Sanktionsbewehrte
Nutzeransprüche auf
Einhaltung der
Service Levels

  - ▪   einer ergebnisorientierten Bezahlung in der Bau- und Liegenschaftsverwaltung

Ergebnisorientierte
Bezahlung

- o   Gesetzliche Verankerung von Mindest-Instandhaltungsbudgets und Koppelung von Investitionszuschüssen an die Einhaltung von Mindest-

Gesetzliche Mindest-
Instandhaltungs-
budgets

Instandhaltungsbudgets; da die privatwirtschaftlichen Anreizmechanismen eines PPP-Vertrags (Gewinnchance und Verlustrisiko) in den öffentlichen Strukturen nicht so einfach nachzubilden sind, bleibt dort als Alternative der Rückgriff auf gesetzliche Vorgaben oder Verwaltungsvorschriften.

o   Gesetzliche Verpflichtung zum Ausweis einer Instandhaltungskennziffer „Jährliches Instandhaltungsbudget in Prozent der Wiederherstellungskosten" in den öffentlichen Haushalten: Die von der KGST entwickelte Kennziffer hat sich bereits im Rahmen der PPP-Schulstudie als gut geeignete Kennziffer für die Budgetplanung eines mittleren Instandhaltungsniveaus herausgestellt. Es sollte angestrebt werden, dass diese Kennziffer bei der Haushaltsplanung für jedes Bauprojekt transparent gemacht wird, um eine wirksame Kontrolle der Aufsichtsgremien/-behörden zu gewährleisten. **Pflicht zum Ausweis der Instandhaltungskosten in Prozent der Wiederherstellungskosten p.a. bei der Haushaltsplanung**

o   Ermittlung des künftigen Restwertes in Abhängigkeit vom Instandhaltungsbudget und unter Beachtung stiller Reserven sowie der Indexierung, entsprechende Ergänzung im FMK-Leitfaden (2006). **Berücksichtigung künftiger Restwerte**

o   Umstellung der Endfinanzierung von Vollamortisation auf Teilamortisation (bei KBV und PPP), so wie das in den 1970er Jahren bei den Immobilienleasingverträgen der ersten Generation (Vollamortisationsverträge) und der zweiten Generation (Teilamortisationsverträge) erfolgt ist[31]. Die PPP-Projekte mit Endfinanzierung sehen regelmäßig und entsprechend den Vorgaben des Auftraggebers in den Ausschreibungsunterlagen eine Vollamortisation während der Vertragsdauer vor. In der konventionellen kommunalen Finanzierungspraxis werden langfristige Finanzierungen idR ebenfalls über 20 bis 30 Jahre voll amortisiert. Wie bereits bei der PPP-Schulstudie thematisiert, erscheint diese Praxis überprüfungswürdig, wenn zu niedrige Instandhaltungsbudgets durch Liquiditätsengpässe im kommunalen Haushalt bedingt sind. Denn nach der sog. goldenen Bilanzregel sollte die Finanzierung der Infrastruktur synchron mit dem nutzungsbedingten Wertverzehr erfolgen. Wie in der PPP-Schulstudie (2019) aufgezeigt, lässt sich durch eine Teilamortisation auf 80% (statt 100%) die nötige Liquidität generieren, um Instandhaltungsbudgets von 0,6% auf 1,2% der Wiederherstellungskosten p.a. anzuheben[32]. Dem steht naturgemäß eine nominal höhere Verschuldung nach 25 Jahren gegenüber, dieser Aspekt wird allerdings durch den inflationsbedingten Kaufkraftverlust relativiert. **Teilamortisation bei Finanzierung eröffnet Liquidität für bessere Instandhaltung**

o   Die Barwertmethode ist problematisch für die Beseitigung des Missstands zu niedriger Instandhaltungsbudgets und dadurch reduzierter Qualitäten, verkürzter Nutzungsdauern und verringerter Restwerte. Niedrige Instandhaltungsbudgets (50% unter Soll) erzeugen bei der Barwertbetrachtung einen relativen Vorteil gegenüber Soll-Budgets. Der Nachteil geringerer Restwerte wird durch die Diskontierung zudem reduziert. Dieser Effekt war in den letzten Jahren mit ihren niedrigen Kapitalmarktzinsen von untergeordneter Bedeutung, das wird sich aber mit den wieder steigenden Zinsen ändern. Das Thema erscheint daher von erheblicher ökonomischer Relevanz, da zu niedrige Instandhaltungsbudgets einen erheblichen Anteil an dem aufgelaufenen kommunalen Instandhaltungsstau iHv 186,1 Mrd. € (KfW-Kommunalpanel 2024[33]) haben dürften. **Einschränkung der Barwert-Methode bei Wirtschaftlichkeitsuntersuchungen**

o   In den PPP-Ausschreibungsunterlagen und Verträgen ist die Gliederung der Kosten nicht einheitlich, das beeinträchtigt die Vergleichbarkeit. Es sollte auf einheitliche Strukturen hingearbeitet werden. **Einheitliche Kostengliederung**

(326) Das Ergebnis dieser Untersuchung zur Bedeutung von Anreizstrukturen bei der Einsparung von Energieverbrauchsmengen spricht dafür, derartige Strukturen künftig verstärkt zu verankern. Dabei muss diese Diskussion auch mit den Rechnungshöfen geführt werden; denn von dort wurde eine Beteiligung der PPP-Firma an Einsparerfolgen mit dem Argument kritisiert, diese Einsparbeteiligung sei eine Verschwendung öffentlicher Mittel, weil die Verwaltung bei optimaler Organisation die Einsparungen aus eigener Kraft zu **Anreizstrukturen bei der Energieeinsparung**

100% erzielen könne.

(327) Wenn bei 18 PPP-Projekten über 25 Jahre Einsparungen von über 300 Mio. € erzielt werden, stellt sich die Frage, ob diese Ergebnisse repräsentativ für die bisherigen 307 deutschen PPP-Projekte in den Teilsektoren Hochbau und Verkehr sind, die Baukosten von 17,4 Mrd. € und geschätzte Nutzungskosten über 25 Jahre von 46 Mrd. € aufweisen[34]; hieraus lassen sich rechnerische Einsparungen von über 8 Mrd. € ableiten. Nimmt man dazu das Optimierungspotential für die Modernisierung der konventionellen (und PPP-) Strukturen so wird deutlich, wie wichtig Evaluierungsarbeiten zur PPP-Wirtschaftlichkeit sowie zur Forschung und Entwicklung und zum Wissenstransfer des PPP-Lebenszyklusansatzes sind - nicht zuletzt auch, um dem Hauptkritikpunkt der mangelnden Transparenz der PPP-Wirtschaftlichkeit entgegenzutreten, der von Rechnungshöfen und Medien in den letzten 10 Jahren immer wieder erhoben wurde.

PPP-Einsparpotential Bei 18 Projekten 330 Mio,€ / bei 307 PPP-Projekten >8 Mrd. € ?

Verbesserung der Transparenz der PPP-Wirtschaftlichkeit erforderlich

durch Evaluierung, Forschung&Entwicklung und Wissenstransfer

(328) Zur weiteren Verbesserung der Transparenz des PPP-Lebenszyklusansatzes erscheint daher empfehlenswert:

- o Fortsetzung der Evaluierungsarbeiten, Einbeziehung weiterer Teilsektoren

  Evaluierung

- o Effizientere Bereitstellung von Eckdaten zu Bau und Betrieb; Synchronisierung der Kostengliederungen in Ausschreibung und Vertrag mit der DIN 18960

  Effizienterer Datentransfer

- o Bessere Publikation der Projekt- und Forschungsergebnisse (Erstellung von Projektdokumentationen, Aktualisierung und Überarbeitung der PPP-Projektdatenbank)

  Bessere Publikation der Ergebnisse

- o Durchführung von Forschungsarbeiten zum PPP-Lebenszyklusansatz (z.B. Vergleich der Finanzierungskonditionen unter Berücksichtigung der qualitativen Unterschiede; Entwicklung des Rücklagenkontos, das Management von Vandalismus-Schäden; Auswertung der Jahresreinigungsflächen, Auswirkung der Indexierungsklauseln mit Intervallzeiträumen (z.B. Anpassung an Preisentwicklung nur alle 5 Jahre)

  Weitere Forschungsthemen

- o Bessere Organisation von Wissenstransfer, Forschung und Entwicklung in einem Kooperationsverbund von Lehrstühlen verschiedener Universitäten und Hochschulen, die sich einzelnen Schwerpunktthemen widmen (z.B. Teilsektor Bildung, Straßen etc.); Einrichtung einer sektorenübergreifenden PPP-Website, Aufbau einer PPP-Akademie

  Bessere Organisation

- o Finanzierung von Wissenstransfer, Forschung und Entwicklung im Wesentlichen über die Bereitstellung öffentlicher Mittel. Erforderlich hierfür wäre nur ein Bruchteil der realisierten Einsparungen.

  Finanzierung aus PPP-Einsparungen

(329) Für Benchmarking-Arbeiten gibt es mit Artikel 91d GG einen verfassungsrechtlichen Rahmen, die einschlägigen Haushaltsvorschriften von Bund und Ländern sehen darüber hinaus unisono die Durchführung von regelmäßigen Erfolgskontrollen vor[35]. Es ist insofern bemerkenswert, wenn die PPP-Daten überwiegend vom privaten Sektor bereitgestellt wurden. Art 91d und die öffentlichen Haushaltsvorschriften richten sich allerdings an Politik und Verwaltung. Es bleibt zu hoffen, dass die vorliegende Untersuchung helfen kann, den erforderlichen politischen Willen hierfür zu generieren[36].

Der Rahmen für ein besseres Benchmarking ist da

Gibt es dafür auch den politischen Willen ?

(330) Und: Bei der künftigen Debatte um PPP sollte man vielleicht stärker im Blick behalten, dass die beiden Wirtschaftsprofessoren Oliver Hart und Bengt Holmström im Jahr 2016 den Wirtschaftsnobelpreis für ihre Arbeiten zu Anreizstrukturen nach der Prinzipal-Agent-Theorie in unvollständigen Verträgen erhalten haben. Hierzu zählen auch PPP-Verträge. Die vorliegende Untersuchung bestätigt, dass durch geeignete Anreiz- und Haftungsmechanismen in PPP-Verträgen tatsächlich erhebliches Effizienzpotential freigelegt werden kann.

PPP-Lebenszyklusansatz und Anreizmechanismen:

Forschungsfeld des Wirtschaftsnobelpreises 2016 (Hart/Holmström)

ANHANG

A1 Ergebnisübersicht Kostenvergleich 18 PPP-Projekte / KGST / BKI

Europäische Vergleichsstudie zur Wirtschaftlichkeit der PPP-Lebenszykluskosten (Deutschland)

| PPP-Projekt Nr: | | 1 | 1 | 2 | 2 | 3 | 3 | 4 | 4 | 5 | 5 | 6 | 6 | 7 | 7 | 8 | 8 | 9 | 9 |
Vergleich PPP mit		KGSt	BKI	KGSt	BKI	KGSt	BKI	KGSt	BKI	KGSt	BKI	KGSt	BKI	KGSt	BKI	KGSt	BKI	KGSt	BKI
DIN 276 Baukosten	Baukosten Differenz PPP/KBV inkl. KG 760		-21%		-18%		-32%		-6%		-27%		-21%		-9%		-24%		-21%
DIN 277 Bauzeit	Bauzeit Differenz PPP/KBV		-36%		-35%		-19%		-38%		-35%		-23%		-35%		-41%		-35%
DIN 18960 KG 100	Kapitalkosten		-19%		-17%		-26%		-3%		-23%		-20%		-9%		-22%		-20%
KG 100	PPP-Kapitalkosten ohne Fördermittel																		
KG 200	Objektmanagement	36%	32%	17%	24%	13%	30%	52%	76%	6%	29%	10%	4%	110%	145%	-36%	-33%	-17%	-12%
KG 300	Betriebskosten	18%	-32%	55%	4%	17%	-16%	30%	-35%	62%	8%	72%	19%	2%	-26%	20%	-33%	18%	-32%
KG 310	Versorgung	-61%	-68%	-62%	-63%	13%	-17%	-33%	-53%	91%	59%	-13%	-25%	-13%	-37%	-38%	-38%	-41%	-41%
KG 320	Entsorgung	0%	0%	0%	0%	0%	0%	0%	0%	0%	0%	0%	0%	0%	0%	0%	0%	0%	0%
KG 330/40	Reinigung	49%	-3%	33%	26%	-27%	-20%	58%	74%	3%	6%	21%	76%	-32%	-26%	19%	11%	25%	18%
KG 350	Wartung und Inspektion	658%	16%	1663%	88%	627%	-11%			757%	-27%	591%	-35%	716%	1%	655%	-59%	478%	-68%
KG 370	Versicherungen, Abgaben	1%	-68%			159%	-36%			331%	11%	558%	282%						
KG 390	Sonstige Betriebskosten					-76%	-20%	1394%	5173%			317%	15767%			113%	-70%	1210%	80%
KG 400	Instandsetzung (inkl. Risikokosten)	-20%	-46%	25%	-47%	121%	-4%	147%	-7%	-24%	-63%	85%	78%	27%	-34%	41%	-40%	16%	-51%
KG 200/350/400	Instandhaltungsbudget	54%	-21%	222%	11%	148%	-6%	200%	-32%	24%	-50%	216%	38%	106%	-18%	166%	-29%	125%	-38%
IB PPP / KGST SOLL	in % p.a. PPP / KGST-SOLL	1,62%	1,24%	1,35%	1,31%	2,53%	1,29%	1,66%	1,21%	1,40%	1,07%	1,70%	1,15%	1,62%	1,15%	1,74%	1,28%	1,40%	1,24%
IB KGST IST / BKI	in % p.a. KGST-IST / BKI	0,80%	1,62%	0,46%	1,19%	0,65%	1,72%	0,58%	2,39%	0,79%	1,97%	0,57%	1,19%	0,67%	1,68%	0,63%	2,32%	0,63%	2,24%
Restwert	Restwert	21%	0%	41%	3%	20%	4%	47%	-8%	14%	-1%	32%	6%	15%	-1%	32%	-5%	26%	-8%
Ergebnis NK oR	Nutzungskosten o.Risikokosten	-10%	-23%	1%	-15%	-9%	-19%	20%	-10%	-9%	-20%	3%	-4%	4%	-9%	-10%	-28%	-10%	-27%
NK mR	Nutzungskosten m. Risikokosten	-10%	-22%	-2%	-15%	-9%	-19%	17%	-10%	-10%	-20%	1%	-4%	3%	-9%	-12%	-28%	-12%	-27%
LZK oR	Lebenszykluskosten o.Risikokosten	-23%	-47%	5%	-53%	-22%	-41%	56%	-19%	-24%	-41%	9%	-10%	14%	-26%	-28%	-56%	-26%	-52%
LZK mR	Lebenszykluskosten m. Risikokosten	-40%	-47%	-64%	-57%	-43%	-47%	-8%	-13%	-35%	-39%	-28%	-18%	-21%	-27%	-55%	-58%	-46%	-49%
LZK mR+MWST	Lebenszykluskosten m. Risiko + MWSt	-43%	-50%	-66%	-60%	-45%	-49%	-11%	-15%	-37%	-42%	-29%	-19%	-26%	-32%	-55%	-58%	-47%	-50%

Sensitivitäsanalysen Indexierung Restwert+Instandhaltung 2% p.a.

		1 KGSt	1 BKI	2 KGSt	2 BKI	3 KGSt	3 BKI	4 KGSt	4 BKI	5 KGSt	5 BKI	6 KGSt	6 BKI	7 KGSt	7 BKI	8 KGSt	8 BKI	9 KGSt	9 BKI
NK oR	Nutzungskosten o.Risikokosten	-10%	-23%	1%	-14%	-10%	-20%	18%	-10%	-10%	-20%	2%	-5%	3%	-9%	-11%	-29%	-11%	-27%
NK mR	Nutzungskosten m. Risikokosten	-10%	-23%	-1%	-14%	-10%	-19%	16%	-10%	-11%	-20%	1%	-5%	2%	-9%	-13%	-29%	-12%	-27%
LZK oR	Lebenszykluskosten o.Risikokosten	-19%	-40%	2%	-35%	-20%	-37%	37%	-16%	-21%	-36%	4%	-10%	9%	-21%	-23%	-48%	-21%	-45%
LZK mR	Lebenszykluskosten m. Risikokosten	-31%	-40%	-41%	-38%	-35%	-40%	-1%	-11%	-29%	-35%	-20%	-15%	-14%	-21%	-43%	-49%	-36%	-42%
LZK mR+MWST	Lebenszykluskosten m. Risiko + MWSt	-33%	-42%	-43%	-40%	-37%	-42%	-4%	-13%	-31%	-37%	-21%	-16%	-18%	-25%	-43%	-49%	-37%	-42%

Sensitivitäsanalysen Indexierung Restwert+Instandhaltung 1,5% p.a.

		1 KGSt	1 BKI	2 KGSt	2 BKI	3 KGSt	3 BKI	4 KGSt	4 BKI	5 KGSt	5 BKI	6 KGSt	6 BKI	7 KGSt	7 BKI	8 KGSt	8 BKI	9 KGSt	9 BKI
NK oR	Nutzungskosten o.Risikokosten	-10%	-24%	1%	-14%	-10%	-21%	18%	-9%	-10%	-21%	1%	-6%	3%	-9%	-12%	-29%	-11%	-27%
NK mR	Nutzungskosten m. Risikokosten	-10%	-23%	-1%	-14%	-10%	-20%	16%	-9%	-11%	-21%	0%	-6%	2%	-9%	-13%	-29%	-12%	-27%
LZK oR	Lebenszykluskosten o.Risikokosten	-17%	-37%	2%	-30%	-19%	-35%	19%	-15%	-19%	-34%	3%	-10%	8%	-19%	-21%	-45%	-20%	-42%
LZK mR	Lebenszykluskosten m. Risikokosten	-27%	-37%	-33%	-32%	-32%	-38%	1%	-11%	-26%	-33%	-17%	-14%	-11%	-19%	-38%	-45%	-33%	-39%
LZK mR+MWST	Lebenszykluskosten m. Risiko + MWSt	-30%	-39%	-35%	-34%	-34%	-39%	-1%	-13%	-29%	-35%	-18%	-15%	-15%	-23%	-38%	-46%	-33%	-40%

Legende: DIN 276 Bauksoten: KG 200-700; DIN 18960 KG 100: Kapitalkosten; KG 200: Objektmanagementkosten; KG 300: Betriebskosten; KG 310: Versorgung (Wasser, Wärme, Strom); KG 320: Entsorgung; KG 330/340: Reinigung; KG 350: Wartung&Inspektion; KG 370: Abgaben, Versicherungen; KG 390: Sonstige Betriebskosten; KG 400: Instandsetzung; KG 200 (anteilig)/KG 350/KG 400: Instandhaltung; NK oR/mr: Nutzungskosten ohne/mit Risikokosten; LZK oR/mR/+MWST: Lebenszykluskosten ohne/mit Risikokosten/inkl. Mehrwertsteuer-Mehraufkommen

Europäische Vergleichsstudie zur Wirtschaftlichkeit der PPP-Lebenszykluskosten (Deutschland)

| PPP-Projekt Nr: | | 10 | 10 | 11 | 11 | 12 | 12 | 13 | 13 | 14 | 14 | 15 | 15 | 16 | 16 | 17 | 17 | 18 | 18 |
Vergleich PPP mit		KGSt	BKI	KGSt	BKI	KGSt	BKI	KGSt	BKI	KGSt	BKI	KGSt	BKI	KGSt	BKI	KGSt	BKI	KGSt	BKI
DIN 276 Baukosten	Baukosten Differenz PPP/KBV inkl. KG 760		-8%		-12%		-20%		-12%		-4%		-11%		-12%		-14%		-9%
DIN 277 Bauzeit	Bauzeit Differenz PPP/KBV		-19%		-26%		-38%		-35%		0% 600%		-35%		-27%		-23%	-35%	-35%
DIN 18960 KG 100	Kapitalkosten		-3%		-11%		-18%		-11%		-3%		-7%		-12%		-12%		-4%
KG 100	PPP-Kapitalkosten ohne Fördermittel			IZZB	-12%							IZZB	-8%						
KG 200	Objektmanagement	-18%	-4%	-15%	-1%	4%	-3%	16%	12%	59%	84%	-73%	-62%	13%	41%	95%	106%	-59%	-53%
KG 300	Betriebskosten	-8%	-32%	34%	-4%	17%	2%	-15%	-62%	-19%	-45%	16%	-15%	24%	-35%	21%	-16%	46%	5%
KG 310	Versorgung	-24%	-46%	-24%	-44%	7%	3%	0%	-14%	-14%	-40%	-20%	4%	-50%	-55%	-33%	-33%	55%	14%
KG 320	Entsorgung	0%	0%	0%	0%	0%	0%	0%	0%	0%	0%	0%	0%	0%	0%	0%	0%	0%	0%
KG 330/40	Reinigung	-34%	-26%	0%	12%	9%	56%	-7%	14%	-13%	-11%	-11%	-27%	15%	27%	-13%	-18%	-18%	-10%
KG 350	Wartung und Inspektion	386%	-40%	591%	-14%									1097%	-58%				
KG 370	Versicherungen, Abgaben	10%	-73%									197%	2%			80%	-49%	342%	5%
KG 390	Sonstige Betriebskosten	-37%	56%	1398%	5226%	252%	100%					1641%				11681%	2560%	2938%	9349%
KG 400	Instandsetzung (inkl. Risikokosten)	139%	-13%	44%	-25%	171%	156%	291%	360%	82%	-6%	70%	-40%	-27%	-61%	84%	-22%	55%	-20%
KG 200/350/400	Instandhaltungsbudget	199%	-1%	117%	-16%	197%	49%	311%	17%	117%	-6%	59%	-56%	102%	-40%	100%	-40%	59%	-40%
IB PPP / KGST SOLL	in % p.a. PPP / KGST-SOLL	2%	1%	1,56%	1,17%	1%	1%	1%	1%	1,64%	1,03%	1%	1%	1,18%	1,20%	2%	1%	1,53%	1,17%
IB KGST IST / BKI	in % p.a. KGST-IST / BKI	1%	2%	0,64%	1,67%	0%	1%	0%	1%	0,55%	1,51%	1%	2%	0,65%	2,04%	1%	2%	0,61%	1,63%
Restwert	Restwert	28%	-2%	27%	-1%	34%	12%	46%	0%	29%	1%	15%	-7%	28%	-12%	31%	1%	28%	-1%
Ergebnis NK oR	Nutzungskosten o.Risikokosten	4%	-10%	12%	-11%	-5%	-7%	2%	-8%	6%	-8%	-2%	-16%	-5%	-24%	13%	-8%	10%	-7%
NK mR	Nutzungskosten m. Risikokosten	3%	-10%	10%	-11%	-7%	-7%	1%	-8%	5%	-8%	-3%	-16%	-7%	-24%	11%	-8%	9%	-7%
LZK oR	Lebenszykluskosten o.Risikokosten	9%	-20%	25%	-18%	-14%	-20%	8%	-22%	15%	-17%	-4%	-32%	-14%	-52%	44%	-18%	33%	-16%
LZK mR	Lebenszykluskosten m. Risikokosten	-18%	-20%	-2%	-18%	-47%	-35%	-39%	-22%	-17%	-19%	-22%	-27%	-43%	-43%	-18%	-23%	-17%	-16%
LZK mR+MWST	Lebenszykluskosten m. Risiko + MWSt	-20%	-21%	-5%	-21%	-48%	-36%	-40%	-24%	-19%	-21%	-23%	-27%	-45%	-45%	-24%	-28%	-18%	-17%

Sensitivitäsanalysen Indexierung Restwert+Instandhaltung 2% p.a.

| | | 10 | 10 | 11 | 11 | 12 | 12 | 13 | 13 | 14 | 14 | 15 | 15 | 16 | 16 | 17 | 17 | 18 | 18 |
		KGSt	BKI	KGSt	BKI	KGSt	BKI	KGSt	BKI	KGSt	BKI	KGSt	BKI	KGSt	BKI	KGSt	BKI	KGSt	BKI
NK oR	Nutzungskosten o.Risikokosten	3%	-11%	11%	-11%	-6%	-8%	1%	-10%	5%	-9%	-3%	-16%	-4%	-23%	11%	-9%	9%	-7%
NK mR	Nutzungskosten m. Risikokosten	1%	-11%	9%	-11%	-7%	-8%	-1%	-10%	4%	-9%	-4%	-16%	-6%	-23%	9%	-9%	7%	-7%
LZK oR	Lebenszykluskosten o.Risikokosten	5%	-17%	19%	-17%	-13%	-17%	2%	-20%	10%	-15%	-6%	-28%	-9%	-40%	25%	-16%	20%	-14%
LZK mR	Lebenszykluskosten m. Risikokosten	-14%	-17%	-1%	-17%	-37%	-28%	-30%	-21%	-12%	-16%	-18%	-24%	-28%	-34%	-9%	-19%	-10%	-14%
LZK mR+MWST	Lebenszykluskosten m. Risiko + MWSt	-15%	-18%	-3%	-20%	-38%	-29%	-31%	-22%	-14%	-19%	-18%	-24%	-30%	-35%	-14%	-23%	-11%	-15%

Sensitivitäsanalysen Indexierung Restwert+Instandhaltung 1,5% p.a.

| | | 10 | 10 | 11 | 11 | 12 | 12 | 13 | 13 | 14 | 14 | 15 | 15 | 16 | 16 | 17 | 17 | 18 | 18 |
		KGSt	BKI	KGSt	BKI	KGSt	BKI	KGSt	BKI	KGSt	BKI	KGSt	BKI	KGSt	BKI	KGSt	BKI	KGSt	BKI
NK oR	Nutzungskosten o.Risikokosten	2%	-11%	10%	-12%	-7%	-9%	0%	-11%	5%	-9%	-4%	-17%	-4%	-23%	10%	-9%	8%	-8%
NK mR	Nutzungskosten m. Risikokosten	1%	-11%	8%	-12%	-8%	-9%	-1%	-11%	3%	-9%	-4%	-17%	-5%	-23%	9%	-9%	7%	-8%
LZK oR	Lebenszykluskosten o.Risikokosten	3%	-16%	16%	-17%	-13%	-17%	0%	-20%	8%	-15%	-6%	-26%	-7%	-36%	20%	-16%	17%	-14%
LZK mR	Lebenszykluskosten m. Risikokosten	-12%	-16%	0%	-17%	-33%	-25%	-27%	-20%	-10%	-16%	-16%	-23%	-23%	-31%	-6%	-18%	-7%	-14%
LZK mR+MWST	Lebenszykluskosten m. Risiko + MWSt	-13%	-17%	-2%	-19%	-34%	-26%	-28%	-21%	-12%	-18%	-16%	-23%	-25%	-32%	-10%	-21%	-8%	-14%

Legende: DIN 276 Bauksoten: KG 200-700; DIN 18960 KG 100: Kapitalkosten; KG 200: Objektmanagementkosten; KG 300: Betriebskosten; KG 310: Versorgung (Wasser, Wärme, Strom); KG 320: Entsorgung; KG 330/340: Reinigung; KG 350: Wartung&Inspektion; KG 370: Abgaben, Versicherungen; KG 390: Sonstige Betriebskosten; KG 400: Instandsetzung; KG 200 (anteilig)/KG 350/KG 400: Instandhaltung; NK oR/mr: Nutzungskosten ohne/mit Risikokosten; LZK oR/mR/+MWST: Lebenszykluskosten ohne/mit Risikokosten/inkl. Mehrwertsteuer-Mehraufkommen

A2 Ergebnisübersicht qualitativer Vergleich 18 PPP-Projekte / KGST / BKI

Europäische Vergleichsstudie zur Wirtschaftlichkeit der PPP-Lebenszykluskosten (Deutschland)
Qualitative Bewertung von PPP Bau-und Beriebsleistungen

PPP-Projekt Nr:	1			2			3			4			5			6			7			8			9		
	PPP	KGST	BKI	PPP	KGST	BKI	PPP	KGST	BKI	PPP	KGST	BKI	PPP	KGST	BKI	PPP	KGST	BKI	PPP	KGST	BKI	PPP	KGST	BKI	PPP	KGST	BKI
Investitionsphase	1,7	3	3	1,2	1,8	1,8	2,4	3,0	3,0	2,2	2,8	2,8	2,6	3,0	3,0	2,1	2,7	2,7	2,4	3,0	3,0	2,4	3,0	3,0	2,4	3,0	3,0
Baustandard	2	3	3	1,3	1,3	1,3	3	3	3	2,8	2,8	2,8	3	3	3	2,5	2,5	2,5	3	3	3	3	3	3	3	3	3
Kostensicherheit	1	3	3	1	3	3	1	3	3				3	3	3	1	3	3	1	3	3	1	3	3	1	3	3
Bauzeit/Terminsicherheit	1	3	3	1	3	3	1	3	3	1	3	3	1	3	3	1	3	3	1	3	3	1	3	3	1	3	3
Zinssicherung	1	3	3	1	3	3	1	3	3	1	3	3	1	3	3	1	3	3	1	3	3	1	3	3	1	3	3
Betriebsphase	2,0	3,4	2,3	2,5	3,3	2,9	2,1	3,3	2,6	2,3	3,3	2,6	2,3	3,3	2,5	2,4	3,3	2,7	2,4	3,3	2,8	2,6	3,3	2,6	2,7	3,4	2,7
Finanzierung	3	3	3	3	3	3	2	3	3	3	3	3	2	3	3	3	3	3	3	3	3	3	3	3	3	3	3
Objektmanagement	1	3	1	2	3	3	1	3	3	1	3	2	1	3	3	1	3	1	1	3	3	3	3	3	3	3	3
Versorgung	1	4	5	2	3	3	2	3	3	2	3	4	3	3	3	2	3	4	2	3	4	2	3	3	2	4	4
Entsorgung	3	3	2	3	3	3	3	3	3	3	3	3	3	3	3	3	3	3	3	3	3	3	3	3	3	3	3
Reinigung	2	3	2	3	3	3	3	3	3	3	3	3	3	3	3	3	3	3	3	3	3	3	3	3	3	3	3
Wartung und Inspektion	1	5	1	1	5	1,5	1	5	1	1	5	1	1	5	1	2	5	1	1	5	1	1	5	1	1	5	1
Abgaben, Versicherung	2	3	1	3	3	3	3	3	3	3	3	2	2	3	2	3	3	3	3	3	3	3	3	3	3	3	3
Betrieb Cafeteria	3	3	3				3	3	3	3	3	3	3	3	3	3	3	3	3	3	3	3	3	3	3	3	3
Sonstige Betriebskosten	2	3	3	3	3	3,3	2	3	3	2	3	3	3	3	3	2	3	3	3	3	3	3	3	3	3	3	3
Instandhaltung	2	4	2	2,8	4	3	1	4	1	2	4	1	2	4	1	2	4	3	2	4	2	2	4	1	2,5	4	1
Restwert	2,0	3,9	2,1	2,0	4,0	3,0	1,0	3,5	2,0	2,0	4,0	1,0	2,0	4,0	1,0	1,5	4,0	3,0	2,0	4,0	2,0	2,0	4,0	1,0	2,5	4,0	1,0
Gesamtergebnis	1,9	3,4	2,5	1,9	3,0	2,5	1,8	3,3	2,5	2,2	3,4	2,1	2,3	3,4	2,2	2,0	3,3	2,8	2,3	3,4	2,6	2,3	3,4	2,2	2,5	3,5	2,2

1 = sehr gut / 2 = gut / 3 = befriedigend / 4 = ausreichend / 5 = unbefriedigend
▨ Kein PPP-Vertragsbestandteil

Europäische Vergleichsstudie zur Wirtschaftlichkeit der PPP-Lebenszykluskosten (Deutschland)
Qualitative Bewertung von PPP Bau-und Beriebsleistungen

PPP-Projekt Nr:	10			11			12			13			14			15			16			17			18			Ø		
	PPP	KGST	BKI	PPP	KGST	BKI	PPP	KGST	BKI	PPP	KGST	BKI	PPP	KGST	BKI	PPP	KGST	BKI	PPP	KGST	BKI	PPP	KGST	BKI	PPP	KGST	BKI	PPP	KGST	BKI
Investitionsphase	2,4	3,0	3,0	2,4	3,0	3,0	1,7	2,3	2,3	1,4	2,0	2,0	2,4	3,0	3,0	2,4	3,0	3,0	2,3	2,8	2,8	2,4	3,0	3,0	2,4	3,0	3,0	2,2	2,8	2,8
Baustandard	3	3	3	3	3	3	2	2	2	1,5	1,5	1,5	3	3	3	3	3	3	2,8	2,8	2,8	3	3	3	3	3	3	2,7	2,7	2,7
Kostensicherheit	1	3	3	1	3	3	1	3	3	1	3	3	1	3	3				2	3	3	1	3	3				1,2	3,0	3,0
Bauzeit/Terminsicherheit	1	3	3	1	3	3	1	3	3	1	3	3	1	3	3	1	3	3	1	3	3	1	3	3	1	3	3	1,0	3,0	3,0
Zinssicherung	1	3	3	1	3	3	1	3	3	1	3	3	1	3	3	1	3	3	1	3	3	1	3	3	1	3	3	1,0	3,0	3,0
Betriebsphase	2,3	3,3	2,8	2,6	3,3	2,8	2,6	3,4	2,9	2,6	3,4	2,8	2,5	3,3	2,8	2,6	3,3	2,6	2,7	3,3	2,7	2,3	3,3	2,6	2,7	3,3	2,8	2,5	3,3	2,7
Finanzierung	2	3	3	3	3	3	3	3	3	3	3	3	3	3	3	2	3	3	3	3	3	3	3	3	2	3	3	2,7	3,0	3,0
Objektmanagement	2	3	2,5	3	3	3	2	3	3	2	3	3	2	3	3	2	3	3	2	3	3	2	3	3	2	3	3	1,8	3,0	2,7
Versorgung	2	3	4	2	3	4	3	3	3	3	3	3	2	3	4	2,5	3	2,25	2	3	3,5	2	3	3	4	3	4	2,3	3,1	3,5
Entsorgung	3	3	3	3	3	3	3	3	3	3	3	3	3	3	3	3	3	3	3	3	3	3	3	3	3	3	3	3,0	3,0	2,9
Reinigung	3	3	3	3	3	3	3	3	3	3	3	3	3	3	3	3	3	3	3	3	3	3	3	3	3	3	3	2,9	3,0	2,9
Wartung und Inspektion	1	5	1	1	5	1	1	5	1	1	5	1	1	5	1	2,5	5	1	2	5	1	2	5	1	2,5	5	1	1,4	5,3	1,1
Abgaben, Versicherung	2	3	3	3	3	3	3	3	3	3	3	3	3	3	3	3	3	3	3	3	3	3	3	3	3	3	3	2,8	3,0	2,8
Betrieb Cafeteria	3	3	3	3	3	3							3	3	3	3	3	3	3	3	3				3	3	3	3	3	3
Sonstige Betriebskosten	3	3	3	3	3	3	3	3	3	3	3	3	3	3	3	2	3	3	3	3	3	2	3	3	2	3	3	2,6	3,0	3,0
Instandhaltung	2,25	4	2	2	4	1,5	2,5	4,5	3,75	2,5	4,5	3	2	4	2,25	2,5	4	1,5	3	4	1	1	4	1,5	2,5	4	1,5	2,1	4,1	1,8
Restwert	2,3	4,0	2,0	2,3	4,0	2,0	2,5	4,5	3,8	3,0	4,5	3,0	2,0	4,0	2,3	2,5	4,0	1,5	3,0	4,0	1,0	1,0	4,0	1,5	2,5	4,0	2,0	2,1	4,0	2,0
Gesamtergebnis	2,3	3,4	2,6	2,4	3,4	2,6	2,3	3,4	3,0	2,3	3,3	2,6	2,3	3,4	2,7	2,5	3,4	2,4	2,7	3,4	2,2	1,9	3,4	2,4	2,5	3,4	2,6	2,2	3,4	2,5

1 = sehr gut / 2 = gut / 3 = befriedigend / 4 = ausreichend / 5 = unbefriedigend
Kein PPP-Vertragsbestandteil

A3 Ergebnisübersicht Mittelwerte Median, Arithmetisches Mittel, nach BGF gewichtetes Mittel, Durchschnitt der Mittelwerte

Europäische PPP-Vergleichsstudie (Deutschland) Ergebnis mit unterschiedlichen Mittelwerten*		NEUBAU Projekte 1-16 MEDIAN		NEUBAU Projekte 1-16 MITTELWERT		NEUBAU Projekte 1-16 MW GEWICHTET		NEUBAU Projekte 1-16 Ø MITTELWERTE		SANIERUNG Projekte 17-18 MW GEWICHTET		NEUBAU+SAN Projekte 1-18 MEDIAN		NEUBAU+SAN Projekte 1-18 MITTELWERT		NEUBAU+SAN Projekte 1-18 MW GEWICHTET		NEUBAU+SAN Projekte 1-18 Ø MITTELWERTE	
		PPP/KGST	PPP/BKI	PPP/KGST	PPP/BKI	PPP/KGST	PPP/BKI	PPP/KGST	PPP/BKI	PPP/KGST	PPP/BKI	PPP/KGST	PPP/BKI	PPP/KGST	PPP/BKI	PPP/KGST	PPP/BKI	PPP/KGST	PPP/BKI
DIN 276 KG 200-700	Baukosten (PPP/BKI)	-15%	-15%	-16%	-16%	-20%	-20%	-17%	-17%	-11%	-11%	-13%	-13%	-16%	-16%	-19%	-19%	-16%	-16%
DIN 277	Bauzeit (PPP/BKI)	-35%	-35%	-35%	-35%	-27%	-27%	-30%	-30%	-29%	-29%	-35%	-35%	-30%	-30%	-27%	-27%	-30%	-30%
DIN 18960 KG 100	Kapitalkosten	-15%	-15%	-14%	-14%	-17%	-17%	-15%	-15%	-8%	-8%	-12%	-12%	-13%	-13%	-16%	-16%	-14%	-14%
KG 200	Objektmanagement	11%	18%	11%	23%	14%	27%	12%	23%	18%	27%	11%	18%	12%	23%	18%	30%	14%	24%
KG 300	Betriebskosten	18%	-29%	21%	-21%	19%	-21%	19%	-24%	33%	-5%	19%	-21%	23%	-19%	19%	-20%	20%	-20%
KG 310	Versorgung	-22%	-39%	-18%	-30%	-9%	-27%	-16%	-32%	11%	-10%	-22%	-37%	-14%	-27%	-9%	-26%	-15%	-30%
KG 320	Entsorgung	0%	0%	0%	0%	0%	0%	0%	0%	0%	0%	0%	0%	0%	0%	0%	0%	0%	0%
KG 330/340	Reinigung	6%	12%	7%	13%	2%	2%	5%	9%	-15%	-14%	1%	9%	4%	10%	1%	0%	2%	6%
KG 350	Wartung und Inspektion	655%	-27%	747%	-19%	653%	-17%	685%	-21%			656%	-27%	763%	-19%	653%	-17%	691%	-21%
KG 360	Energiemanagement																		
KG 370	Versicherungen, Abgaben	178%	-17%	209%	20%	149%	-24%	179%	-7%	211%	-22%	178%	-17%	210%	9%	148%	-25%	179%	-11%
KG 390	Sonstige Betriebskosten	317%	90%	690%	3289%	359%	1600%	455%	1660%	7310%	5955%	1210%	1330%	1894%	3822%	1545%	1957%	1549%	2370%
KG 400	Instandsetzung	57%	-30%	74%	10%	67%	-9%	66%	-10%	69%	-21%	62%	-23%	74%	6%	68%	-10%	68%	-9%
KG 200/350/400	Instandhaltungsbudget	137%	-17%	148%	-12%	126%	-14%	137%	-15%	80%	-40%	121%	-20%	140%	-15%	123%	-16%	128%	-17%
	in % der Wiederherstellungskosten p.a. PPP und KGST-SOLL	1,6%	1,2%	1,6%	1,2%	1,8%	1,2%	1,6%	1,2%	1,8%	1,2%	1,6%	1,2%	1,6%	1,2%	1,8%	1,2%	1,6%	1,2%
	in % der Wiederherstellungskosten p.a. KGST-IST und BKI	0,6%	1,7%	0,6%	1,7%	0,7%	1,7%	0,6%	1,7%	0,6%	1,7%	0,6%	1,7%	0,6%	1,7%	0,7%	1,7%	0,6%	1,7%
	Restwert	28%	-1%	29%	-1%	25%	0%	27%	0%	30%	0%	28%	-1%	29%	-1%	25%	0%	27%	0%
Nutzungskosten ohne Risikokosten		0%	-13%	0%	-15%	-3%	-17%	-1%	-15%	11%	-7%	2%	-11%	1%	-14%	-2%	-16%	0%	-14%
Nutzungskosten inkl. Risikokosten		-2%	-13%	-2%	-15%	-4%	-16%	-3%	-15%	10%	-7%	-1%	-11%	-1%	-14%	-3%	-16%	-2%	-13%
Lebenszykluskosten ohne Risikokosten		1%	-29%	-1%	-33%	-9%	-35%	-3%	-32%	39%	-17%	7%	-24%	3%	-34%	-5%	-34%	2%	-30%
Lebenszykluskosten inkl. Risikokosten		-37%	-31%	-33%	-34%	-34%	-37%	-35%	-34%	-17%	-20%	-31%	-27%	-31%	-32%	-33%	-35%	-32%	-32%
Lebenszykluskosten inkl. Risiko + MWSt		-39%	-34%	-35%	-36%	-36%	-39%	-37%	-36%	-21%	-23%	-33%	-30%	-33%	-34%	-35%	-38%	-34%	-34%

* Mittelwerte: MEDIAN, arithmetischer MITTELWERT, nach BGF gewicheteter Mittelwert (MW GEWICHTET), Durchschnitt der Mittelwerte (Ø MITTELWERTE)

A.3 Ergebnisübersichten zu den einzelnen 18 PPP-Projekten

PPP-Wirtschaftlichkeitsuntersuchung Projekt 1 (Neubau)		Index	PPP[1]	KGSt[1]	BKI[1]	PPP - KGSt	PPP - BKI	PPP/KGSt	PPP/BKI	Qualität[3] PPP	KGSt	BKI	WERT	Anmerkungen	FB[4] B+B
DIN 276										**1,7**	**3,0**	**3,0**	**100%**	**A. Bauqualität, Kosten- und Termineffizienz**	
DIN 277	BGF in m²		57.649	57.649	57.649										
	Bauzeit in Monaten		19	30	30	-11	-11	-36%	-36%	1	3	3	10%	Terminsicherheit 100%, PPP/BKI Baukosten p.m.: Faktor 9,5	2
DIN 276	Baukosten ohne KG 760		72.704.711 €	92.030.314 €	92.030.314 €	-19.325.602 €	-19.325.602 €	-21%	-21%	2	3	3	70%	PPP: Hoher Baustandard, BKI: Mittlerer Baustandard	
	Baukosten / qm BGF in T€		1.261 €	1.596 €	1.596 €	-335 €	-335 €	-21%	-21%	1	3	3	10%	PPP: Kostensicherheit 100%	
KG 760	Zwischenfinanzierung, Nebenkosten		1.320.793 €	1.706.447 €	1.706.447 €	-385.655 €	-385.655 €	-23%	-23%						
	Zinssatz		2.698%	1,938%	1,938%	0,76%	0,76%	39%	39%	1	3	3	10%	Zinssicherung fördert hohe Kosten- und Terminsicherheit	
DIN 276	Baukosten incl. KG 760		74.025.504 €	93.736.761 €	93.736.761 €	-19.711.257 €	-19.711.257 €	-21%	-21%						1
	Baukosten / qm BGF in T€		1.284 €	1.626 €	1.626 €	-342 €	-342 €	-21%	-21%						
DIN 18960	**Nutzungskosten ohne Risikokosten**		**207.536.127 €**	**229.461.266 €**	**270.628.235 €**	**-21.925.138 €**	**-63.092.108 €**	**-10%**	**-23%**	**1,9**	**3,4**	**2,4**	**100%**	**B. Hochwertiges Instandhaltungs-/Energie-/Objektmanagement**	
	Nutzungskosten inkl. Risikokosten*		**209.811.436 €**	**232.167.230 €**	**270.628.235 €**	**-22.355.794 €**	**-60.816.799 €**	**-10%**	**-22%**						
KG 100	Kapitalkosten		128.830.168 €	158.404.112 €	158.404.112 €	-29.573.945 €	-29.573.945 €	-19%	-19%					Forfaitierung mit Einredeverzicht	
KG 100	Zinsen Endfinanzierung		54.626.164 €	64.667.351 €	64.667.351 €	-10.041.188 €	-10.041.188 €	-16%	-16%	3	3	3	10%		
KG 100	Zinssatz Endfinanzierung		4.899%	4,63%	4,63%	0,27%	0,27%	6%	6%						
KG 200	Objektmanagement	1,42%	19.140.218 €	14.111.330 €	14.466.021 €	5.028.888 €	4.674.197 €	36%	32%	1	3	1	10%		1
KG 210	Personalkosten	1,42%	18.283.449 €	14.111.330 €											
KG 210	Eigenkosten der Stadt	1,42%	856.770 €												
KG 300	Betriebskosten		44.156.659 €	37.730.973 €	64.735.971 €	6.425.686 €	-20.579.313 €	18%	-32%						
KG 310	Versorgung[2]	2	7.747.870 €	19.737.109 €	24.162.986 €	-11.989.239 €	-16.415.116 €	-61%	-68%	1	4	5	10%	PPP - Strom+Wärme 58% < EnEV 2011 / 42% < VDI / 66% < KGSt / 73% < BKI	1
KG 311	Wasser	1,49%	303.718 €	339.921 €	489.859 €	-36.203 €	-186.141 €	-11%	-38%						
KG 312	Warme	1,12%		5.153.020 €	7.561.597 €	-5.153.020 €	-7.561.597 €								
KG 313	Strom	3,57%	7.444.152 €	6.177.280 €	8.044.641 €	1.266.872 €	-600.490 €	21%	-7%						
KG 320	Entsorgung	1,42%	3.232.204 €	3.232.204 €	3.232.204 €	0 €	0 €	0%	0%	3	3	3	10%		1
KG 330	Reinigung	2,49%	16.126.763 €	10.795.191 €	16.690.529 €	5.331.572 €	-563.766 €	49%	-3%	2	3	2	10%	PPP-Leistungskatalog > DIN 77400, Reinigungsintervall 31% > KGSt	2
KG 351	Bedienung TGA - Energiemanagement	2,20%	299.309 €		5.643.837 €	299.309 €	-5.344.528 €		-95%						
KG 350	Wartung, Inspektion	2,20%	12.650.028 €	1.669.115 €	10.883.011 €	10.980.913 €	1.767.018 €	658%	16%	1	5	1	10%	PPP:216 Wartungsmaßnahmen v. 29 Firmen (2019), Absicherung Betreiberhaftung	
KG 370	Abgaben, Beitrage, Versicherungen	1,56%	900.481 €	890.691 €	2.839.123 €	9.790 €	-1.938.642 €	1%	-68%	2	3	1	10%	PPP: 1.9 Mio € Betriebsbürgschaft	
KG 391	Mensabetrieb	1,42%	924.694 €	924.694 €	924.694 €	0 €	0 €	0%	0%	3	3	3	10%		3
KG 392	Avalprovision*	1,42%	2.275.309 €							1				Avalprovision dient Qualitätssicherung	
KG 393	Sonstige Betriebskosten	1,42%		481.968 €	359.587 €						3	3	10%		1
KG 400	Instandsetzung	2,92%	17.684.392 €	21.920.815 €	33.022.131 €	-4.236.423 €	-15.337.739 €	-20%	-46%						
KG 400	Instandsetzung	2,92%	17.684.392 €	19.214.850 €	33.022.131 €	-1.530.459 €	-15.337.739 €	-8%	-46%						
KG 460	Risiko Bauschäden (Instandhaltung)*	2,92%		2.705.964 €		-2.705.964 €	2.705.964 €							KBV: Risiko von Bauschäden durch zu niedrige Instandhaltungsbudgets	
KG 200/350/400 Instandhaltung			40.193.513 €	26.041.287 €	50.892.057 €	14.152.225 €	-10.698.545 €	54%	-21%	2	4	2	10%		1
KG 200/350/400 Instandhaltungskosten in% der WHK p.a.; KGST-S(		1,24%	1,62%	0.80%	1,62%										
Einnahmen ohne Risikokosten			**135.304.090 €**	**135.304.090 €**	**135.304.090 €**	**0 €**	**0 €**	**0%**	**0%**						
Einnahmen inkl. Risikokosten*			**141.799.977 €**	**118.330.966 €**	**141.799.977 €**	**23.469.011 €**	**0**	**20%**	**0%**	**2,1**	**3,9**	**2,1**	**100%**	**C. Chance auf guten Restwert ohne Instandhaltungsstau**	
Einnahmen inkl. Risikok.* / USt-Mehreinnahmen			**144.903.767 €**	**118.330.966 €**	**141.799.977 €**	**26.572.801 €**	**3.103.790**	**22%**	**2%**						
KG 500	Parkflächenmanagement	1,42%	6.685.526 €	6.685.526 €	6.685.526 €	0 €	0 €	0%	0%	3	3	3	5%	(1) Zusammenhang Instandhaltungsbudget / Nutzungsdauer	
KG 500	Restwert	2,92%	135.114.451 €	111.645.440 €	135.114.451 €	23.469.011	0	21%	0%	2	4	2	95%	(vgl. PPP-Schulstudie2019, Rn. 137) / (2) PPP/BKI: günstigere	1
	Nutzungsdauer		90	62	90									Baukosten führen zu stillen Reserven (3) Indexierung Restwert	
	Restwertrisiko (Instandhaltung)*		6.495.887 €	-16.973.124 €	6.495.887 €	23.469.011	0	-138%	0%						
KG 500	USt-Mehreinnahmen Bund/Länder/Kom.		3.103.790 €												
Lebenszykluskosten ohne Risikokosten	Nominal		72.232.038 €	94.157.176 €	135.324.145 €	-21.925.138 €	-63.092.108 €	-23%	-47%						
	Barwert		77.440.715 €	90.921.862 €	114.751.565 €	-13.481.147 €	-37.310.850 €	-15%	-33%						
Lebenszykluskosten inkl. Risikokosten*	Nominal		68.011.459 €	113.836.264 €	128.828.258 €	-45.824.805 €	-60.816.799 €	-40%	-47%	**1,9**	**3,4**	**2,5**	**(A+B+C)/3**	**PPP-Anreizstrukturen fördern Qualitätsmanagement: Kostenobergrenzen, Bonus/Malus, Einsparbeteiligung, Betreiberhaftung**	1,3
	Barwert		76.597.390 €	97.561.676 €	112.559.823 €	-20.964.287 €	-35.962.434 €	-21%	-32%						
Lebenszykluskosten inkl. Risikokosten* und USt-Mehreinnahmen Bund, Länder, Kommunen	Nominal		64.907.669 €	113.836.264 €	128.828.258 €	-48.928.595 €	-63.920.589 €	-43%	-50%						
	Barwert		74.841.743 €	97.561.676 €	112.559.823 €	-22.719.933 €	-37.718.080 €	-23%	-34%						

[1] Nominalwerte über 25 Jahre indexiert, Basisjahr 2011, Barwert - Diskontierungszinssatz: 4.699 % [2] KG 310: 1 = MAX., 2 = VORAUS, Versorgungskosten)
[3] 1 = sehr gute Qualität, 2 = gute Qualität, 3 = mittlere Qualität, 4 = einfache Qualität, 5 = sehr niedrige Qualität, [4] Fragebogen Bau- Betrieb

PPP-Wirtschaftlichkeitsuntersuchung Projekt 2 (Neubau/Bildungssektor)	Index	PPP[1]	KGSt[1]	BKI[1]	PPP - KGSt	PPP - BKI	PPP/ KGSt	PPP/ BKI	Qualität[2] PPP	KGSt	BKI	WERT	Anmerkungen	FB B+B[3]
DIN 276 Baukosten									**1,2**	**1,8**	**1,8**	**100%**	**A Bauqualität, Kosten- und Terminsicherheit**	
DIN 277 BGF in m²		4.298	4.298	4.298										2
Bauzeit in Monaten		17	26	26	-9	-9	-35%	-35%	1	3	3	10%	Hohe Terminsicherheit: Fertigstellung 4,5% früher	
DIN 276 Baukosten ohne KG 760		10.825.913 €	13.191.612 €	13.191.612 €	-2.365.699	-2.365.699	-18%	-18%	1,25	1,25	1,25	70%	Hoher Baustandard	2
Baukosten / qm BGF in T€		2.519 €	3.069 €	3.069 €	-550	-550	-18%	-18%	1	3	3	10%	Hohe Kostensicherheit: -1% (IST-Kosten 1% < SOLL)	
KG 760 Zwischenfinanzierung, Nebenkosten		108.614 €	148.518 €	148.518 €	-39.904	-39.904	-27%	-27%	1	3	3	10%	Zinssicherung fördert hohe Kosten- und Terminsicherheit	
Zinssatz		1,80%	1,20%	1,20%	0,60%	0,60%	50%	50%					die hohe Kosten- und Terminsicherheit	
DIN 276 Baukosten incl. KG 760		10.934.527 €	13.340.130 €	13.340.130 €	-2.405.603	-2.405.603	-18%	-18%						
Baukosten / qm BGF in T€		2.544 €	3.104 €	3.104 €	-560	-560	-18%	-16%						
DIN 18960 Nutzungskosten ohne Risikokosten		**21.675.279**	**21.504.197**	**25.539.247**	**171.082**	**-3.863.968**	**1%**	**-15%**						**2**
Nutzungskosten inkl. Risikokosten*		**21.675.279**	**22.036.686**	**25.539.247**	**-361.407**	**-3.863.968**	**-2%**	**-15%**	**2,5**	**3,3**	**2,9**	**100%**	**B Hochwertiges Instandhaltungs-/Energie-/Objektmanagement**	
KG 100 Kapitalkosten		12.383.346 €	14.902.107 €	14.902.107 €	-2.518.761	-2.518.761	-17%	-17%	3	3	3	11,1%	PPP: Forfitierung mit Einredeverzicht	
KG 100 Zinsen Endfinanzierung		1.448.819 €	1.561.977 €	1.561.977 €	-113.158	-113.158	-7%	-7%						
KG 100 Zinssatz Endfinanzierung		1,05%	0,90%	0,90%	0,15%	0,15%	17%	17%						2
KG 200 Objektmanagement	1,42%	1.420.852 €	1.209.366 €	1.149.806 €	211.486	271.046	17%	24%	2	3	3	11,1%	MWSt (Personal) / CaFM / Qualitätssicherung/ Vergütung Personal	
KG 210 Projektleitung, Hausmeister etc.	1,42%	1.356.921 €												
KG 210 Eigenkosten der Stadt (inkl. Pedell)	1,42%	63.930 €												
KG 300 Betriebskosten		5.770.914 €	3.713.201 €	5.549.097 €	2.057.713 €	221.817 €	55%	4%						
KG 310 Versorgung		552.031 €	1.464.529 €	1.479.659 €	912.498 €	927.627 €	-62%	-63%	2	3	3	11,1%	Kostenvorteil spricht für niedrigeren Energieverbrauch, bislang noch	2
KG 311 Wasser	1,49%	37.211 €	203.073 €	202.059 €	-165.862	-164.848	-82%	-82%					kein Benchmark-Vergleich der Verbrauchsmengen	
KG 312 Warme	1,12%	110.248 €	662.513 €	653.859 €	552.265 €	543.611 €	-83%	-83%						
KG 313 Strom	3,57%	404.572 €	598.943 €	623.741 €	-194.371	-219.169	-32%	-35%						
KG 320 Entsorgung	1,42%	224.112 €	224.112 €	224.112 €	0	0	0%	0%	3	3	3	11,1%	Bislang noch keine qualitative Untersuchung	
KG 330 Reinigung	2,49%	2.381.634 €	1.789.367 €	1.892.276 €	592.267	489.357	33%	26%	3	3	3	11,1%	Bislang noch keine qualitative Untersuchung	3
KG 351 Energiemanagement	2,20%	52.056 €												
KG 352 Wartung, Inspektion	2,20%	2.561.081 €	145.288 €	1.365.080 €	2.415.792	1.196.001	1663%	88%	1	5	1,5	11,1%	PPP-Anreizstruktur: Service levels und Betreiberhaftung zwingen zu	
KG 370 Abgaben, Beitrage, Versicherungen	1,56%	0 €	77.642 €	292.389 €	-77.642	-292.389			3	3	3	11,1%	hochwertiger Wartung&Inspektion	
KG 393 Sonstige Betriebskosten	1,42%	0 €	12.263 €	295.581 €	-12.263	-295.581			3	3	3	11,1%		
KG 400 Instandsetzung	2,92%	2.100.167 €	1.679.523 €	3.938.237 €	420.644 €	1.838.070 €	25%	-47%					Gutes Instandhaltungsmanagement: Service levels	
KG 460 Risiko Bauschäden (Instandhaltung)*	2,92%		532.490 €		-532.490	532.490							Nutzeransprüche auf Einhaltung von Reaktions-/Behebungszheiten	2
KG 200/350/400 Instandhaltung	2,92%	5.870.613 €	1.824.811 €	5.303.317 €	4.045.802	567.296	222%	11%	2,75	4,0	3,25	11,1%	Kostenobergrenzen, bauteilspezifische Instandhaltungskalkulation	
KG 200/350/400 Instandhaltungskosten in% der WHK p.a.; KGSt-Sol 1,31%		1,35%	0,46%	1,19%									Entgeltkürzung bei Schlechtleistung, Rücklagenkonto	
Einnahmen ohne Risikokosten		**18.304.328 €**	**18.304.328 €**	**18.304.328 €**	**0 €**	**0**	**0%**	**0%**						
Einnahmen inkl. Risikokosten*		**18.407.046 €**	**13.040.560 €**	**17.866.425 €**	**5.366.486 €**	**540.620**	**41%**	**3%**	**2,0**	**4,0**	**3,0**	**100%**	**C. Chance auf guten Restwert ohne Instandhaltungsstau**	
Einnahmen inkl. Risikok.* / USt-Mehreinnahmen		**18.631.221 €**	**13.040.560 €**	**17.866.425 €**	**5.590.661 €**	**764.795**	**43%**	**4%**						
KG 500 Parkflächenmanagement		0 €		0 €	0	0	#DIV/0!	#DIV/0!						
KG 500 Restwert inkl. Instandhaltungsrisiko	2,92%	18.407.046 €	13.040.560 €	17.866.425 €	5.366.486	540.620	41%	3%	2,0	4,0	3,0	100%	(1) Zusammenhang Instandhaltungsbudget / Nutzungsdauer	1
Nutzungsdauer		81	49	76	32	5	65%	7%					(vgl. PPP-Schulstudie2019, Rn. 137) / (2) PPP/BKI: günstigere	
Restwertrisiko (Instandhaltung)*		102.718 €	-5.263.768 €	-437.903 €	5.366.486	540.620	-102%	-123%					Baukosten führen zu stillen Reserven (3) Indexierung Restwert	
KG 500 USt-Mehreinnahmen Bund/Länder/Kom.		224.175 €												
Lebenszykluskosten ohne Risikokosten	Nominal	3.370.951 €	3.199.869 €	7.234.919 €	171.082 €	-3.863.968 €	5%	-53%						
	Barwert	4.654.359 €	4.528.081 €	8.117.315 €	126.278 €	-3.462.956 €	3%	-43%						
Lebenszykluskosten inkl. Risikokosten*	Nominal	3.268.233 €	8.996.126 €	7.672.822 €	-5.727.893 €	-4.404.589 €	-64%	-57%					**PPP-Anreizstrukturen fördern Qualitätsmanagement:**	
	Barwert	4.571.515 €	9.202.845 €	8.470.489 €	-4.631.330 €	-3.898.974 €	-50%	-46%	**1,9**	**3,0**	**2,5**	**(A+B+C)/3**	**Kostenobergrenzen, Bonus/Malus, Einsparbeteiligung, Betreiberhaftung**	**2,0**
Lebenszykluskosten inkl. Risikokosten* und USt.-Mehreinnahmen Bund, Länder, Kommunen	Nominal	3.044.058 €	8.996.126 €	7.672.822 €	-5.952.068 €	-4.628.764 €	-66%	-60%						
	Barwert	4.571.315 €	9.202.845 €	8.470.489 €	-4.631.530 €	-3.898.174 €	-50%	-46%						

[1] Nominalwerte über 25 Jahre indexiert. Basisjahr 2018. Barwert - Diskontierungszinssatz 0,9%   [2] 1 = sehr gute Qualität, 2 = gute Qualität, 3 = mittlere Qualität, 4 = einfache Qualität, 5 = sehr niedrige Qualität   [3] Fragebogen Bewertung Bau- und Betriebsleistung durch Auftraggeber

PPP-Wirtschaftlichkeitsuntersuchung Projekt 3 (Neubau und Sanierung)		Index	PPP[1]	KGSt[1]	BKI[1]	PPP - KGSt	PPP - BKI	PPP/ KGSt	PPP/ BKI	Qualität[3] PPP	KGSt	BKI	WERT	Anmerkungen	FB[4] B+B
DIN 276	Baukosten									2,4	3,0	3,0	100%	A. Bauqualität, Kosten- und Terminsicherheit	
DIN 277	4 Standorte, Gesamt-BGF in m²		80.421	80.421	80.421										
	Bauzeit in Monaten		24	30	30	-6	-6	-19%	-19%	1	3	3	10%	Terminsicherheit 100%, Bauvolumen p.m. PPP-Vorteil Faktor 6	1
DIN 276	Baukosten ohne KG 760		95.273.903 €	140.752.531 €	140.752.531 €	-45.478.628 €	-45.478.628 €	-32%	-32%	3	3	3	70%	Mittlerer Baustandard	2
	Baukosten / qm BGF in T€		1.185 €	1.750 €	1.750 €	-566 €	-566 €	-32%	-32%	1	3	3	10%	Kostensicherheit 99.24% (zusätzlicher Nutzerwunsch)	
KG 760	Zwischenfinanzierung, Nebenkosten		3.112.662 €	4.458.912 €	4.458.912 €	-1.346.250 €	-1.346.250 €	-30%	-30%	1	3	3	10%	Zinssicherung verursacht höhere Zinskosten, das fördert aber	
	Zinssatz		3.880%	3.280%	3.280%	0,60%	0.60%	18%	18%					die hohe Kosten- und Terminsicherheit	
DIN 276	Baukosten incl. KG 760		98.386.565 €	145.211.443 €	145.211.443 €	-46.824.878 €	-46.824.878 €	-32%	-32%						
	Baukosten / qm BGF in T€		1.223 €	1.806 €	1.806 €	-582 €	-582 €	-32%	-32%						
DIN 18960	Nutzungskosten ohne Risikokosten		285.165.537 €	312.807.207 €	353.113.814 €	-27.641.671 €	-67.948.277 €	-9%	-19%	2,1	3,3	2,6	100%	B. Hochwertiges Instandhaltungs-/Energie-/Objektmanagement	
	Nutzungskosten inkl. Risikokosten*		287.607.671 €	316.100.268 €	353.113.814 €	-28.492.598 €	-65.506.143 €	-9%	-19%						
KG 100	Kapitalkosten		168.911.233 €	228.627.700 €	228.627.700 €	-59.716.466 €	-59.716.466 €	-26%	-26%					Projektfinanzierung (PFI): höhere Zinssätze dienen Qualitätsmanagement (QM)	1
KG 100	Zinsen Endfinanzierung		63.824.121 €	83.416.257 €	83.416.257 €	-19.592.136 €	-19.592.136 €	-23%	-23%	2	3	3	10%		
KG 100	Zinssatz Endfinanzierung		5.529%	4.929%	4.929%	1%	1%	12%	12%						
KG 200	Objektmanagement	1,42%	19.101.141 €	16.968.571 €	14.646.297 €	2.132.570 €	4.454.844 €	13%	30%	1	3	3	10%	Hochwertiges Objektmanagement, Mehrkosten PFI fördern QM	1
KG 210	Personalkosten	1,42%	18.216.496 €											MWSt (Personal) / CaFM / /Qualitätssicherung/ Vergütung Personal	
KG 210	Eigenkosten der Stadt	1,42%	884.645												
KG 300	Betriebskosten		60.055.063 €	49.334.681 €	68.767.012 €	8.278.248 €	-11.154.083 €	17%	-16%						
KG 310	Versorgung[2]	2	18.190.635 €	16.060.263 €	21.946.022 €	2.130.372 € -	3.755.387 €	13%	-17%	2	3	3	10%	Voraus. 9% Einsparungen ggü. max. Garantiemengen. Risiko PPP-Firma 4%	1
KG 311	Wasser	1,49%	543.082 €	669.352 €	946.157 € -	126.270 € -	403.076 €	-19%	-43%					Voraus. 13% Einsparungen ggü. max. Garantiemengen. Risiko PPP-Firma 3%	
KG 312	Wärme	1,12%	5.294.535 €	9.389.562 €	13.600.756 € -	4.095.027 € -	8.306.220 €	-44%	-61%					Voraus. 15% Einsparungen ggü. max. Garantiemengen. Risiko PPP-Firma 2%	
KG 313	Strom	3,57%	12.353.018 €	6.001.349 €	7.399.109 €	6.351.669 €	4.953.909 €	106%	67%					Voraus. 7% Einsparungen ggü. max. Garantiemengen	
KG 320	Entsorgung	1,42%	2.591.257 €	2.591.257 €	2.591.257 €	- €	- €	0%	0%	3	3	3	10%	Bislang noch keine qualitative Untersuchung	2
KG 330	Reinigung	2,49%	17.740.421 €	24.306.057 €	22.079.366 € -	6.565.636 € -	4.338.945 €	-27%	-20%	3	3	3	10%	Bislang noch keine qualitative Untersuchung	2
KG 350	Wartung, Inspektion	2,20%	13.550.735 €	1.863.716 €	15.214.711 €	11.687.019 € -	1.663.976 €	627%	-11%	1	5	1	10%	Hochwertiges Instandhaltungsmanagement	
KG 370	Abgaben, Beiträge, Versicherungen	1,56%	2.406.702 €	928.497 €	3.775.093 €	1.478.204 € -	1.368.391 €	159%	-36%	3	3	3	10%	Mehrkosten PFI förderne QM	1
KG 390	Sonstige Betriebskosten	1,42%	5.575.313 €	3.584.890 €	3.160.562 €	1.990.424 €	2.414.751 €	56%	76%						
KG 391	Mensabetrieb	1,42%	2.992.827 €	2.992.827 €	2.992.827 €	- €	- €	0%	0%	3	3	3	10%	Bislang noch keine qualitative Untersuchung	2
KG 393	Patronatserklärung*	1,42%	2.442.134 €										10%	Mehrkosten PFI fordem QM	
KG 393	Sonstige Betriebskosten	1,42%	140.353 €	592.063 €	167.735 € -	451.710 € -	27.383 €	-76%	-20%	2	3	3	10%		
KG 400	Instandsetzung	2,92%	39.540.233 €	17.876.256 €	41.072.805 €	21.663.977 €	-1.532.572 €	121%	-4%	1	4	1	10%	Hochwertiges Instandhaltungsmanagement: Service levels, Nutzeransprüche auf	1
KG 460	Risiko Bauschäden (Instandhaltung)*	2,92%		3.293.061 €		3.293.061 €	3.293.061 €							Einhaltung von Reaktions-/Behebungszeiten, Kostenobergrenzen, bauteilspezifische	
KG 200/350/400	Instandhaltungskosten p.a. (2009)		56.911.197 €	22.957.828 €	60.809.118 €	33.953.369 € -	3.897.922 €	148%	-6%					Instandhaltungskalkulation. Entgeltkürzung bei Schlechtleistung. Rücklagenkonto	1
KG 200/350/400	Instandhaltungskosten / WHK p.a.	####	2.23%	0.65%	1.72%									KBV: Risiko von Bauschäden durch zu niedrige Instandhaltungsbudgets	
	Einnahmen inkl. Risikok.* / USt-Mehreinnahmen		206.157.005 €	168.674.979 €	194.560.972 €	37.482.027 €	11.596.034	22%	6%	1,0	3,5	2,0	100%	C. Chance auf guten Restwert ohne Instandhaltungsstau	
KG 500	Restwert	2,92%	203.154.417 €	168.674.979 €	194.560.972 €	34.479.438	8.593.445	20%	4%	1	3.5	2	100%	(1) Zusammenhang Instandhaltungsbudget / Nutzungsdauer)vgl. PPP-Schulstudie	
KG 500	Nutzungsdauer (Regelnutzungsdauer 80 J.)		105	61	89	44	16	72%	18%					2019, Rn. 137) / (2) PPP/BKI. günstigere Baukosten führen zu stillen Reserven	
KG 500	Restwertrisiko / -chance (Instandhaltung)*		14.937.825 €	-19.541.613 €	6.344.380 €	34.479.438	8.593.445	-176%	135%					(3) Indexierung Restwert	
KG 500	USt-Mehreinnahmen Bund/Länder/Kom.	1,42%	3.002.589 €												
	Lebenszykluskosten ohne Risikokosten	Nominal	96.948.945 €	124.590.615 €	164.897.222 €	-27.641.671 €	-67.948.277 €	-22%	-41%						
		Barwert	110.305.905 €	128.452.216 €	153.932.893 €	-18.146.311 €	-43.626.988 €	-14%	-28%						
	Lebenszykluskosten inkl. Risikokosten+	Nominal	84.453.254 €	147.425.290 €	158.552.842 €	-62.972.036 €	-74.099.589 €	-43%	-47%	1,8	3,3	2,5	(A+B+C)/3	PPP: Anreizstrukturen fördern Qualitätsmanagement: Kostenobergrenzen, Bonus/Malus, Einsparbeteiligung, Betreiberhaftung	1,4
		Barwert	105.888.671 €	137.806.170 €	151.389.561 €	31.717.500 €	-45.500.891 €	-23%	-30%						
	Lebenszykluskosten inkl. Risikokosten+ USt.-Mehreinnahmen Bund, Länder, Kommunen	Nominal	81.450.665 €	147.425.290 €	158.552.842 €	-65.974.624 €	-77.102.177 €	-45%	-49%						
		Barwert	103.957.094 €	137.606.170 €	151.389.561 €	-33.649.076 €	-47.432.467 €	-24%	-31%						

[1] Nominalwerte über 20 Jahre indexiert, Basisjahr 2009 / Barwert - Diskontierungszinssatz: 4,93 %　[2] Basis KG 310: 1= Garantierte maximale Verbrauchsmengen, 2= IST-Verbrauchsmengen
[3] 1 = sehr gute Qualität, 2 = gute Qualität, 3 = mittlere Qualität, 4 = einfache Qualität, 5 = sehr niedrige Qualität　[4] Fragebogen Bewertung Bau- und Betriebsleistung durch Auftraggeber

PPP-Wirtschaftlichkeitsuntersuchung Projekt 4 (Neubau/Bildungssektor)		Index	PPP[1]	KGSt[1]	BKI[1]	PPP - KGSt	PPP - BKI	PPP/ KGSt	PPP/ BKI	Qualität[3] PPP	KGSt	BKI	WERT	Anmerkungen	FB B+B[4]
DIN 276	**Baukosten**									2,2	2,8	2,8	100%	A Bauqualität, Kosten- und Terminsicherheit	
DIN 277	BGF in m²		10.703	10.703	10.703										
	Bauzeit in Monaten		16	26	26	-10	-10	-38%	-38%	1	3	3	15%	Terminsicherheit N.N.	1
DIN 276	Baukosten ohne KG 760		24.114.395 €	25.552.412 €	25.552.412 €	-1.438.017	-1.438.017	-5,6%	-6%	2,75	2,75	2,75	70%	Baustandard leicht über Mittelwert (DIN 276 KG 300+400 Passivhaus)	2,5
	Baukosten / qm BGF in T€		2.253 €	2.387 €	2.387 €	-134	-134	-6%	-6%					Kostensicherheit N.N	
KG 760	Zwischenfinanzierung, Nebenkosten		626.907 €	814.979 €	814.979 €	-188.072	-188.072	-23%	-23%	1	3	3	15%	Zinssicherung fördert die hohe Kosten- und Terminsicherheit	
	Zinssatz		3.701%	3.101%	3.101%	0.60%	0.60%	19%	19%						
DIN 276	Baukosten incl. KG 760		24.741.302 €	26.367.391 €	26.367.391 €	-1.626.089	-1.626.089	-6,2%	-6%						
	Baukosten / qm BGF in T€		2.312 €	2.463 €	2.463 €	-152	-152	-6%	-6%						
DIN 18960	**Nutzungskosten ohne Risikokosten**		70.392.318	58.812.660	78.174.312	11.579.659	-7.781.994	20%	-10%						
DIN 18960	**Nutzungskosten inkl. Risikokosten***		70.392.318	60.028.127	78.174.312	10.364.191	-7.781.994	17%	-10%	2,3	3,3	2,6	100%	B Hochwertiges Instandhaltungs-/Energie-/Objektmanagement	
KG 100	Kapitalkosten		36.740.036 €	37.951.584 €	37.951.584 €	-1.211.547	-1.211.547	-3%	-3%	3	3	3	10%	PPP: Forfitierung mit Einredeverzicht	
KG 100	Zinsen Endfinanzierung		11.998.734 €	11.584.193 €	11.584.193 €	414.541	414.541	4%	4%						1
KG 100	Zinssatz Endfinanzierung		2.830%	2.590%	2.590%	0.24%	0.24%	9%	9%						
KG 200	Objektmanagement	1,42%	6.057.031 €	3.982.174 €	3.437.184 €	2.074.857	2.619.847	52%	76%	1	3	2	10%	Hochwertiges Objektmanagement MWSt (Personal) / CaFM / Qualitätssicherung/ Vergütung Personal	1
KG 210	Projektleitung, techn. Hausmeister etc.	1,42%	5.858.699 €												
KG 210	Eigenkosten der Stadt	1,42%	198.332 €												
KG 300	Betriebskosten		15.564.158 €	12.002.198 €	23.845.688 €	3.561.960 €	8.281.530 €	30%	-35%						
KG 310	Versorgung[2]		2.686.091 €	4.033.970 €	5.673.798 €	-1.347.879 €	-2.987.707 €	-33%	-53%	2	3	4	10%	Kostenvorteil spricht für niedrigeren Energieverbrauch; bislang noch kein Benchmark-Vergleich der Verbrauchsmengen	1
KG 311	Wasser	1,49%	108.715 €	165.436 €	232.687 €	-56.721	-123.972	-34%	-53%						
KG 312	Wärme	1,12%	1.380.451 €	2.114.997 €	2.974.753 €	-734.546 €	-1.594.302 €	-35%	-54%						
KG 313	Strom	3,57%	1.196.925 €	1.753.537 €	2.466.358 €	-556.612	-1.269.433	-32%	-51%						
KG 320	Entsorgung	1,42%	599.992 €	599.992 €	599.992 €	0	0	0%	0%	3	3	3	10%	Bislang noch keine qualitative Untersuchung	
KG 330	Reinigung	2,49%	10.011.892 €	6.324.633 €	5.745.230 €	3.687.259	4.266.662	58%	74%	3	3	3	10%	Bislang noch keine qualitative Untersuchung	2
KG 351	Energiemanagement	2,20%				0	0								
KG 352	Wartung, Inspektion	2,20%		469.655 €	10.681.322 €	-469.655	-10.681.322			1	5	1	10%	PPP-Anreizstruktur: Service levels und Betreiberhaftung zwingen zu	
KG 370	Abgaben, Beiträge, Versicherungen	1,56%		218.425 €	888.075 €	-218.425	-888.075			3	3	3	10%	hochwertiger Wartung&Inspektion (vgl. PPP-Schulstudie 2019)	
KG 370	Begleitende Due Diligence	1,56%													
KG 391	Mensabetrieb	1,42%	218.434 €	218.434 €	218.434 €	0	0	0%	0%	3	3	3	10%	Bislang noch keine qualitative Untersuchung	
KG 393	Sonstige Betriebskosten	1,42%	2.047.750 €	137.089 €	38.838 €	1.910.661	2.008.912	1394%	5173%	2	3	3	10%	PPP-Mehrkosten fördern Qualitätsmanagement	
KG 400	Instandsetzung	2,92%	12.031.093 €	4.876.705 €	12.939.857 €	7.154.388 €	908.764 €	147%	-7%					Hochwertiges Instandhaltungsmanagement: Service levels. Nutzeransprüche auf Einhaltung von Reaktions-/Behebungszheiten	
KG 460	Risiko Bauschaden (Instandhaltung)*	2,92%		1.215.468 €		-1.215.468	1.215.468								
KG 200/350/400	Instandhaltung	2,92%	16.013.267 €	5.346.360 €	23.621.178 €	10.666.907	-7.607.912	200%	-32%	2	4	1	10%	Kostenobergrenzen, bauteilspezifische Instandhaltungskalkulation	1.6
KG 200/350/400	Instandhaltungskosten/WHK p.a.; KGSt Soll: 1.21%		1,66%	0,58%	2.39%									Entgeltkürzung bei Schlechtleistung, Rücklagenkonto	
	Einnahmen ohne Risikokosten		37.983.361 €	37.983.361 €	37.983.361 €	0 €	0	0%	0%						
	Einnahmen inkl. Risikokosten*		40.738.199 €	27.624.263 €	44.198.821 €	13.113.936 €	-3.460.622	47%	-8%	2,0	4,0	1,0	100%	C. Chance auf guten Restwert ohne Instandhaltungsstau	
	Einnahmen inkl. Risikok.* / USt-Mehreinnahmen		41.673.621 €	27.624.263 €	44.198.821 €	14.049.358 €	-2.525.199	51%	-6%						
KG 500	Restwert inkl. Instandhaltungsrisiko	2,92%	40.738.199 €	27.624.263 €	44.198.821 €	13.113.936	-3.460.622	47%	-8%	2	4	1	100%	(1) Zusammenhang Instandhaltungsbudget / Nutzungsdauer	1
	Nutzungsdauer		91	55	110	36	-19	65%	-17%					(vgl. PPP-Schulstudie2019. Rn. 137) / (2) PPP:BKI: günstigere	
	Restwertrisiko (Instandhaltung)*		2.754.837 €	-10.359.099 €	6.215.459 €	13.113.936	-3.460.622	-127%	-56%					Baukosten führen zu stillen Reserven (3) Indexierung Restwert	
KG 500	USt-Mehreinnahmen Bund/Länder/Kom.		935.423 €												
	Lebenszykluskosten ohne Risikokosten	Nominal	32.408.957 €	20.829.298 €	40.190.951 €	11.579.659 €	-7.781.994 €	56%	-19%						
		Barwert	30.663.139 €	22.885.390 €	35.950.965 €	7.777.750 €	-5.287.825 €	34%	-15%						
	Lebenszykluskosten inkl. Risikokosten*	Nominal	29.654.119 €	32.403.864 €	33.975.492 €	-2.749.745 €	-4.321.372 €	-8%	-13%	2,2	3,4	2,1	(A+B+C)/3	PPP: Anreizstrukturen fördern Qualitätsmanagement: Kostenobergrenzen, Bonus/Malus, Einsparbeteiligung, Betreiberhaftung	1,3
		Barwert	29.350.788 €	26.827.170 €	30.320.746 €	2.523.618 €	-969.958 €	9%	3%						
	Lebenszykluskosten inkl. Risikokosten* und USt.- Mehreinnahmen Bund, Länder, Kommunen	Nominal	28.718.697 €	32.403.864 €	33.975.492 €	-3.685.167 €	-5.256.795 €	-11%	-15%						
		Barwert	28.653.155 €	26.827.170 €	30.320.746 €	1.825.985 €	-1.667.591 €	7%	5%						

[1] Nominalwerte über 30 Jahre indexiert. Basisjahr 2014. Barwert - Diskontierungszinssatz 2,59 %. [2] KG 310: 1 = MAX., 2 = VORAUS. Versorgungskosten) [3] 1 = sehr gute Qualität, 2 = gute Qualität, 3 = mittlere Qualität, 4 = einfache Qualität, 5 = sehr niedrige Qualität. [4] Fragebogen Bewertung Bau- und Betriebsleistung durch Auftraggeber

PPP-Wirtschaftlichkeitsuntersuchung Projekt 5 (Neubau / Bildungssektor)	Index	PPP[1]	KGSt[1]	BKI[1]	PPP - KGSt	PPP - BKI	PPP/ KGSt	PPP/ BKI	Qualität[2] PPP	Qualität[2] KGSt	Qualität[2] BKI	WERT	Anmerkungen	FB B+B[3]
DIN 276 Baukosten									2,6	3,0	3,0	100%	A. Bauqualität, Kosten- und Terminsicherheit	
DIN 277 BGF in m²		37.117	37.117	37.117										
Bauzeit in Monaten		17	26	26	-9	-9	-35%	-35%	1	3	3	10%	Tats. Bauzeit 21 Monate wg. Erweiterung der Tiefgarage von 24 auf 170 Stellplätze	1
DIN 276 Baukosten ohne KG 760		38.269.007 €	52.383.310 €	52.383.310 €	-14.114.302	-14.114.302	-27%	-27%	3	3	3	70%	Mittlerer Baustandard	2
Baukosten / qm BGF in T€		1.031 €	1.411 €	1.411 €	-380	-380	-27%	-27%	3	3	3	10%	Kostensicherheit +7% (zusätzliche Nutzerwünsche)	
KG 760 Zwischenfinanzierung, Nebenkosten		748.514 €	1.058.694 €	1.058.694 €	-310.180	-310.180	-29%	-29%						
Zinssatz		3,458%	2,698%	2,698%	0,76%	0,76%	28%	28%	1	3	3	10%	Zinssicherung verursacht höhere Zinskosten, das fördert die hohe Kosten- und	
DIN 276 Baukosten incl. KG 760		39.017.521 €	53.442.004 €	53.442.004 €	-14.424.483	-14.424.483	-27%	-27%					Terminsicherheit	
Baukosten / qm BGF in T€		1.051 €	1.440 €	1.440 €	-389	-389	-27%	-27%						
DIN 18960 Nutzungskosten ohne Risikokosten		103.837.807	114.345.013	129.454.231	-10.507.206	-25.616.424	-9%	-20%	2,3	3,3	2,5	100%	B Hochwertiges Instandhaltungs-/Energie-/Objektmanagement	
Nutzungskosten inkl. Risikokosten"		103.837.807	115.667.748	129.454.231	-11.829.942	-25.616.424	-10%	-20%						
KG 100 Kapitalkosten		63.630.500 €	82.512.265 €	82.512.265 €	-18.881.765	-18.881.765	-23%	-23%	2	3	3	10%	Projektfinanzierung (PFI): höhere Zinssätze dienen Qualitätsmanagement (QM)	1
KG 100 Zinsen Endfinanzierung		29.948.197 €	36.377.869 €	36.377.869 €	-6.429.672	-6.429.672	-18%	-18%						
KG 100 Zinssatz Endfinanzierung		5,88%	5,28%	5,28%	0,60%	0,60%	11%	11%						
KG 200 Objektmanagement	1,42%	8.065.172 €	7.626.632 €	6.268.645	438.540	1.796.526	6%	29%	1	3	3	10%	Hochwertiges Objektmanagement. Mehrkosten PFI fördern QM	1
KG 210 Personalkosten	1,42%	7.684.602 €											MWSt (Personal) / CaFM / /Qualitätssicherung/ Vergütung Personal	
KG 210 Eigenkosten der Stadt	1,42%	380.570 €												
KG 300 Betriebskosten		25.895.103 €	15.976.351 €	23.900.167 €	9.918.752 €	1.994.937 €	62%	8%						
KG 310 Versorgung		9.271.494 €	4.853.161 €	5.827.945 €	4.418.333 €	3.443.548 €	91%	59%	3	3	3	10%	Bislang noch keine qualitative Untersuchung	1
KG 311 Wasser	1,49%	867.761 €	144.257 €	181.409 €	723.505 €	686.353 €	502%	378%						
KG 312 Wärme	1,12%	3.135.771 €	3.003.034 €	3.929.802 €	132.736 € -	794.032 €	4%	-20%						
KG 313 Strom	3,57%	5.267.961 €	1.705.870 €	1.716.734 €	3.562.092 €	3.551.227 €	209%	207%						
KG 320 Entsorgung	1,42%	1.238.823 €	1.238.823 €	1.238.823 €	- €	- €	0%	0%	3	3	3	10%	Bislang noch keine qualitative Untersuchung	1
KG 330 Reinigung	2,49%	8.341.285 €	8.130.213 €	7.869.541 €	211.072 €	471.743 €	3%	6%	3	3	3	10%	Bislang noch keine qualitative Untersuchung	2
KG 350 Wartung, Inspektion	2,20%	4.832.428 €	564.189 €	6.664.195 €	4.268.240 € -	1.831.767 €	757%	-27%	1	5	1	10%	PPP-Anreizstruktur. Hohe Qualität wegen Service levels und Betreiberhaftung	
KG 370 Abgaben, Beiträge, Versicherungen	1,56%	1.751.393 €	406.414 €	1.578.304 €	1.344.980 €	173.089 €	331%	11%	2	3	2	10%	Höhere Projektkosten der Projektfinanzierung dienen der Qualitätssicherung	
KG 390 Sonstige Betriebskosten	1,42%	459.681 €	783.552 €	721.358 € -	323.871 € -	261.677 €	-41%	-36%	3	3	3	10%		
KG 391 Mensabetrieb	1,42%	459.681 €	459.681 €	459.681 €	- €	- €	0%	0%	3	3	3	10%		3
KG 393 Patronatserklärung'	1,42%													
KG 393 Sonstige Betriebskosten	1,42%		323.871 €	261.677 € -	323.871 € -	261.677 €								
KG 400 Instandsetzung	2,92%	6.247.032 €	8.229.765 €	16.773.154 €	-1.982.733 €	-10.526.122 €	-24%	-63%					Hochwertiges Instandhaltungsmanagement. Service levels	
KG 460 Risiko Bauschäden (Instandhaltung)'	2,92%		1.322.735 €		1.322.735 €	1.322.735 €							Nutzeransprüche auf Einhaltung von Reaktions-/Behebungszielen	
KG 200/350/400 Instandhaltung		13.211.938 €	10.096.064 €	26.459.507 €	3.115.874	-13.247.568	31%	-50%	2	4	1	10%	Kostenobergrenzen, bauteilspezifische Instandhaltungskalkulation	1
KG 200/350/400 Instandhaltungskosten/WHK p.a.; KGSt-Soll: 1,07%		1,40%	0,79%	1,97%									Entgeltkürzung bei Schlechtleistung; Rücklagenkonto	
Einnahmen ohne Risikokosten		63.933.922 €	61.961.533 €	61.961.533 €	1.972.390 €	1.972.390 €	3%	0%						
Einnahmen inkl. Risikokosten"		65.791.715 €	57.481.439 €	66.579.475 €	8.310.276 €	-787.760 €	14%	-1%	2	4	1		C. Chance auf guten Restwert ohne Instandhaltungsstau	1
Einnahmen inkl. Risikok." / USt-Mehreinnahmen		67.411.812 €	57.481.439 €	66.579.475 €	9.930.373 €	832.337 €	17%	1%						
KG 500 Restwert	2,92%	65.791.715 €	57.481.439 €	66.579.475	8.310.276	-787.760	14%	-1%					(1) Zusammenhang Instandhaltungsbudget / Nutzungsdauer)vgl. PPP-Schulstudie	
KG 500 Nutzungsdauer (Regelnutzungsdauer 80 J.)		87	67	100	20 -	13 €	30%	-13%					2019, Rn. 137) / (2) PPP/BKI: günstigere Baukosten führen zu stillen Reserven	
KG 500 Restwertrisiko / -chance (Instandhaltung)'		1.857.793 €	-4.480.094 €	4.617.943 €	6.337.887	-2.760.150	-141%	-60%					(3) Indexierung Restwert	
KG 500 USt-Mehreinnahmen Bund/Länder/Kom.	1,42%	1.620.097 €												
Lebenszykluskosten ohne Risikokosten	Nominal	39.903.884 €	52.383.480 €	67.492.698 €	-12.479.596 €	-27.588.814 €	-24%	-41%						
	Barwert	41.402.784 €	52.235.636 €	58.501.016 €	-10.832.852 €	-17.098.233 €	-21%	-29%					PPP-Anreizstrukturen fördern Qualitätsmanagement: Kostenobergrenzen, Bonus/Malus, Einsparbeteiligung, Betreiberhaftung	
Lebenszykluskosten inkl. Risikokosten"	Nominal	38.046.091 €	58.186.309 €	62.874.755 €	-20.140.218 €	-24.828.664 €	-35%	-39%	2,3	3,4	2,2	(A+B+C):3		1,4
	Barwert	40.703.866 €	54.418.708 €	56.763.708 €	-13.714.842 €	-16.059.842 €	-25%	-28%						
Lebenszykluskosten inkl. Risikokosten" und USt.-Mehreinnahmen Bund, Länder, Kommunen	Nominal	36.425.995 €	58.186.309 €	62.874.755 €	-21.760.315 €	-26.448.761 €	-37%	-42%						
	Barwert	39.690.249 €	54.418.708 €	56.763.708 €	-14.728.459 €	-17.073.459 €	-27%	-30%						

[1] Nominalwerte über 20 Jahre indexiert, Basisjahr 2009, Barwert - Diskontierungszinssatz: 5,28 %

[2] 1 = sehr gute Qualität, 2 = gute Qualität, 3 = mittlere Qualität, 4 = einfache Qualität, 5 = sehr niedrige Qualität   [3] Fragebogen Bewertung Bau- und Betriebsleistung durch Auftraggeber

PPP-Wirtschaftlichkeitsuntersuchung Projekt 6 (Neubau / Sektor Verwaltung)		Index	PPP[1]	KGSt[1]	BKI[1]	PPP - KGSt	PPP - BKI	PPP/ KGSt	PPP/ BKI	Qualität[3] PPP	KGSt	BKI	WERT	Anmerkungen	FB B+B[4]
DIN 276	Baukosten									2,1	2,7	2,7	100%	A Bauqualität, Kosten- und Terminsicherheit	
DIN 277	BGF in m²		11.168	11.168	11.168										
	Bauzeit in Monaten		20	26	26	-6	-6	-23%	-23.1%	1	3.00	3	10%	Terminsicherheit: 100%	2
DIN 276	Baukosten ohne KG 760		16.965.609 €	21.868.984 €	21.868.984 €	-4.903.374	-4.903.374	-22%	-22%	2,5	2,5	2,5	70%	Baustandard überdurchschnittlich: 2008 Europäischer	1
	Baukosten / qm BGF in T€		1.519 €	1.958 €	1.958 €	-439	-439	-22%	-22%					Architekturpreis	
KG 760	Zwischenfinanzierung, Nebenkosten		702.557 €	538.632 €	538.632 €	163.925	163.925	30%	30%	1	3	3	10%	Kostensicherheit 100%	
	Zinssatz		4.076%	3.476%	3.476%	0.60%	0.60%	17%	17%	1	3	3	10%	Zinssicherung verursacht höhere Zinskosten, das fordert aber	
DIN 276	Baukosten incl. KG 760		17.668.166 €	22.407.616 €	22.407.616 €	-4.739.449	-4.739.449	-21%	-21%					die hohe Kosten- und Terminsicherheit	
	Baukosten / qm BGF in T€		1.582 €	2.006 €	2.006 €	-424	-424	-21%	-21%						
DIN 18960	Nutzungskosten ohne Risikokosten		51.460.817	49.825.082	53.683.032	1.635.735	-2.222.215	3%	-4%	2,4	3,3	2,7	100%	B Hochwertiges Instandhaltungs-/Energie-/Objektmanagement	
	Nutzungskosten inkl. Risikokosten*		51.460.817	50.719.512	53.683.032	741.304	-2.222.215	1%	-4%						
KG 100	Kapitalkosten		28.976.363 €	36.146.708 €	36.146.708 €	-7.170.345	-7.170.345	-20%	-20%	3	3	3		PPP: Forfitierung mit Einredeverzicht	1
KG 100	Zinsen Endfinanzierung		11.308.197 €	13.739.092 €	13.739.092 €	-2.430.895	-2.430.895	-18%	-18%				10.0%		
KG 100	Zinssatz Endfinanzierung		4.338%	4.178%	4.178%	0.16%	0.16%	4%	4%						
KG 200	Objektmanagement	1.42%	2.607.230 €	2.377.703 €	2.513.994 €	229.527	93.236	10%	4%	1	3	1	10.0%	Hochwertiges Objektmanagement	1
KG 210	Projektleitung, techn. Hausmeister etc.	1.42%	2.441.118 €											MWSt (Personal) / CaFM / Qualitätssicherung/ Vergütung Personal	
KG 210	Eigenkosten der Stadt	1.42%	166.111 €												
KG 300	Betriebskosten		13.947.949 €	8.102.640 €	11.692.583 €	5.845.310 €	2.255.366 €	72%	19%						
KG 310	Versorgung (PPP: 1 = MAX; 2=IST/VORAUS)[2]	2	2.788.275 €	3.188.034 €	3.728.856 € -	399.758 € -	940.580 €	-13%	-25%	2	3	4	10.0%	Bislang noch kein Vergleich mit Benchmark (VDI)	
KG 311	Wasser	1.49%	72.684 €	91.034 €	106.477 €	-18.349	-33.792	-20%	-32%					Verbrauch 2006-2020: 18% < gar. Maximalmenge	
KG 312	Warme	1.12%	685.733 €	1.388.070 €	1.623.544 € -	702.337 € -	937.811 €	-51%	-58%					Verbrauch 2006-2020: 42% < gar. Maximalmenge	
KG 313	Strom	3.57%	2.029.858 €	1.708.930 €	1.998.835 €	320.928	31.023	19%	2%					Verbrauch 2006-2020: 19% < gar. Maximalmenge	
KG 320	Entsorgung	1.42%	325.681 €	325.681 €	325.681 €	0	0	0%	0%	3	3	3	10.0%	Bislang noch keine qualitative Untersuchung	
KG 330	Reinigung	2.49%	3.844.184 €	3.169.363 €	2.189.796 €	674.820	1.654.387	21%	76%	3	3	3	10.0%	Bislang noch keine qualitative Untersuchung	2
KG 352	Wartung, Inspektion	2.20%	3.290.640 €	475.977 €	5.060.540 €	2.814.662	-1.769.901	591%	-35%	2	5	1	10.0%	PPP-Anreizstruktur: Service levels und Betreiberhaftung	
KG 370	Abgaben, Beiträge, Versicherungen	1.56%	786.655 €	119.558 €	205.759 €	667.098	580.896	558%	282%	3	3	3	10.0%	zwingen zu hochwertiger Wartung&Inspektion	
KG 370	Begleitende Due Diligence	1.56%													
KG 391	Cafeteria	1.42%	164.632 €	164.632 €	164.632 €	0	0	0%	0%	3	3	3	10.0%	Bislang noch keine qualitative Untersuchung	3
KG 393	Sonstige Betriebskosten	1.42%	2.747.882 €	659.394 €	17.318 €	2.088.488	2.730.564	317%	15767%	2	3	3	10.0%	Qualitätssicherung durch Projektgesellschaft	
KG 400	Instandsetzung	2.92%	5.929.274 €	3.198.031 €	3.329.747 €	2.731.243 €	2.599.528 €	85%	78%					Hochwertiges Instandhaltungsmanagement: Service levels,	
KG 460	Risiko Bauschäden (Instandhaltung)*	2.92%		894.431 €		-894.431	894.431							Nutzeransprüche auf Einhaltung von Reaktions-/Behebungszeiten	
KG 200/350/400 Instandhaltung		2.92%	11.597.617 €	3.674.008 €	8.390.287 €	7.923.609	3.207.330	216%	38%	2	4	3	10.0%	Kostenobergrenzen, bauteilspezifische Instandhaltungskalkulation	1
KG 200/350/400 Instandhaltungskosten in% der WHK p.a.; KGST-SOLL: 1,15%			1.70%	0.57%	1.19%									Entgeltkürzung bei Schlechtleistung, Rücklagenkonto	
Einnahmen ohne Risikokosten			30.746.052 €	30.746.052 €	30.746.052 €	0 €	0	0%	0%						
Einnahmen inkl. Risikokosten*			32.699.614 €	24.756.562 €	30.918.589 €	7.943.052 €	1.781.025	32%	6%	1,5	4,0	3,0	100%	C Chance auf guten Restwert ohne Instandhaltungsstau	
Einnahmen inkl. Risikok.* / USt-Mehreinnahmen			33.080.763 €	24.756.562 €	30.918.589 €	8.324.202 €	2.162.174	34%	7%						
KG 500	Restwert inkl. Instandhaltungsrisiko	2.92%	32.699.614 €	24.756.562 €	30.918.589 €	7.943.052	1.781.025	32%	6%	1.5	4	3		(1) Zusammenhang Instandhaltungsbudget / Nutzungsdauer	1
	Nutzungsdauer		93	56	81	37	12	66%	15%					(vgl. PPP-Schulstudie2019, Rn. 137) / (2) PPP/BKI: günstigere	
	Restwertrisiko (Instandhaltung)*		1.953.561 €	-5.989.491 €	172.537 €	7.943.052	1.781.025	-133%	1032%					Baukosten führen zu stillen Reserven. (3) Indexierung Restwert	
KG 500	USt-Mehreinnahmen Bund/Länder/Kom.		381.149 €												
Lebenszykluskosten ohne Risikokosten	Nominal		20.714.764 €	19.079.029 €	22.936.979 €	1.635.735 €	-2.222.215 €	9%	-10%						
	Barwert		21.330.070 €	19.916.255 €	22.267.033 €	1.413.815 €	-936.963 €	7%	-4%						
Lebenszykluskosten inkl. Risikokosten*	Nominal		18.761.203 €	25.962.951 €	22.764.443 €	-7.201.748 €	-4.003.240 €	-28%	-18%	2,0	3,3	2,8	(A+B+C)/3	PPP: Anreizstrukturen fordern Qualitätsmanagement: Kostenobergrenzen, Bonus/Malus, Einsparbeteiligung, Betreiberhaftung	1,3
	Barwert		20.598.590 €	22.493.831 €	22.202.430 €	-1.895.241 €	-1.603.840 €	-8%	-7%						
Lebenszykluskosten inkl. Risikokosten* und USt.- Mehreinnahmen Bund, Länder, Kommunen	Nominal		18.380.053 €	25.962.951 €	22.764.443 €	-7.582.897 €	-4.384.389 €	-29%	-19%						
	Barwert		20.598.352 €	22.493.831 €	22.202.430 €	-1.895.479 €	-1.604.077 €	-8%	-7%						

[1] Nominalwerte über 25 Jahre indexiert, Basisjahr 2006, Barwert - Diskontierungszinssatz: 3,47 %. [2] KG 310: 1 = MAX, 2 = VORAUS Versorgungskosten)
[3] 1 = sehr gute Qualität, 2 = gute Qualität, 3 = mittlere Qualität, 4 = einfache Qualität, 5 = sehr niedrige Qualität [4] Fragebogen Bewertung Bau- und Betriebsleistung durch Auftraggeber

PPP-Wirtschaftlichkeitsuntersuchung Projekt 7 (Neubau / Bildungssektor)		Index	PPP[1]	KGSt[1]	BKI[1]	PPP - KGSt	PPP - BKI	PPP/ KGSt	PPP/ BKI	Qualität[3] PPP	KGSt	BKI	WERT	Anmerkungen	FB B+B[4]
DIN 276	Baukosten									2,4	3,0	3,0	100%	A Hohe Kosten- und Terminsicherheit	
DIN 277	BGF in m² (Gymnasium)		11.600	11.600	11.600										
DIN 277	BGF in m² (Gymnasium und Sporthalle)		13.743	13.743	13.743										
	Bauzeit in Monaten		17	26	26	-9	-9	-35%	-35%	1	3	3	10%	Terminsicherheit: 100% (2 Monate vor Soll-Termin)	2
DIN 276	Baukosten ohne KG 760		21.684.815 €	23.768.552 €	23.768.552 €	-2.083.736	-2.083.736	-8,8%	-9%	3	3	3	70%	Mittlerer Baustandard	2
	Baukosten / qm BGF in T€		1.869 €	2.049 €	2.049 €	-180	-180	-9%	-9%	1	3	3	10%	Kostensicherheit 100% (14 T€ < SOLL)	
KG 760	Zwischenfinanzierung, Nebenkosten		182.448 €	263.575 €	263.575 €	-81.127	-81.127	-31%	-31%						
	Zinssatz		2,596%	1,996%	1,996%	0,60%	0,60%	30%	30%	1	3	3	10%	Zinssicherung verursacht höhere Zinskosten, das fördert aber	
DIN 276	Baukosten incl. KG 760		21.867.264 €	24.032.127 €	24.032.127 €	-2.164.863	-2.164.863	-9,0%	-9%					die hohe Kosten- und Terminsicherheit	
	Baukosten / qm BGF in T€		1.885 €	2.072 €	2.072 €	-187	-187	-9%	-9%						
DIN 18960	Nutzungskosten ohne Risikokosten		42.877.431	41.372.374	47.269.243	1.505.056	-4.391.813	4%	-9%	2,4	3,3	2,8	100%	B Hochwertiges Instandhaltungs-/Energie-/Objektmanagement	
	Nutzungskosten inkl. Risikokosten*		42.877.431	41.819.349	47.269.243	1.058.082	-4.391.813	3%	-9%						
KG 100	Kapitalkosten Stadt		26.057.051 €	28.636.704 €	28.636.704 €	-2.579.653	-2.579.653	-9%	-9%	3	3	3	10%	PPP-Endfinanzierung über Kommune	2
KG 100	Zinsen Endfinanzierung (inkl. IZZB)		4.189.788 €	4.604.577 €	4.604.577 €	-414.790	-414.790	-9%	-9%						
KG 100	Zinssatz Endfinanzierung		2,00%	2,00%	2,00%	0,00%	0,00%	0%	0%						
KG 200	Objektmanagement	1,42%	5.044.471 €	2.402.224 €	2.058.932 €	2.642.247	2.985.539	110%	145%	1	3	3	10%	Hochwertiges Objektmanagement	2
KG 210	Objektmanagement, Betriebsführung, Personalkosten	1,42%	4.808.528 €	2.402.224 €	2.058.932 €									MWSt (Personal) / CaFM / Qualitätssicherung/ Vergütung Personal	
KG 210	Eigenkosten der Stadt	1,42%	235.943 €												
KG 300	Betriebskosten		7.778.610 €	7.641.139 €	10.476.135 €	137.470	-2.697.526	2%	-26%						
KG 310	Versorgung (PPP: 1 = MAX; 2=IST-VORAUS) [2]		2.027.511 €	2.318.563 €	3.193.765 €	-291.052	-1.166.254	-13%	-37%	2	3	4	10%	Bislang noch kein Vergleich mit Benchmark (VDI)	2
KG 311	Wasser	1,49%	40.280 €	93.837 €	134.313 €	-53.558	-94.034	-57%	-70%					Verbrauch 2016-2020: 65% < gar. Maximalmenge	
KG 312	Wärme	1,12%	849.388 €	1.291.947 €	1.526.517 €	-442.559	-677.129	-34%	-44%					Verbrauch 2016-2020: 41% < gar. Maximalmenge	
KG 313	Strom	3,57%	1.137.843 €	932.778 €	1.532.935 €	205.065	-395.091	22%	-26%					Verbrauch 2016-2020: 26% < gar. Maximalmenge	
KG 320	Entsorgung (Ansatz KGST)	1,42%	361.942 €	361.942 €	361.942 €	0	0	0%	0%	3	3	3	10%	Bislang noch keine qualitative Untersuchung	2
KG 330	Reinigung (Gymnasium und Sporthalle)	2,49%	2.899.907 €	4.246.100 €	3.904.902 €	-1.346.193	-1.004.995	-32%	-26%	3	3	3	10%	Bislang noch keine qualitative Untersuchung	5
KG 360	Bedienung TGA - Energiemanagement	2,20%													
KG 350	Wartung, Inspektion	2,20%	2.211.158 €	270.826 €	2.186.996 €	1.940.332	24.162	716%	1%	1	5	1	10%	PPP-Anreizstruktur: Service levels und Betreiberhaftung	
KG 360	Sicherheits- und Überwachungsdienste														
KG 370	Abgaben, Beiträge, Versicherungen	1,56%	0 €	130.671 €	527.174 €	-130.671	-527.174			3	3	3	10%	Bislang noch keine qualitative Untersuchung	
KG 391	Mensabetrieb	1,42%	278.092 €	278.092 €	278.092 €	0	0	0%	0%	3	3	3	10%	Bislang noch keine qualitative Untersuchung	
KG 393	Sonstige Betriebskosten	1,42%	0 €	34.946 €	23.265 €	-34.946	-23.265			3	3	3	10%	Bislang noch keine qualitative Untersuchung	3
KG 400	Instandsetzung	2,92%	3.997.299 €	3.139.281 €	6.097.472 €	858.018	-2.100.173	27%	-34%					Hochwertiges Instandhaltungsmanagement: Service levels.	
KG 460	Risiko Bauschäden (Instandhaltung)*	2,92%		446.974 €		-446.974	446.974							Nutzeransprüche auf Einhaltung von Reaktions-/Behebungszheiten	
KG 200/350/400 Instandhaltung			7.407.964 €	3.589.015 €	9.041.954 €	3.818.948	-1.633.990	106%	-18%	2	4	2	10%	Kostenobergrenzen, bauteilspezifische Instandhaltungskalkulation	2
KG 200/350/400 Instandhaltungsbudget/WHK p.a.; KGST-SOLL: 1,15%			1,62%	0,67%	1,68%									Entgeltkürzung bei Schlechtleistung, Rücklagenkonto	
Einnahmen ohne Risikokosten			30.386.426 €	30.386.426 €	30.386.426 €	0 €	0	0%	0%	2,0	4,0	2,0	100%	C Chance auf guten Restwert ohne Instandhaltungsstau	
Einnahmen inkl. Risikokosten*			31.452.806 €	27.445.805 €	31.619.590 €	4.007.001 €	-166.785	15%	-1%						
Einnahmen inkl. Risikok.* / USt-Mehreinnahmen			32.242.198 €	27.445.805 €	31.619.590 €	4.796.393 €	622.607	17%	2%						
KG 500	Restwert	2,92%	31.452.806 €	27.445.805 €	31.619.590 €	4.007.001	-166.785	15%	-1%	2	4	2	100%	(1) Zusammenhang Instandhaltungsbudget / Nutzungsdauer	2
	Nutzungsdauer		91	60	93	31	-2	52%	-2%					(vgl. PPP-Schulstudie2019, Rn. 137) / (2) PPP/BKI: günstigere	
	Restwertchance/-risiko (Instandhaltung)*		1.066.379 €	-2.940.622 €	1.233.164 €	4.007.001	-166.785	-136%	-16%					Baukosten führen zu stillen Reserven (3) Indexierung Restwert	
KG 500	USt-Mehreinnahmen Bund/Länder/Kom.	1,42%	789.392 €												
Lebenszykluskosten ohne Risikokosten		Nominal	12.491.004 €	10.985.948 €	16.882.817 €	1.505.056 €	-4.391.813 €	14%	-26%						
		Barwert	14.561 €	13.320 €	18.260 €	1.241 €	3.698 €	9%	-20%						
Lebenszykluskosten inkl. Risikokosten*		Nominal	11.424.625 €	14.373.544 €	15.649.653 €	-2.948.920 €	-4.225.028 €	-21%	-27%	2,3	3,4	2,6	(A+B+C):3	PPP: Anreizstrukturen fördern Qualitätsmanagement: Kostenobergrenzen, Bonus/Malus, Einsparbeteiligung, Betreiberhaftung	2,3
		Barwert	13.800 €	15.740 €	17.379 €	-1.948 €	-3.579 €	-12%	-21%						
Lebenszykluskosten inkl. Risikokosten* und USt.-Mehreinnahmen Bund, Länder, Kommunen		Nominal	10.635.233 €	14.373.544 €	15.649.653 €	-3.738.311 €	-5.014.420 €	-26%	-32%						
		Barwert	13.134 €	15.740 €	17.379 €	-4.245 €		-17%	-24%						

1) Nominalwerte über 18 Jahre indexiert, Basisjahr 2015 (Nutzungsbeginn). Barwert - Diskontierungszinssatz: 2,0 %. 2) KG 310: 1 = MAX., 2 = VORAUS. Versorgungskosten)
3) 1 = sehr gute Qualität, 2 = gute Qualität, 3 = mittlere Qualität, 4 = einfache Qualität, 5 = sehr niedrige Qualität 4) Fragebogen Bewertung Bau- und Betriebsleistung durch Auftraggeber

PPP-Wirtschaftlichkeitsuntersuchung Projekt 8 (Neubau / Bildungssektor)	Index	PPP[1]	KGSt[1]	BKI[1]	PPP - KGSt	PPP - BKI	PPP/ KGSt	PPP/ BKI	Qualität[3] PPP	KGSt	BKI	WERT	Anmerkungen	FB B+B[4]
DIN 276 Baukosten									2,4	3,0	3,0	100%	A Bauqualität, Kosten- und Terminsicherheit	
DIN 277 BGF in m²		15.956	15.956	15.956										
Bauzeit in Monaten		15	26	26	-11	-11	-41%	-41%	1	3	3	10%	Terminsicherheit. 100%	2
DIN 276 Baukosten ohne KG 760		22.952.542 €	30.042.447 €	30.042.447 €	-7.089.905	-7.089.905	-24%	-24%	3	3	3	70%	Mittlerer Baustandard	2
Baukosten / qm BGF in T€		1.438 €	1.883 €	1.883 €	-444	-444	-24%	-24%	1	3	3	10%	Hohe Kostensicherheit (+1%)	
KG 760 Zwischenfinanzierung, Nebenkosten		391.957 €	488.146 €	488.146 €	-96.189	-96.189	-20%	-20%						
Zinssatz		2.964%	2.364%	2.364%	0,60%	0,60%	25%	25%	1	3	3	10%	Zinssicherung verursacht höhere Zinskosten, das fördert aber	
DIN 276 Baukosten incl. KG 760		23.344.499 €	30.530.594 €	30.530.594 €	-7.186.095	-7.186.095	-24%	-24%					die hohe Kosten- und Terminsicherheit	
Baukosten / qm BGF in T€		1.463 €	1.913 €	1.913 €	-450	-450	-24%	-24%						
DIN 18960 Nutzungskosten ohne Risikokosten		60.258.145	67.313.566	84.099.199	-7.055.420	-23.841.053	-10%	-28%	2,6	3,3	2,6	100%	B Hochwertiges Instandhaltungs-/Energie-/Objektmanagement	
Nutzungskosten inkl. Risikokosten*		60.258.145	68.532.236	84.099.199	-8.274.091	-23.841.053	-12%	-28%						
KG 100 Kapitalkosten		35.501.405 €	45.691.062 €	45.691.062 €	-10.189.657	-10.189.657	-22%	-22%	3	3	3	10,0%	PPP: Forfaitierung mit Einredeverzicht	2
KG 100 Zinsen Endfinanzierung		12.156.905 €	15.160.468 €	15.160.468 €	-3.003.563	-3.003.563	-20%	-20%						
KG 100 Zinssatz Endfinanzierung		3,62%	3,47%	3,47%	0,15%	0,15%	4%	4%						
KG 200 Objektmanagement	1,42%	2.644.853 €	4.111.859 €	3.923.124 €	-1.467.006	-1.278.271	-36%	-33%	3	3	3	10,0%	MWSt (Personal) / CaFM / Qualitätssicherung/ Vergütung Personal	3
KG 210 Projektleitung, techn. Hausmeister etc.	1,42%	652.909 €												
KG 210 Eigenkosten der Stadt (inkl. Pedell)	1,42%	1.991.944 €											Städtischer Hausmeister für schulnahe Dienstleistungen	
KG 300 Betriebskosten		14.762.538 €	12.302.454 €	22.184.329 €	2.460.085 €	7.421.791 €	20%	-33%						
KG 310 Versorgung[2]	0,00%	2.975.279 €	4.767.551 €	4.798.709 €	1.792.272 €	1.823.430 €	-38%	-38%	2	3	3	10,0%	Kostenvorteil spricht für niedrigeren Energieverbrauch; bislang noch	3
KG 311 Wasser	1,49%	138.142 €	687.387 €	706.699 €	-549.244	-568.456	-80%	-80%					kein Benchmark-Vergleich der Verbrauchsmengen	
KG 312 Wärme	1,12%	1.585.626 €	2.293.861 €	2.390.191 €	708.235 €	804.565 €	-31%	-34%					Auftraggeber trägt Risiko von Mehr/Minderverbräuchen	
KG 313 Strom	3,57%	1.251.511 €	1.786.304 €	1.701.920 €	-534.793	-450.408	-30%	-26%						
KG 320 Entsorgung	1,42%	761.985 €	761.985 €	761.985 €	0	0	0%	0%	3	3	3	10,0%	Kein Vertragsbestandteil	
KG 330 Reinigung	2,49%	6.755.214 €	5.695.202 €	6.059.938 €	1.060.012	695.276	19%	11%	3	3	3	10,0%	Bislang noch keine qualitative Untersuchung	4
KG 351 Energiemanagement	2,20%	247.409 €												
KG 352 Wartung, Inspektion	2,20%	3.672.254 €	486.390 €	9.017.795 €	3.185.864	-5.345.541	655%	-59%	1	5	1	10,0%	PPP-Anreizstruktur: Service levels und Betreiberhaftung zwingen zu	
KG 370 Abgaben, Beiträge, Versicherungen	1,56%	0 €	288.239 €	988.929 €	-288.239	-988.929			3	3	3	10,0%	hochwertiger Wartung&Inspektion	
KG 370 Begleitende Due Diligence	1,56%	0 €												
KG 391 Mensabetrieb	1,42%	261.392 €	261.392 €	261.392 €	0	0	0%	0%	3	3	3	10,0%	Bislang noch keine qualitative Untersuchung	
KG 393 Sonstige Betriebskosten	1,42%	89.005 €	41.694 €	295.581 €	47.312	-206.575	113%	-70%	3	3	3	10,0%	Bislang noch keine qualitative Untersuchung	
KG 400 Instandsetzung	2,92%	7.349.349 €	5.208.192 €	12.300.683 €	2.141.158 €	4.951.334 €	41%	-40%					Hochwertiges Instandhaltungsmanagement. Service levels.	
KG 460 Risiko Bauschäden (Instandhaltung)*	2,92%		1.218.670 €		-1.218.670	1.218.670							Nutzeransprüche auf Einhaltung von Reaktions-/Behebungszeiten	
KG 200/350/400 Instandhaltung	2,92%	15.133.462 €	5.694.582 €	21.318.478 €	9.438.880	-6.185.016	166%	-29%	2	4	1	10,0%	Kostenobergrenzen, bauteilspezifische Instandhaltungskalkulation	3
KG 200/350/400 Instandhaltungskosten/WHK p.a.; KGST-SOLL: 1,28%		1,74%	0,63%	2,32%									Entgeltkürzung bei Schlechtleistung. Rücklagenkonto	
Einnahmen ohne Risikokosten		41.891.794 €	41.891.794 €	41.891.794 €	0 €	0	0%	0%						
Einnahmen inkl. Risikokosten*		44.553.541 €	33.731.055 €	46.828.538 €	10.822.486 €	-2.274.997	32%	-5%	2,0	4,0	1,0	100%	C Chance auf guten Restwert ohne Instandhaltungsstau	
Einnahmen inkl. Risikok.* / USt-Mehreinnahmen		44.693.545 €	33.731.055 €	46.828.538 €	10.962.490 €	-2.134.993	32%	-5%						
KG 500 Restwert inkl. Instandhaltungsrisiko	2,92%	44.553.541 €	33.731.055 €	46.828.538 €	10.822.486	-2.274.997	32%	-5%	2	4	1		(1) Zusammenhang Instandhaltungsbudget / Nutzungsdauer	3
Nutzungsdauer		93	56	108	37	-15	66%	-14%					(vgl. PPP-Schulstudie2019, Rn. 137) / (2) PPP/BKI: günstigere	
Restwertrisiko (Instandhaltung)*		2.661.746 €	-8.160.739 €	4.936.743 €	10.822.486	-2.274.997	-133%	-46%					Baukosten führen zu stillen Reserven (3) Indexierung Restwert	
KG 500 USt-Mehreinnahmen Bund/Länder/Kom.		140.004 €												
Lebenszykluskosten ohne Risikokosten	Nominal	18.366.351 €	25.421.771 €	42.207.404 €	-7.055.420 €	-23.841.053 €	-28%	-56%						
	Barwert	21.586.951 €	27.030.434 €	38.038.381 €	-5.443.483 €	-16.451.430 €	-20%	-43%						
Lebenszykluskosten inkl. Risikokosten*	Nominal	15.704.604 €	34.801.181 €	37.270.661 €	-19.096.576 €	-21.566.056 €	-55%	-58%	2,3	3,4	2,2	(A+B+C)/3	PPP: Anreizstrukturen fördern Qualitätsmanagement; Kostenobergrenzen, Bonus/Malus, Einsparbeteiligung, Betreiberhaftung	2,6
	Barwert	20.412.264 €	31.169.772 €	35.859.688 €	-10.757.508 €	-15.447.424 €	-35%	-43%						
Lebenszykluskosten inkl. Risikokosten* und USt.-Mehreinnahmen Bund, Länder, Kommunen	Nominal	15.564.600 €	34.801.181 €	37.270.661 €	-19.236.581 €	-21.706.060 €	-55%	-58%						
	Barwert	20.412.171 €	31.169.772 €	35.859.688 €	-10.757.602 €	-15.447.517 €	-35%	-43%						

[1] Nominalwerte über 25 Jahre indexiert. Basisjahr 2012 / Barwert - Diskontierungszinssatz 3,47 %. [2] Basis KG 310. 1= Vertragliche PLAN-Verbrauchsmengen. 2= IST-Verbrauchsmengen
[3] 1 = sehr gute Qualität. 2 = gute Qualität. 3 = mittlere Qualität. 4 = einfache Qualität. 5 = sehr niedrige Qualität. [4] Fragebogen Bewertung Bau- und Betriebsleistung durch Auftraggeber

PPP-Wirtschaftlichkeitsuntersuchung — PPP Projekt Nr. 9 (Neubau / Bildungssektor)	Index	PPP[1]	KGSt[1]	BKI[1]	PPP - KGSt	PPP - BKI	PPP/ KGSt	PPP/ BKI	PPP	KGSt	BKI	Wert	Qualität[3] — Anmerkungen	FB B+B[4]
DIN 276 Baukosten									2,4	3,0	3,0	100%	A Bauqualität, Kosten- und Terminsicherheit	
DIN 277 BGF in m²		15.584	15.584	15.584										
Bauzeit in Monaten		17	26	26	-9	-9	-35%	-35%	1	3	3	10%	Terminsicherheit: 100%	2
DIN 276 Baukosten ohne KG 760		23.771.674 €	30.004.080 €	30.004.080 €	-6.232.406	-6.232.406	-21%	-21%	3	3	3	70%	Mittlerer Baustandard	2
Baukosten / qm BGF in T€		1.525 €	1.925 €	1.925 €	-400	-400	-21%	-21%	1	3	3	10%	Hohe Kostensicherheit (+1%)	
CG 760 Zwischenfinanzierung, Nebenkosten		569.496 €	720.564 €	720.564 €	-151.068	-151.068	-21%	-21%						
Zinssatz		3,701%	3,101%	3,101%	0,60%	0,60%	19%	19%	1	3	3	10%	Zinssicherung verursacht höhere Zinskosten, das fördert aber	
DIN 276 Baukosten incl. KG 760		24.341.170 €	30.724.644 €	30.724.644 €	-6.383.474	-6.383.474	-21%	-21%					die hohe Kosten- und Terminsicherheit	
Baukosten / qm BGF in T€		1.562 €	1.972 €	1.972 €	-410	-410	-21%	-21%						
DIN 18960 Nutzungskosten ohne Risikokosten		63.639.044	71.063.818	87.027.360	-7.424.774	-23.388.316	-10%	-27%	2,7	3,4	2,7	100%	B Hochwertiges Instandhaltungs-/Energie-/Objektmanagement	
Nutzungskosten inkl. Risikokosten*		63.639.044	72.290.234	87.027.360	-8.651.190	-23.388.316	-12%	-27%						
KG 100 Kapitalkosten		39.758.974 €	49.563.271 €	49.563.271 €	-9.804.297	-9.804.297	-20%	-20%	3	3	3	10,0%	PPP: Forfaitierung mit Einredeverzicht	2
KG 100 Zinsen Endfinanzierung		15.417.804 €	18.838.627 €	18.838.627 €	-3.420.823	-3.420.823	-18%	-18%						
KG 100 Zinssatz Endfinanzierung		4,338%	4,178%	4,178%	0,16%	0,16%	4%	4%						
KG 200 Objektmanagement	1,42%	3.383.133 €	4.058.478 €	3.858.602 €	-675.345	-475.469	-17%	-12%	3	3	3	10,0%	MWSt (Personal) / CaFM / Qualitätssicherung/ Vergütung Personal	3
KG 210 Projektleitung, techn. Hausmeister etc.	1,42%	1.437.679 €												
KG 210 Eigenkosten der Stadt (inkl. Pedell)	1,42%	1.945.453 €											Städtischer Hausmeister für schulnahe Dienstleistungen	
KG 300 Betriebskosten		14.487.724 €	12.244.390 €	21.417.682 €	2.243.334 €	6.929.958 €	18%	-32%						
KG 310 Versorgung[2]		2.816.126 €	4.784.279 €	4.744.478 €	1.968.153 €	1.928.352 €	-41%	-41%	2	4	4	10,0%	Kostenvorteil spricht für niedrigeren Energieverbrauch; bislang noch	3
KG 311 Wasser	1,49%	129.068 €	686.390 €	693.791 €	-557.322	-564.724	-81%	-81%					kein Benchmark-Vergleich der Verbrauchsmengen	
KG 312 Wärme	1,12%	980.769 €	2.259.150 €	2.310.528 €	-1.278.381 €	-1.329.759 €	-57%	-58%					Auftraggeber trägt Risiko von Mehr/Minderverbräuchen	
KG 313 Strom	3,57%	1.706.289 €	1.838.739 €	1.740.159 €	-132.450	-33.870	-7%	-2%						
KG 320 Entsorgung	1,42%	752.093 €	752.093 €	752.093 €	0	0	0%	0%	3	3	3		Kein Vertragsbestandteil	
KG 330 Reinigung	2,49%	7.099.336 €	5.665.975 €	5.991.834 €	1.433.361	1.107.502	25%	18%	3	3	3	10,0%	Bislang noch keine qualitative Untersuchung	4
KG 351 Energiemanagement	2,20%	325.584 €												
KG 352 Wartung, Inspektion	2,20%	2.700.364 €	467.346 €	8.401.895 €	2.233.018	-5.701.530	478%	-68%	1	5	1	10,0%	PPP-Anreizstruktur: Service levels und Betreiberhaftung zwingen zu	
KG 370 Abgaben, Beiträge, Versicherungen	1,56%		278.253 €	973.375 €	-278.253	-973.375			3	3	3	10,0%	Bislang noch keine qualitative Untersuchung	
KG 370 Begleitende Due Diligence	1,56%													
KG 391 Mensabetrieb	1,42%	255.292 €	255.292 €	255.292 €	0	0	0%	0%	3	3	3	10,0%	Bislang noch keine qualitative Untersuchung	
KG 393 Sonstige Betriebskosten	1,42%	538.929 €	41.152 €	298.715 €	497.776	240.214	1210%	80%	3	3	3	10,0%	Bei PPP evtl. Kosten anderer Kostengruppen enthalten	
KG 400 Instandsetzung	2,92%	6.009.214 €	5.197.680 €	12.187.806 €	811.534 €	6.178.592 €	16%	-51%					Hochwertiges Instandhaltungsmanagement: Service levels,	
KG 460 Risiko Bauschaden (Instandhaltung)*	2,92%		1.226.416 €		-1.226.416	1.226.416							Nutzeransprüche auf Einhaltung von Reaktions-/Behebungszeiten	
KG 200/350/400 Instandhaltung	2,92%	12.768.056 €	5.665.026 €	20.589.700 €	7.103.030	-7.821.644	125%	-38%	2,5	4	1	10,0%	Kostenobergrenzen, bauteilspezifische Instandhaltungskalkulation	3
KG 200/350/400 Instandhaltungskosten/WHK p.a.; KGST-SOLL: 1,24%		1,40%	0,63%	2,24%									Entgeltkürzung bei Schlechtleistung, Rücklagenkonto	
Einnahmen ohne Risikokosten		42.158.055 €	42.158.055 €	42.158.055 €	0 €	0	0%	0%						
Einnahmen inkl. Risikokosten*		43.285.276 €	34.425.716 €	47.126.176 €	8.859.559 €	-3.840.900	26%	-8%	2,5	4,0	1,0	100%	C Chance auf guten Restwert ohne Instandhaltungsstau	
Einnahmen inkl. Risikok.* / USt-Mehreinnahmen		43.561.878 €	34.425.716 €	47.126.176 €	9.136.162 €	-3.564.298	27%	-8%						
KG 500 Restwert inkl. Instandhaltungsrisiko	2,92%	43.285.276 €	34.425.716 €	47.126.176 €	8.859.559	-3.840.900	26%	-8%	2,5	4	1		(1) Zusammenhang Instandhaltungsbudget / Nutzungsdauer	3
KG 500 Nutzungsdauer		85	57	108	28	-23	49%	-21%					(vgl. PPP-Schulstudie2019, Rn. 137) / (2) PPP/BKI: günstigere	
KG 500 Restwertrisiko (Instandhaltung)*		1.127.221 €	-7.732.339 €	4.968.121 €	8.859.559	-3.840.900	-115%	-77%					Baukosten führen zu stillen Reserven (3) Indexierung Restwert	
KG 500 USt-Mehreinnahmen Bund/Länder/Kom.	1,42%	276.603 €												
Lebenszykluskosten ohne Risikokosten (Nominal)	Nominal	21.480.989 €	28.905.763 €	44.869.305 €	-7.424.774 €	-23.388.316 €	-26%	-52%						
(NPV)	NPV	24.038.946 €	28.993.751 €	38.679.574 €	-4.954.805 €	-14.640.628 €	-17%	-38%						
Lebenszykluskosten inkl. Risikokosten* (Nominal)	Nominal	20.353.768 €	37.864.518 €	39.901.184 €	-17.510.750 €	-19.547.416 €	-46%	-49%	2,5	3,5	2,2	(A+B+C)/3	PPP: Anreizstrukturen fördern Qualitätsmanagement: Kostenobergrenzen, Bonus/Malus, Einsparbeteiligung, Betreiberhaftung	2,6
(NPV)	NPV	23.616.876 €	32.348.216 €	36.819.339 €	-8.731.340 €	-13.202.463 €	-27%	-36%						
Lebenszykluskosten inkl. Risikokosten* und USt-Mehreinnahmen Bund, Länder, Kommunen (Nominal)	Nominal	20.077.165 €	37.864.518 €	39.901.184 €	-17.787.352 €	-19.824.018 €	-47%	-50%						
(NPV)	NPV	23.616.704 €	32.348.216 €	36.819.339 €	-8.731.511 €	-13.202.635 €	-27%	-36%						

[1] Nominalwerte über 25 Jahre indexiert, Basisjahr 2013 / Barwert - Diskontierungszinssatz: 4,575 % [2] Basis KG 310: 1= Vertragliche PLAN-Verbrauchsmengen, 2= IST-Verbrauchsmengen
[3] 1 = sehr gute Qualität, 2 = gute Qualität, 3 = mittlere Qualität, 4 = einfache Qualität, 5 = sehr niedrige Qualität [4] Fragebogen Bewertung Bau- und Betriebsleistung durch Auftraggeber

PPP-Wirtschaftlichkeitsuntersuchung — Projekt 10 (Neubau/Bildungssektor)

	Index	PPP[1]	KGSt[1]	BKI[1]	PPP - KGSt	PPP - BKI	PPP/ KGSt	PPP/ BKI	Qualität[3] PPP	Qualität[3] KGSt	Qualität[3] BKI	WERT	Anmerkungen	FB B+B[4]
DIN 276 Baukosten									**2,4**	**3,0**	**3,0**	**100%**	**A Bauqualität, Kosten- und Terminsicherheit**	
DIN 277 BGF in m²		29.818	29.818	29.818										
Bauzeit in Monaten		24	30	30	-6	-6	-19%	-19%	1	3	3	10%	Terminsicherheit Neubau 99% (+2 Wochen); Abriss/Außenanlagen: 100%	1
DIN 276 Baukosten ohne KG 760		53.287.843 €	57.992.038 €	57.992.038 €	-4.704.194	-4.704.194	-8%	-8,1%	3	3	3	70%	Mittlerer Baustandard	2
Baukosten / qm BGF in T€		1.787 €	1.945 €	1.945 €	-158	-158	-8%	-8%	1	3	3	10%	Kostensicherheit 100%	
KG 760 Zwischenfinanzierung, Nebenkosten		2.157.650 €	2.085.331 €	2.085.331 €	72.319	72.319	3%	3%						
Zinssatz		3.568%	2.908%	2.908%	0.66%	0.66%	23%	23%	1	3	3	10%	Zinssicherung verursacht höhere Zinskosten, das fördert aber die hohe	
DIN 276 Baukosten incl. KG 760		55.445.494 €	60.077.369 €	60.077.369 €	-4.631.875	-4.631.875	-8%	-8%					Kosten- und Terminsicherheit	
Baukosten / qm BGF in T€		1.859 €	2.015 €	2.015 €	-155	-155	-8%	-7.7%						
DIN 18960 Nutzungskosten ohne Risikokosten		**156.548.374**	**150.495.827**	**174.860.711**	**6.052.547**	**-18.312.336**	**4%**	**-10%**	**2,3**	**3,3**	**2,8**	**100%**	**B Hochwertiges Instandhaltungs-/Energie-/Objektmanagement**	
Nutzungskosten inkl. Risikokosten*		**156.548.374**	**152.674.808**	**174.860.711**	**3.873.566**	**-18.312.336**	**3%**	**-10%**						
KG 100 Kapitalkosten		103.242.814 €	106.108.794 €	106.108.794 €	-2.865.980	-2.865.980	-3%	-3%	2	3	3	10,0%	Projektfinanzierung (PFI): höhere Zinssätze dienen Qualitätsmanagement (QM)	k.A.
KG 100 Zinsen Endfinanzierung		47.797.320 €	46.031.425 €	46.031.425 €	1.765.895	1.765.895	4%	4%						
KG 100 Zinssatz Endfinanzierung		5,67%	5,07%	5,07%	0,60%	0,60%	12%	12%						
KG 200 Objektmanagement	1,42%	6.858.888 €	8.329.782 €	7.139.405 €	-1.470.894	-280.517	-18%	-4%	2	3	2.5	10,0%	MWSt (Personal) / CaFM / /Qualitätssicherung/ Vergütung Personal	1
KG 210 Projektleitung, Hausmeister etc.	1,42%	6.427.663 €												
KG 210 Eigenkosten der Stadt	1,42%	431.224 €												
KG 300 Betriebskosten		24.698.479 €	26.954.709 €	36.574.661 € -	2.256.230 € -	11.876.182 €	-8%	-32%						
KG 310 Versorgung[2]		6.029.044 €	7.955.117 €	11.110.334 € -	1.926.073 € -	5.081.290 €	-24%	-46%	2	3	4	10,0%	Einsparungen ggü. garantierten Maximalmengen werden häftig geteilt	1
KG 311 Wasser	1,49%	406.373 €	324.947 €	688.354 €	81.426	-281.981	25%	-41%					Verbrauch 2010-2019: 3% < garantierte Maximalmenge	
KG 312 Wärme	1,12%	1.779.935 €	4.505.132 €	4.011.894 € -	2.725.197 € -	2.231.959 €	-60%	-56%					Verbrauch 2010-2019: 36% < garantierte Maximalmenge	
KG 313 Strom	3,57%	3.842.736 €	3.125.037 €	6.410.086 €	717.699	-2.567.350	23%	-40%					Verbrauch 2010-2019: 26% < gararantierte Maximalmenge	
KG 320 Entsorgung	1,42%	1.255.043 €	1.255.043 €	1.255.043 €	0	0	0%	0%	3	3	3	10,0%	Bislang noch keine qualitative Untersuchung	1
KG 330 Reinigung	2,49%	8.048.385 €	12.197.683 €	10.944.643 €	-4.149.298	-2.896.258	-34%	-26%	3	3	3	10,0%	Bislang noch keine qualitative Untersuchung	1
KG 350 Wartung, Inspektion	2,20%	4.503.131 €	926.147 €	7.478.892 €	3.576.983	-2.975.761	386%	-40%	1	5	1	10,0%	PPP-Anreizstruktur: Service levels und Betreiberhaftung	
KG 370 Abgaben, Beiträge, Versicherungen	1,56%	496.062 €	451.862 €	1.822.979 €	44.200	-1.326.918	10%	-73%						
KG 370 Begleitende Due Diligence	1,56%	302.660 €							2	3	3	10,0%	Mehrkosten PFI förderne QM	
KG 391 Mensabetrieb	1,42%	3.882.098 €	3.882.098 €	3.882.098 €	0	0	0%	0%	3	3	3	10,0%	Bislang noch keine qualitative Untersuchung	3
KG 393 Sonstige Betriebskosten	1,42%	182.056 €	286.753	80.671	-104.702	101.385	-37%	56%	3	3	3	10,0%		
KG 400 Instandsetzung	2,92%	21.748.194 €	9.102.543 €	25.037.851 €	12.645.651 € -	3.289.657 €	139%	-13%	2.25	4	2	10,0%	Hochwertiges Instandhaltungsmanagement: Service levels,	
KG 460 Risiko Bauschäden (Instandhaltung)*	2,92%		2.178.981 €		-2.178.981	2.178.981							Nutzeransprüche auf Einhaltung von Reaktions-/Behebungszeiten	
KG 200/350/400 Instandhaltung	2,92%	34.581.106 €	11.570.818 €	34.940.728 €	23.010.288	-359.623	199%	-1%					Kostenobergrenzen, bauteilspezifische Instandhaltungskalkulation	1
KG 200/350/400 Instandhaltungskosten in% der WHK p.a.; KGST-SC 1,14%		1.71%	0.61%	1.84%									Entgeltkürzung bei Schlechtleistung, Rücklagenkonto	
Einnahmen ohne Risikokosten		**82.433.667 €**	**82.433.667 €**	**82.433.667 €**	**0 €**	**0**	**0%**	**0%**						
Einnahmen inkl. Risikokosten*		**87.321.038 €**	**68.220.966 €**	**88.678.642 €**	**19.100.073 €**	**-1.357.603**	**28%**	**-2%**	**2.25**	**4,0**	**2,0**	**100%**	**C Chance auf guten Restwert ohne Instandhaltungsstau**	
Einnahmen inkl. Risikok.* / USt-Mehreinnahmen		**88.583.370 €**	**68.220.966 €**	**88.678.642 €**	**20.362.404 €**	**-95.272**	**30%**	**0%**						
KG 500 Restwert inkl. Instandhaltungsrisiko	2,92%	87.321.038 €	68.220.966 €	88.678.642 €	19.100.073	-1.357.603	28%	-2%	2.25	4	2	100%	(1) Zusammenhang Instandhaltungsbudget / Nutzungsdauer	1
Nutzungsdauer		92	58	96	34	-4	59%	-4%					(vgl. PPP-Schulstudie2019, Rn. 137) / (2) PPP/BKI: günstigere	
Restwertrisiko (Instandhaltung)*		4.887.372 €	-14.212.701 €	6.244.975 €	19.100.073	-1.357.603	-134%	-22%					Baukosten führen zu stillen Reserven (3) Indexierung Restwert	
KG 500 USt-Mehreinnahmen Bund/Länder/Kom.	1,42%	1.262.331 €												
Lebenszykluskosten ohne Risikokosten — Nominal		**74.114.707 €**	**68.062.160 €**	**92.427.044 €**	**6.052.547 €**	**-18.312.336 €**	**9%**	**-20%**						
— Barwert		65.483.983 €	61.993.242 €	75.332.603 €	3.490.742 €	-9.848.619 €	6%	-13%						
Lebenszykluskosten inkl. Risikokosten* — Nominal		**69.227.336 €**	**84.453.842 €**	**86.182.069 €**	**-15.226.506 €**	**-16.954.733 €**	**-18%**	**-20%**	**2,3**	**3,4**	**2,6**	**(A+B+C)/3**	**PPP: Anreizstrukturen fördern Qualitätsmanagement: Kostenobergrenzen, Bonus/Malus, Einsparbeteiligung, Betreiberhaftung**	**1,4**
— Barwert		63.992.953 €	66.993.987 €	73.427.397 €	-3.001.034 €	-9.434.444 €	-4%	-13%						
Lebenszykluskosten inkl. Risikokosten* und USt.-Mehreinnahmen Bund, Länder, Kommunen — Nominal		**67.965.004 €**	**84.453.842 €**	**86.182.069 €**	**-16.488.838 €**	**-18.217.064 €**	**-20%**	**-21%**						
— Barwert		63.992.236 €	66.993.987 €	73.427.397 €	-3.001.751 €	-9.435.151 €	-4%	-13%						

[1] Nominalwerte über 25 Jahre indexiert. Basisjahr 2009. Barwert - Diskontierungszinssatz: 5,07 % [2] Basis KG 310: 1= Vertragliche PLAN-Verbrauchsmengen; 2= IST-Verbrauchsmengen
[3] 1 = sehr gute Qualität; 2 = gute Qualität; 3 = mittlere Qualität; 4 = einfache Qualität; 5 = sehr niedrige Qualität [4] Fragebogen Bewertung Bau- und Betriebsleistung durch Auftraggeber

PPP-Wirtschaftlichkeitsuntersuchung Projekt 11 (Neubau und Sanierung/Bildungssektor)	Index	PPP[1]	KGSt[1]	BKI[1]	PPP - KGSt	PPP - BKI	PPP/ KGSt	PPP/ BKI	Qualität[2] PPP	KGSt	BKI	WERT	Anmerkungen	FB B+B[3]
DIN 276 Baukosten									2,4	3,0	3,0	100%	A Bauqualität, Kosten- und Terminsicherheit	
DIN 277 BGF in m²		16.173	16.173	16.173										
Bauzeit in Monaten		22	30	30	-8	-8	-26%	-26%	1	3	3	10%	Terminsicherheit 100%	
DIN 276 Baukosten ohne KG 760		9.612.462 €	10.832.696 €	10.832.696 €	-1.220.234	-1.220.234	-11%	-11%	3	3	3	70%	Mittlerer Baustandard	
Baukosten / qm BGF in T€		594 €	670 €	670 €	-75	-75	-11%	-11%	1	3	3	10.0%	Kostensicherheit 100%	
KG 760 Zwischenfinanzierung, Nebenkosten		254.127 €	335.187 €	335.187 €	-81.060	-81.060	-24%	-24%						
Zinssatz		5.170%	4.520%	4.520%	0.65%	0.65%	14%	14%	1	3	3	10.0%	Zinssicherung fordert die hohe Kosten- und Terminsicherheit	
DIN 276 Baukosten incl. KG 760		9.866.589 €	11.167.883 €	11.167.883 €	-1.301.294	-1.301.294	-12%	-12%						
Baukosten / qm BGF in T€		610 €	691 €	691 €	-80	-80	-12%	-12%						
DIN 18960 Nutzungskosten ohne Risikokosten		45.622.167	40.656.414	51.048.521	4.965.753	-5.426.354	12%	-11%	2,6	3,3	2,8	100%	B Hochwertiges Instandhaltungs-/Energie-/Objektmanagement	
Nutzungskosten inkl. Risikokosten*		45.622.167	41.508.031	51.048.521	4.114.135	-5.426.354	10%	-11%						
KG 100 Kapitalkosten		16.624.086 €	18.634.276 €	18.634.276 €	-2.010.190	-2.010.190	-11%	-11%	3	3	3	10.0%	Forfaitierung mit Einredeverzicht	
KG 100 Kapitalkosten Bauleistungen		14.789.366 €	16.799.556 €	16.799.556 €	-2.010.190	-2.010.190	-12%	-12%						
KG 100 Kapitalkosten IZZB		1.834.720 €	1.834.720 €	1.834.720 €	0	0	0%	0%						
KG 100 Zinsen Endfinanzierung Bauleistungen		6.040.153 €	6.749.049 €	6.749.049 €	-708.896	-708.896	-11%	-11%						
KG 100 Zinssatz Endfinanzierung		4.847%	4.727%	4.727%	0	0	3%	3%						
KG 200 Objektmanagement	1.42%	3.801.272 €	4.470.586 €	3.831.712 €	-669.314	-30.440	-15%	-1%	3	3	3	10.0%	MWSt (Personal) / Qualitätssicherung/ Vergütung Personal	
KG 210 Personalkosten	1.42%	3.729.875 €		3.831.712 €										
KG 210 Eigenkosten der Stadt	1.42%	71.397 €												
KG 300 Betriebskosten		17.004.191 €	12.719.896 €	17.639.913 €	4.284.296	-635.722	34%	-4%						
KG 310 Versorgung		3.211.772 €	4.248.521 €	5.734.230 €	-1.036.749	-2.522.458	-24%	-44%	2	3	4	10.0%	Einsparungen ggü. garantierten Maximalmengen erhält Kommune zu 35%	
KG 311 Wasser	1.49%	99.544 €	174.306 €	244.828 €	-74.761	-145.284	-43%	-59%					Kostenvorteil spricht für niedrigeren Energieverbrauch; bislang noch	
KG 312 Wärme	1.12%	2.432.519 €	2.423.179 €	3.497.215 €	9.340	-1.064.696	0%	-30%					kein Benchmark-Vergleich der Verbrauchsmengen	
KG 313 Strom	3.57%	679.709 €	1.651.037 €	1.992.187 €	-971.328	-1.312.478	-59%	-66%						
KG 320 Entsorgung	1.42%	673.580 €	673.580 €	673.580 €	0	0	0%	0%	3	3	3	10.0%	Bislang noch keine qualitative Untersuchung	
KG 330 Reinigung	2.49%	6.494.828 €	6.494.828 €	5.827.629 €	0	667.199	0%	11%	3	3	3	10.0%	Bislang noch keine qualitative Untersuchung	
KG 351 Bedienung TGA - Energiemanagement	2.20%	509.238 €			509.238	509.238								
KG 350 Wartung, Inspektion	2.20%	3.415.574 €	494.199 €	3.990.795 €	2.921.375	-575.221	591%	-14%	1	6	1	10.0%	PPP-Anreizstruktur: Service levels und Betreiberhaftung	
KG 370 Abgaben, Beiträge, Versicherungen	1.56%		261.802 €	977.321 €	-261.802	-977.321			3	3	3	10.0%	Bislang noch keine qualitative Untersuchung	
KG 391 Mensabetrieb	1.42%	393.062 €	393.062 €	393.062 €	0	0	0%	0%	3	3	3	10.0%	Bislang noch keine qualitative Untersuchung	
KG 393 Sonstige Betriebskosten	1.42%	2.306.136 €	153.903 €	43.296 €	2.152.233	2.262.840	1398%	5225%	3	3	3	10.0%	Bei PPP evtl. Kosten anderer Kostengruppen enthalten	
KG 400 Instandsetzung	2.92%	8.192.617 €	5.683.274 €	10.942.620 €	2.509.344	-2.750.002	44%	-25%					Hochwertiges Instandhaltungsmanagement: Service levels,	
KG 460 Risiko Bauschäden (Instandhaltung)*	2.92%		851.618 €		-851.618	851.618			2	4	1.5	10.0%	Nutzeransprüche auf Einhaltung von Reaktions-/Behebungszeiten	
KG 200/350/400 Instandhaltung		14.008.334 €	6.442.630 €	16.752.458 €	7.565.704	-2.744.123	117%	-16%					Kostenobergrenzen, bauteilspezifische Instandhaltungskalkulation	
KG 200/350/400 Instandhaltungsbudget/WHK p.a.; KGSt-SOLL: 1,17%		1.56%	0.64%	1.67%									Entgeltkürzung bei Schlechtleistung, Rücklagenkonto	
Einnahmen ohne Risikokosten		21.127.827 €	21.127.827 €	21.127.827 €	0 €	0	0%	0%						
Einnahmen inkl. Risikokosten*		22.194.889 €	17.485.098 €	22.380.465 €	4.709.791 €	-185.576	27%	-1%	2,25	4,0	2,0	100%	C Chance auf guten Restwert ohne Instandhaltungsstau	
Einnahmen inkl. Risikok.* / USt-Mehreinnahmen		22.903.565 €	17.485.098 €	22.380.465 €	5.418.467 €	523.100	31%	2%						
KG 500 Restwert	2.92%	22.194.889 €	17.485.098 €	22.380.465 €	4.709.791	-185.576	27%	-1%					(1) Zusammenhang Instandhaltungsbudget / Nutzungsdauer	
Nutzungsdauer		90	58	92	32	-2	55%	-2%	2,25	4	2	100%	(vgl. PPP-Schulstudie2019, Rn. 137) / (2) PPP/BKI günstigere	
Restwertchance/-risiko (Instandhaltung)*		1.067.062 €	-3.642.729 €	1.252.638 €	4.709.791	-185.576	-129%	-15%					Baukosten führen zu stillen Reserven (3) Indexierung Restwert	
KG 500 USt-Mehreinnahmen Bund/Länder/Kom.	1.42%	708.676 €												
Lebenszykluskosten ohne Risikokosten	Nominal	24.494.340 €	19.528.587 €	29.920.694 €	4.965.753 €	-5.426.354 €	25%	-18%						
	Barwert	19.383 €	16.620 €	22.562 €	2.763 €	-3.179 €	17%	-14%						
Lebenszykluskosten inkl. Risikokosten*	Nominal	23.427.278 €	24.022.933 €	28.668.056 €	-595.656 €	-5.240.778 €	-2%	-18%	2,4	3,4	2,6	(A+B+C) 3	PPP: Anreizstrukturen fördern Qualitätsmanagement: Kostenobergrenzen, Bonus/Malus, Einsparbeteiligung, Betreiberhaftung	
	Barwert	19.031 €	18.103 €	22.148 €	928 €	-3.117 €	5%	-14%						
Lebenszykluskosten inkl. Risikokosten* und USt.-Mehreinnahmen Bund, Länder, Kommunen	Nominal	22.718.601 €	24.022.933 €	28.668.056 €	-1.304.332 €	-5.949.454 €	-5%	-21%						
	Barwert	18.615 €	18.103 €	22.148 €	512 €	-3.533 €	3%	-18%						

[1] Nominalwerte über 25 Jahre indexiert. Basisjahr 2009 (Nutzungsbeginn), Barwert - Diskontierungszinssatz: 4.727 %

[2] 1 = sehr gute Qualität, 2 = gute Qualität, 3 = mittlere Qualität, 4 = einfache Qualität, 5 = sehr niedrige Qualität [3] Fragebogen Bewertung Bau- und Betriebsleistung durch Auftraggeber

PPP-Wirtschaftlichkeitsuntersuchung — Projekt 12 (Neubau und Sanierung/Sektor Verwaltung)	Index	PPP[1]	KGSt[1]	BKI[1]	PPP - KGSt	PPP - BKI	PPP/KGSt	PPP/BKI	Qualität[3] PPP	Qualität KGSt	Qualität BKI	WERT	Anmerkungen	FB B+B[4]
DIN 276 Baukosten									1,7	2,3	2,3	100%	A Bauqualität, Kosten- und Terminsicherheit	
DIN 277 BGF in m²		18.925	18.925	18.925										
Bauzeit in Monaten		16	26	26	-10	-10	-38%	-38%	1	3	3	10%	Terminsicherheit 100%	1
DIN 276 Baukosten ohne KG 760		53.602.008 €	59.598.801 €	59.598.801 €	-5.996.793	-5.996.793	-10%	-10,1%	2	2	2	70%	Gehobener Baustandard	2
Baukosten / qm BGF in T€		2.832 €	3.149 €	3.149 €	-317	-317	-10%	-10%	1	3	3	10%	Kostensicherheit 100%	
KG 760 Zwischenfinanzierung, Nebenkosten		-4.451.786 €	1.514.238 €	1.514.238 €	-5.966.023	-5.966.023	-394%	-394%						
Zinssatz			3.476%	3.476%					1	3	3	10%	Zinssicherung fördert die hohe Kosten- und Terminsicherheit	
DIN 276 Baukosten incl. KG 760		49.150.222 €	61.113.038 €	61.113.038 €	-11.962.816	-11.962.816	-20%	-20%						
Baukosten / qm BGF in T€		2.597 €	3.229 €	3.229 €	-632	-632	-20%	-20%						
DIN 18960 Nutzungskosten ohne Risikokosten		116.525.988	122.368.794	125.049.652	-5.842.806	-8.523.664	-5%	-7%					B Ziel: Nachhaltiges Instandhaltungs-/Energie-/Objektmanagement	
Nutzungskosten inkl. Risikokosten*		116.525.988	124.671.692	125.049.652	-8.145.704	-8.523.664	-7%	-7%	2,6	3,4	2,9	100%		
KG 100 Kapitalkosten		80.766.045 €	98.909.864 €	98.909.864 €	-18.143.819	-18.143.819	-18%	-18%	3	3	3	11,1%	Forfaitierung mit Einredeverzicht	k.A.
KG 100 Zinsen Endfinanzierung		31.615.823 €	37.796.826 €	37.796.826 €	-6.181.003	-6.181.003	-16%	-16%						
KG 100 Zinssatz Endfinanzierung		4.735%	4.575%	4.575%	0,16%*	0,16%	3%	3%						
KG 200 Objektmanagement	1,42%	4.113.801 €	3.973.947 €	4.231.388 €	139.854	-117.587	4%	-3%	2	3	3	11,1%	MWSt (Personal) / CaFM / /Qualitätssicherung/ Vergütung Personal	2
KG 210 Projektleitung	1,42%	3.858.640 €												
KG 210 Eigenkosten der Stadt	1,42%	255.161 €												
KG 300 Betriebskosten		16.115.124 €	13.745.869 €	15.846.261 €	2.369.255 €	268.863 €	17%	2%						
KG 310 Versorgung**		5.986.786 €	5.598.826 €	5.799.590 €	387.960 €	187.196 €	7%	3%	3	3	3	11,1%	Einsparungen ggü. garantierten Maximalmengen werden häftig geteilt	5
KG 311 Wasser	1,49%	221.316 €	152.678 €	177.628 €	68.638	43.688	45%	25%					Verbrauch 2013-2019: 23% < garantierte Maximalmenge	
KG 312 Heizung	1,12%	1.723.461 €	2.287.122 €	2.694.795 €	563.660 €	971.334 €	-25%	-36%					Verbrauch 2013-2019: 32% < garantierte Maximalmenge	
KG 313 Strom	3,57%	4.042.009 €	3.159.027 €	2.927.167 €	882.982	1.114.842	28%	38%					Verbrauch 2013-2019: 8% > garantierte Maximalmenge (Risiko AN)	
KG 320 Entsorgung	1,42%	559.853 €	559.853 €	559.853 €	0	0	0%	0%	3	3	3	11,1%	Bislang noch keine qualitative Untersuchung	
KG 330 Reinigung	2,49%	6.097.439 €	5.575.305 €	3.899.852 €	522.135	2.197.587	9%	56%	3	3	3	11,1%	Bislang noch keine qualitative Untersuchung	2
KG 351 Energiemanagement	2,20%													
KG 352 Wartung, Inspektion	2,20%	0 €	825.846 €	5.237.914 €	-825.846	-5.237.914			1	5	1	11,1%	PPP-Anreizstruktur: Service levels und Betreiberhaftung	
KG 370 Abgaben, Beiträge, Versicherungen	1,56%	0 €	201.251 €	349.052 €	-201.251	-349.052			3	3	3		Vgl KG 390	
KG 370 Begleitende Due Diligence	1,56%													
KG 391 Mensabetrieb	1,42%													
KG 393 Sonstige Betriebskosten	1,42%	3.471.045 €	984.788 €	0 €	2.486.257	3.471.045	252%	100%	3	3	3	11,1%	Bei PPP evtl. Kosten anderer Kostengruppen enthalten	
KG 400 Instandsetzung	2,92%	15.531.018 €	5.739.113 €	6.062.138 €	9.791.905 €	9.468.879 €	171%	156%					Überdurchschnittliches Instandhaltungsmanagement: Service levels,	
KG 460 Risiko Bauschäden (Instandhaltung)*	2,92%		2.302.899 €		-2.302.899	2.302.899							Nutzeransprüche auf Einhaltung von Reaktions-/Behebungszeiten	
KG 200/350/400 Instandhaltung	2,92%	19.504.965 €	6.564.959 €	13.063.438 €	12.940.006	6.441.527	197%	49%	2,5	4,5	3,75	11,1%	Kostenobergrenzen, bauteilspezifische Instandhaltungskalkulation	3
KG 200/350/400 Instandhaltungskosten/WHK p.a.; KGST-SOLL 1,11%		1,29%	0,42%	0,75%									Entgeltkürzung bei Schlechtleistung, Rücklagenkonto	
Einnahmen ohne Risikokosten		82.040.759 €	82.040.759 €	82.040.759 €	0 €	0	0%	0%						
Einnahmen inkl. Risikokosten*		83.617.148 €	62.178.260 €	74.401.336 €	21.438.888 €	9.215.812	34%	12%	2,5	4,5	3,8	100%	C Chance auf guten Restwert ohne Instandhaltungsstau	
Einnahmen inkl. Risikok.* / USt-Mehreinnahmen		84.296.828 €	62.178.260 €	74.401.336 €	22.118.568 €	9.895.492	36%	13%						
KG 500 Restwert inkl. Instandhaltungsrisiko	2,92%	83.617.148 €	62.178.260 €	74.401.336 €	21.438.888	9.215.812	34%	12%	2,5	4,5	3,75		(1) Zusammenhang Instandhaltungsbudget / Nutzungsdauer	
Nutzungsdauer		84	50	65	34	19	68%	29%					(vgl. PPP-Schulstudie2019, Rn. 137) / (2) PPP/BKI: günstigere	3
Restwertrisiko (Instandhaltung)*		1.576.389 €	-19.862.500 €	-7.639.423 €	21.438.888	9.215.812	-108%	-121%					Baukosten führen zu stillen Reserven (3) Indexierung Restwert	
KG 500 USt-Mehreinnahmen Bund/Länder/Kom.		679.680 €												
Lebenszykluskosten ohne Risikokosten (Nominal)		34.485.229 €	40.328.034 €	43.008.893 €	-5.842.806 €	-8.523.664 €	-14%	-20%						
(Barwert)		42.917.207 €	45.968.129 €	48.476.194 €	-3.050.922 €	-5.558.986 €	-7%	-11%						
Lebenszykluskosten inkl. Risikokosten* (Nominal)		32.908.840 €	62.493.432 €	50.648.315 €	-29.584.593 €	-17.739.476 €	-47%	-35%	2,3	3,4	3,0	(A+B+C)/3	PPP: Anreizstrukturen fördern Qualitätsmanagement: Kostenobergrenzen, Bonus/Malus, Einsparbeteiligung, Betreiberhaftung	2,2
(Barwert)		42.328.025 €	54.252.554 €	51.331.465 €	-11.924.529 €	-9.063.440 €	-22%	-18%						
Lebenszykluskosten inkl. Risikokosten* und USt.-Mehreinnahmen Bund, Länder, Kommunen (Nominal)		32.229.160 €	62.493.432 €	50.648.315 €	-30.264.272 €	-18.419.156 €	-48%	-36%						
(Barwert)		42.327.642 €	54.252.554 €	51.331.465 €	-11.924.912 €	-9.003.823 €	-22%	-18%						

[1] Nominalwerte über 23 Jahre indexiert. Basisjahr 2012 / Barwert - Diskontierungszinssatz: 4.575 % [2] Basis KG 310: 1= Garantierte maximale Verbrauchsmengen. 2= IST-Verbrauchsmengen
[3] 1 = sehr gute Qualität. 2 = gute Qualität. 3 = mittlere Qualität. 4 = einfache Qualität. 5 = sehr niedrige Qualität [4] Fragebogen Bewertung Bau- und Betriebsleistung durch Auftraggeber

PPP-Wirtschaftlichkeitsuntersuchung — Projekt 13 (Neubau/Bildungssektor)

		Index	PPP[1]	KGSt[1]	BKI[1]	PPP - KGSt	PPP - BKI	PPP/ KGSt	PPP/ BKI	Qualität[3] PPP	KGSt	BKI	WERT	Anmerkungen	FB B+B[4]
DIN 276	**Baukosten**									**1,4**	**2,0**	**2,0**	**100%**	**A Bauqualität, Kosten- und Terminsicherheit**	
DIN 277	BGF in m²		6.995	6.995	6.995										
	Bauzeit in Monaten		13	20	20	-7	-7	-35%	-35%	1	3	3	10%	Terminsicherheit 100%	1
DIN 276	Baukosten ohne KG 760		23.021.492 €	24.221.116 €	24.221.116 €	-1.199.624	-1.199.624	-5%	-5,0%	1,5	1,5	1,5	70%	Hoher Baustandard	2
	Baukosten / qm BGF in T€		3.291 €	3.463 €	3.463 €	-171	-171	-5%	-5%	1	3	3	10%	Kostensicherheit 100%	
KG 760	Zwischenfinanzierung, Nebenkosten		-1.040.195 €ʳ	788.494 €	788.494 €	-1.828.688	-1.828.688	-232%	-232%						
	Zinssatz			3,476%	3,476%					1	3	3	10%	Zinssicherung fördert die hohe Kosten- und Terminsicherheit	
DIN 276	Baukosten incl. KG 760		21.981.298 €	25.009.610 €	25.009.610 €	-3.028.312	-3.028.312	-12%	-12%						
	Baukosten / qm BGF in T€		3.142 €	3.575 €	3.575 €	-433	-433	-12%	-12%						
DIN 18960	**Nutzungskosten ohne Risikokosten**		**50.081.222**	**48.868.863**	**54.636.218**	**1.212.359**	**-4.554.997**	**2%**	**-8%**	**2,6**	**3,4**	**2,8**	**100%**	**B Ziel: Nachhaltiges Instandhaltungs-/Energie- /Objektmanagement**	k.A.
	Nutzungskosten inkl. Risikokosten*		**50.081.222**	**49.811.290**	**54.636.218**	**269.931**	**-4.554.997**	**1%**	**-8%**						
KG 100	Kapitalkosten		36.018.298 €	40.361.786 €	40.361.786 €	-4.343.488	-4.343.488	-11%	-11%	3	3	3	11,1%	Forfaitierung mit Einredeverzicht	
KG 100	Zinsen Endfinanzierung		14.037.000 €	15.352.176 €	15.352.176 €	-1.315.177	-1.315.177	-9%	-9%						
KG 100	Zinssatz Endfinanzierung		4,705%	4,545%	4,545%	0,16%ʳ	0,16%								
KG 200	Objektmanagement	1,42%	1.756.162 €	1.518.734 €	1.563.993 €	237.428	192.170	16%	12%	2	3	3	11,1%	MWSt (Personal) / CaFM / /Qualitätssicherung/ Vergütung Personal	2
KG 210	Projektleitung	1,42%	1.661.851 €												
KG 210	Eigenkosten der Stadt	1,42%	94.312 €												
KG 300	Betriebskosten		4.167.237 €	4.904.769 €	10.939.978 € -	737.532 € -	6.772.741 € -	-15%	-62%						
KG 310	Versorgung[2]		2.004.836 €	2.001.596 €	2.331.763 €	3.240 € -	326.927 €	0%	-14%	3	3	3,5	11,1%	Einsparungen ggü. garantierten Maximalmengen werden häufig geteilt	5
KG 311	Wasser	1,49%	128.997 €ʳ	126.082 €ʳ	151.265 €	2.915	-22.269	2%	-15%					Verbrauch 2013-2019: 28% < garantierte Maximalmenge	
KG 312	Wärme	1,12%	494.470 €ʳ	866.140 €ʳ	1.052.389 €	-371.670	-557.920	-43%	-53%					Verbrauch 2013-2019: 22% < garantierte Maximalmenge	
KG 313	Strom	3,57%	1.381.370 €ʳ	1.009.374 €ʳ	1.128.108 €	371.996	253.261	37%	22%					Verbrauch 2013-2019: 46% > gararantierte Maximalmenge (Risiko AN)	
KG 320	Entsorgung	1,42%	237.370 €ʳ	237.370 €ʳ	237.370 €	0	0	0%	0%	3	3	3	11,1%	Bislang noch keine qualitative Untersuchung	2
KG 330	Reinigung	2,49%	1.925.031 €	2.063.177 €	1.687.060 €	-138.147	237.970	-7%	14%	3	3	3	11,1%	Bislang noch keine qualitative Untersuchung	
KG 352	Wartung, Inspektion	2,20%		265.689 €	6.476.438 €					1	5	1	11,1%	hochwertiger Wartung&Inspektion (vgl. PPP-Schulstudie 2019)	
KG 370	Abgaben, Beiträge, Versicherungen	1,56%		86.228 €	186.793 €	-86.228	-186.793			3	3	3	11,1%		
KG 393	Sonstige Betriebskosten	1,42%		250.709 €	20.553 €	-250.709	-20.553			3	3	3	11,1%		
KG 400	Instandsetzung	2,92%	8.139.524 €	2.083.574 €	1.770.461 €	6.055.951 €	6.369.063 €	291%	360%					Überdurchschnittliches Instandhaltungsmanagement: Service levels,	3
KG 460	Risiko Bauschäden (Instandhaltung)*	2,92%		942.427 €		-942.427	942.427							Nutzeransprüche auf Einhaltung von Reaktions-/Behebungszeiten	
KG 200/350/400 Instandhaltung		2,92%	9.658.259 €	2.349.263 €	8.246.900 €	7.308.996	1.411.359	311%	17%	2,5	4,5	3,0	11,1%	Kostenobergrenzen, bauteilspezifische Instandhaltungskalkulation	
KG 200/350/400 Instandhaltungskosten/WHK p.a.; KGSt-SOLL 1,32%			1,38%	0,37%	1,33%									Entgeltkürzung bei Schlechtleistung, Rücklagenkonto	
Einnahmen ohne Risikokosten			**33.573.971 €**	**33.573.971 €**	**33.573.971 €**	**0 €**	**0**	**0%**	**0%**						
Einnahmen inkl. Risikokosten*			**33.741.223 €**	**23.037.111 €**	**33.573.971 €**	**10.704.112 €**	**167.252**	**46%**	**0%**	**3,0**	**4,5**	**3,0**	**100%**	**C Chance auf guten Restwert ohne Instandhaltungsstau**	2
Einnahmen inkl. Risikok.* / USt-Mehreinnahmen			**34.033.949 €**	**23.037.111 €**	**33.573.971 €**	**10.996.839 €**	**459.978**	**48%**	**1%**						
KG 500	Restwert inkl. Instandhaltungsrisiko	2,92%	33.741.223 €	23.037.111 €	33.573.971 €	10.704.112	167.252	46%	0%	3	4,5	3		(1) Zusammenhang Instandhaltungsbudget / Nutzungsdauer	
	Nutzungsdauer		81	45	80	36	1	80%	1%					(vgl. PPP-Schulstudie 2019, Rn. 137) / (2) PPP/BKI günstigere	
	Restwertrisiko (Instandhaltung)*		167.252 €	-10.536.860 €	0 €	10.704.112	167.252	-102%						Baukosten führen zu stillen Reserven (3) Indexierung Restwert	
KG 500	USt-Mehreinnahmen Bund/Länder/Kom.	1,42%	292.727 €												
Lebenszykluskosten ohne Risikokosten	Nominal		**16.507.251 €**	**15.294.892 €**	**21.062.247 €**	**1.212.359 €**	**-4.554.997 €**	**8%**	**-22%**						
	Barwert		19.047.773 €	18.074.076 €	21.972.411 €	973.696 €	-2.924.638 €	5%	-13%						
Lebenszykluskosten inkl. Risikokosten*	Nominal		**16.339.999 €**	**26.774.180 €**	**21.062.247 €**	**-10.434.181 €**	**-4.722.248 €**	**-39%**	**-22%**	**2,3**	**3,3**	**2,6**	**(A+B+C)/3**	**PPP: Anreizstrukturen fördern Qualitätsmanagement: Kostenobergrenzen, Bonus/Malus, Einsparbeteiligung, Betreiberhaftung**	2,7
	Barwert		18.984.866 €	22.391.683 €	21.972.411 €	-3.406.817 €	-2.987.545 €	-15%	-14%						
Lebenszykluskosten inkl. Risikokosten* und USt.-Mehreinnahmen Bund, Länder, Kommunen	Nominal		**16.047.272 €**	**26.774.180 €**	**21.062.247 €**	**-10.726.907 €**	**-5.014.975 €**	**-40%**	**-24%**						
	Barwert		18.984.700 €	22.391.683 €	21.972.411 €	-3.406.983 €	-2.987.711 €	-15%	-14%						

[1] Nominalwerte über 23 Jahre indexiert. Basisjahr 2012 / Barwert - Diskontierungszinssatz: 4,545 %   [2] Basis KG 310: 1= Garantierte maximale Verbrauchsmengen; 2= IST-Verbrauchsmengen
[3] 1 = sehr gute Qualität, 2 = gute Qualität, 3 = mittlere Qualität, 4 = einfache Qualität, 5 = sehr niedrige Qualität [4] Fragebogen Bewertung Bau- und Betriebsleistung durch Auftraggeber

PPP-Wirtschaftlichkeitsuntersuchung — Projekt 14 (Neubau und Sanierung/Bildungssektor)

Pos	Bezeichnung	Index	PPP[1]	KGSt[1]	BKI[1]	PPP - KGSt	PPP - BKI	PPP/KGSt	PPP/BKI	Qual PPP	Qual KGSt	Qual BKI	WERT	Anmerkungen	FB[4] B+B
DIN 276	Baukosten									2,4	3,0	3,0	100%	A. Bauqualität, Kosten- und Terminsicherheit	
DIN 277	BGF in m²		33.427	33.427	33.427										
	Bauzeit / Baukosten pro Monat		26 / 2.4 Mio €	26 / 0.4 Mio €	26 / 0.4 Mio €					1	3	3	10%	4 Standorte in 26 M / Bauleistung pro Monat Faktor 6 / Terminsicherheit 100%	1
DIN 276	Baukosten ohne KG 760		62.843.832 €	65.530.967 €	65.530.967 €	-2.687.135	-2.687.135	-4%	-4.1%	3	3	3	70%	Mittlerer Baustandard	1
	Baukosten / qm BGF in T€		1.880 €	1.960 €	1.960 €	-80	-80	-4%	-4%	1	3	3	10%	Kostensicherheit 100%	
KG 760	Zwischenfinanzierung, Nebenkosten		1.660.697 €	1.895.972 €	1.895.972 €	-235.275	-235.275	-12%	-12%						
	Zinssatz		3.298%	2.698%	2.698%	0.60%	0.60%	22%	22%	1	3	3	10%	Zinssicherung fördert die hohe Kosten- und Terminsicherheit	
DIN 276	Baukosten incl. KG 760		64.504.529 €	67.426.939 €	67.426.939 €	-2.922.410	-2.922.410	-4%	-4%						
	Baukosten / qm BGF in T€		1.930 €	2.017 €	2.017 €	-87	-87	-4%	-4.3%						
DIN 18960	Nutzungskosten ohne Risikokosten		168.060.386	158.210.233	183.328.112	9.850.153	-15.267.725	6%	-8%	2,5	3,3	2,8	100%	B Hochwertiges Instandhaltungs-/Energie-/Objektmanagement	
	Nutzungskosten inkl. Risikokosten*		168.060.386	160.156.693	183.328.112	7.903.693	-15.267.725	5%	-8%						
KG 100	Kapitalkosten inkl. IZZB Fördermittel		108.994.014 €	111.975.481 €	111.975.481 €	-2.981.467	-2.981.467	-3%	-3%	3	3	3	10,0%	Forfaitierung mit Einredeverzicht	
KG 100	Kapitalkosten IZZB		0 €	0 €	0 €	0	0	0%	0%						
KG 100	Kapitalkosten ohne IZZB-Fördermittel		108.994.014 €	111.975.481 €	111.975.481 €	-2.981.467	-2.981.467	-3%	-3%						
KG 100	Zinsen Endfinanzierung		44 489 485 €	44 548 542 €	44 548 542 €	-59 056	-59 056	0%	0%						
KG 100	Zinssatz Endfinanzierung		4,63%	4,46%	4,46%	0,17%	0,17%	4%	4%						
KG 200	Objektmanagement	1,42%	15.124.214 €	9.503.595 €	8.202.958 €	5.620.619	6.921.256	59%	84%	2	3	3	10,0%	MWSt (Personal) / CAFM / Qualitätssicherung / Vergütung Personal	3
KG 210	Gebäudemanagement	1,42%	14.267.444 €	9.503.595 €	8.202.958 €										
KG 210	Eigenkosten der Stadt	1,42%	856.770 €												
KG 300	Betriebskosten		21.185.528 €	26.152.929 €	38.844.946 €	-4.967.401	-17.659.418	-19%	-45%						
KG 310	Versorgung (PPP: 1 = MAX; 2=IST/VORAUS) [2]		7 834 460 €	9 152 495 €	12.995 492 €	-1 318.036	-5 161 033	-14%	-40%	2	3	4	10,0%	Verbrauch/Garantiemenge 2012-2019: Wasser +43%, Warme -61%, Strom +19%	1
KG 311	Wasser	1,49%	163.114 €	371.068 €	536.241 €	-207.953	-373.126	-56%	-70%						
KG 312	Warme	1,12%	5 006 525 €	5 121 338 €	7 481 787 €	-114 813	-2 475 262	-2%	-33%						
KG 313	Strom	3,57%	4 224 689 €	3 660 089 €	4 977 465 €	564 599	-752 776	15%	-15%						
KG 320	Entsorgung	1,42%	1 431 901 €	1 431 901 €	1 431 901 €	0	0	0%	0%	3	3	3	10,0%	Bislang noch keine qualitative Untersuchung	1
KG 330	Reinigung	2,49%	11.382.996 €	13 097 211 €	12.809.669 €	-1 714.215	-1.426.673	-13%	-11%	3	3	3	10,0%	Bislang noch keine qualitative Untersuchung	3
KG 351	Bedienung TGA - Energiemanagement														
KG 350	Wartung, Inspektion	2,20%		1 066 880 €	8.709.623 €	-1.066.880	-8.709.623			1	5	1	10,0%	PPP-Anreizstruktur: Service levels/Betreiberhaftung zwingen zu intensiver W&I	
KG 370	Abgaben, Beitrage, Versicherungen	1,56%		541 103 €	2 269 401 €	-541 103	-2 269 401			3	3	3	10,0%	(vgl. PPP-Schulstudie 2019)	
KG 391	Mensabetrieb		536 172 €	536.172 €	536.172 €	0	0	0%	0%	3	3	3	10,0%	Bislang noch keine qualitative Untersuchung	
KG 393	Sonstige Betriebskosten	1,42%		327 168 €	92 689 €					3	3	3	10,0%		
KG 400	Instandsetzung	2,92%	22.756.630 €	12.524.688 €	24.304.726 €	10.231.942 €	-1.548.096	82%	-6%	2	4	2.25	10,0%	Hochwertiges Instandhaltungsmanagement: Service levels,	1
KG 400	Instandsetzung	2,92%	22 756 630 €	10 578 228 €	24.304 726 €	12.178.402	-1.548 096	115%	-6%					Nutzeransprüche auf Einhaltung von Reaktions-/Behebungszeiten	
KG 460	Risiko Bauschäden (Instandhaltung)*	2,92%		1.946.460 €		-1.946.460	1.946.460							Kostenobergrenzen, bauteilspezifische Instandhaltungskalkulation	
KG 200/350/400	Instandhaltung		33 343 580 €	15 345 025 €	35 475 236 €	17 998 555	-2 131 657	117%	-6%					Entgeltkürzung bei Schlechtleistung, Rücklagenkonto	
KG 200/350/400	Instandhaltungsbudget/WHK p.a.: KGST-SOLL: ####		1,64%	0,55%	1,51%										
	Einnahmen ohne Risikokosten		92.518.197 €	92.518.197 €	92.518.197 €	0 €	0	0%	0%	2,0	4,0	2,3	100%	C Chance auf guten Restwert ohne Instandhaltungsstau	
	Einnahmen inkl. Risikokosten*		98.396.675 €	76.566.784 €	97.601.614 €	21.829.891 €	795.060	29%	0,8%						
	Einnahmen inkl. Risikok.* / USt-Mehreinnahmen		100.674.670 €	76.566.784 €	97.601.614 €	24.107.886 €	3.073.056	31%	3%						
KG 500	Restwert	2,92%	98.396.675 €	76.566.784 €	97.601.614 €	21.829.891	795.060	29%	1%	2	4	2.25		(1) Zusammenhang Instandhaltungsbudget / Nutzungsdauer	1
	Nutzungsdauer		93	58	91									(vgl. PPP-Schulstudie 2019, Rn 137) / (2) PPP/BKI: günstigere	
	Restwertchance/-risiko (Instandhaltung)*		5 878 478 €	-15 951 413 €	5 083 417 €	21 829 891	795 060	-137%	16%					Baukosten führen zu stillen Reserven (3) Indexierung Restwert	
KG 500	USt-Mehreinnahmen Bund/Länder/Kom.	1,42%	2.277.995 €												
	Lebenszykluskosten ohne Risikokosten (Nominal)	Nominal	75.542.189 €	65.692.036 €	90.809.915 €	9.850.153 €	-15.267.725 €	15%	-17%						
	Lebenszykluskosten ohne Risikokosten (Barwert)	Barwert	70.374.961 €	64.581.913 €	79.347.073 €	5.793.049 €	-8.972.112 €	9%	-11%						
	Lebenszykluskosten inkl. Risikokosten* (Nominal)	Nominal	69.663.712 €	83.589.910 €	85.726.497 €	-13.926.198 €	-16.062.786 €	-17%	-19%	2,3	3,4	2,7	(A+B+C)/3	PPP: Anreizstrukturen fördern Qualitätsmanagement: Kostenobergrenzen, Bonus/Malus, Einsparbeteiligung, Betreiberhaftung	1,4
	Lebenszykluskosten inkl. Risikokosten* (Barwert)	Barwert	68.312.127 €	70.862.509 €	77.563.236 €	-2.550.383 €	-9.251.109 €	-4%	-12%						
	Lebenszykluskosten inkl. Risikokosten* und USt.-Mehreinnahmen Bund, Länder, Kommunen (Nominal)	Nominal	67.385.716 €	83.589.910 €	85.726.497 €	-16.204.193 €	-18.340.781 €	-19%	-21%						
	Lebenszykluskosten inkl. Risikokosten* und USt.-Mehreinnahmen Bund, Länder, Kommunen (Barwert)	Barwert	66.938.879 €	70.862.509 €	77.563.236 €	-3.923.631 €	-10.624.357 €	-6%	-14%						

** Nominalwerte über 25 Jahre indexiert, Basisjahr 2011 (Nutzungsbeginn), Barwert - Diskontierungszinssatz: 4,46%

*** 1 = sehr gute Qualität, 2 = gute Qualität, 3 = mittlere Qualität, 4 = einfache Qualität, 5 = sehr niedrige Qualität

PPP-Wirtschaftlichkeitsuntersuchung Projekt 15 (Neubau/Bildungssektor)	Index	PPP[1]	KGSt[1]	BKI[1]	PPP - KGSt	PPP - BKI	PPP/ KGSt	PPP/ BKI	Qualität[2] PPP	KGSt	BKI	WERT	Anmerkungen
DIN 276 Baukosten									**2,4**	**3,0**	**3,0**	**100%**	**A Bauqualität, Kosten- und Terminsicherheit**
DIN 277 BGF in m²		9.369	9.369	9.369									
Bauzeit in Monaten		17	26	26	-9	-9	-35%	-35%	1	3	3	15%	Terminsicherheit: N.N.
DIN 276 Baukosten ohne KG 760		17.397.918 €	19.493.190 €	19.493.190 €	-2.095.272 €	-2.095.272 €	-11%	-10,7%	3	3	3	70%	Mittlerer Baustandard
Baukosten / qm BGF in T€		1.857 €	2.081 €	2.081 €	-224 €	-224 €	-11%	-11%					Kostensicherherheit N.N
KG 760 Zwischenfinanzierung, Nebenkosten		369.828 €	488.610 €	488.610 €	-118.782 €	-118.782 €	-24%	-24%					
Zinssatz		4,916%	4,316%	4,316%	0,60%	0,60%	14%	14%	1	3	3	15%	Zinssicherung fördert die hohe Kosten- und Terminsicherheit
DIN 276 Baukosten incl. KG 760		17.767.747 €	19.981.800 €	19.981.800 €	-2.214.053 €	-2.214.053 €	-11%	-11%					
Baukosten / qm BGF in T€		1.896 €	2.133 €	2.133 €	-236 €	-236 €	-11%	-11,1%					
DIN 18960 Nutzungskosten ohne Risikokosten		**44.481.299 €**	**45.243.403 €**	**52.814.848 €**	**-762.104 €**	**-8.333.549 €**	**-2%**	**-16%**	**2,6**	**3,3**	**2,6**	**100%**	**B Hochwertiges Instandhaltungs-/Energie-/Objektmanagement**
Nutzungskosten inkl. Risikokosten*		**44.481.299 €**	**45.723.366 €**	**52.814.848 €**	**-1.242.068 €**	**-8.333.549 €**	**-3%**	**-16%**					
KG 100 Kapitalkosten inkl. IZZB Fördermittel		30.632.418 €	32.951.809 €	32.951.809 €	-2.319.391 €	-2.319.391 €	-7%	-7%	2	3	3	10%	Forfaitierung ohne Einredeverzicht (Projektfinanzierung)
KG 100 Kapitalkosten IZZB		4.554.833 €	4.554.833 €	4.554.833 €	0 €	0 €	0%	0%					
KG 100 Kapitalkosten ohne IZZB-Fördermittel		26.077.585 €	28.396.976 €	28.396.976 €	-2.319.391 €	-2.319.391 €	-8%	-8%					
KG 100 Zinsen Endfinanzierung (inkl. IZZB)		13.919.926 €	13.458.346 €	13.458.346 €	461.580 €	461.580 €	3%	3%					
KG 100 Zinssatz Endfinanzierung		5,301%	4,74%	4,74%	0,56%	0,56%	12%	12%					
KG 200 Objektmanagement	1,42%	779.903 €	2.848.310 €	2.052.441 €	-2.068.407	-1.272.537	-73%	-62%	2	3	3	10%	MWSt (Personal) / CaFM / /Qualitätssicherung/ Vergütung Personal
KG 210 Personalkosten	1,42%	712.326 €		2.052.441 €									KG 390 Kosten enthalten Objektmanagementkosten (PFI)
KG 210 Eigenkosten der Stadt	1,42%	67.578 €											
KG 300 Betriebskosten		8.166.557 €	7.031.302 €	9.575.341 €	1.135.255 €	-1.408.784 €	16%	-15%					
KG 310 Versorgung		2.350.867 €	2.947.212 €	2.264.264 €	-596.345 €	86.603 €	-20%	4%	2,5	3	2,25	10%	Einsparungen bei Verbrauchsmengen gehen zu 100% an AN; bislang
KG 311 Wasser	1,49%	272.700 €	139.319 €	112.814 €	133.381 €	159.886 €	96%	142%					noch keine detaillierte Untersuchung der Verbrauchsmengen
KG 312 Wärme	1,12%	1.362.989 €	1.742.085 €	1.461.218 €	-379.096 €	-98.229 €	-22%	-7%					
KG 313 Strom	3,57%	715.179 €	1.065.808 €	690.232 €	-350.630 €	24.946 €	-33%	4%					
KG 320 Entsorgung	1,42%	420.589 €	420.589 €	420.589 €	0 €	0 €	0%	0%	3	3	3	10%	Bislang noch keine qualitative Untersuchung
KG 330 Reinigung	2,49%	2.401.821 €	2.692.809 €	3.279.430 €	-290.988 €	-877.609 €	-11%	-27%	3	3	3	10%	Bislang noch keine qualitative Untersuchung
KG 350 Wartung, Inspektion	2,20%		309.359 €	2.781.563 €	-309.359 €	-2.781.563 €			3	5	1	10%	Service Levels/ Betreiberhaftung zwingen zu intensiver W&I
KG 370 Abgaben, Beiträge, Versicherungen	1,56%	452.769 €	152.561 €	444.521 €	300.208 €	8.248 €	197%	2%	3	3	3	10%	
KG 391 Mensabetrieb	1,42%	384.973 €	384.973 €	384.973 €	0 €	0 €	0%	0%	3	3	3	10%	
KG 393 Sonstige Betriebskosten	1,42%	2.155.537 €	123.799 €	0 €	2.031.739 €	2.155.537 €	1641%		2	3	3	10%	Mehrkosten PFI fördern Qualitätsmanagement
KG 400 Instandsetzung	2,92%	4.902.421 €	2.891.946 €	8.235.258 €	2.010.475 €	-3.332.837 €	70%	-40%					Hochwertiges Instandhaltungsmanagement: Service levels,
KG 460 Risiko Bauschäden (Instandhaltung)*	2,92%		479.963 €		-479.963 €	479.963 €							Nutzeransprüche auf Einhaltung von Reaktions-/Behebungszeiten
KG 200/350/400 Instandhaltung		5.401.049 €	3.397.183 €	12.138.101 €	2.003.866 €	-6.737.052 €	59%	-56%					Kostenobergrenzen, bauteilspezifische Instandhaltungskalkulation
KG 200/350/400 Instandhaltungsbudget/WHK p.a.; KGSt-SOLL: 1,1%	1,07%	1,3%	0,7%	1,9%					3	4	2	10%	Entgeltkürzung bei Schlechtleistung, Rücklagenkonto
Einnahmen ohne Risikokosten		**26.747.096 €**	**26.747.096 €**	**26.747.096 €**	**0 €**	**0**	**0%**	**0%**					
Einnahmen inkl. Risikokosten*		**27.326.037 €**	**23.707.653 €**	**29.369.360 €**	**3.618.384 €**	**-2.043.323**	**15%**	**-7%**	**2,5**	**4,0**	**1,5**	**100%**	**C Chance auf guten Restwert ohne Instandhaltungsstau**
Einnahmen inkl. Risikok.* / USt-Mehreinnahmen		**27.439.770 €**	**23.707.653 €**	**29.369.360 €**	**3.732.117 €**	**-1.929.590**	**16%**	**-7%**					
KG 500 Restwert	2,92%	27.326.037 €	23.707.653 €	29.369.360 €	3.618.384 €	-2.043.323 €	15%	-7%	2,5	4	1,5		(1) Zusammenhang Instandhaltungsbudget / Nutzungsdauer
Nutzungsdauer		84	64	102	20	-18	31%	-21%					(vgl. PPP-Schulstudie 2019, Rn. 137) / (2) PPP/BKI: günstigere
Restwertchance/-risiko (Instandhaltung)*		578.941 €	-3.039.443 €	2.622.264 €	3.618.384 €	-2.043.323 €	-119%	-78%					Baukosten führen zu stillen Reserven (3) Indexierung Restwert
KG 500 USt-Mehreinnahmen Bund/Länder/Kom.	1,42%	113.733 €											
Lebenszykluskosten ohne Risikokosten	Nominal	**17.734.203 €**	**18.496.307 €**	**26.067.752 €**	**-762.104 €**	**-8.333.549 €**	**-4%**	**-32%**					
	Barwert	16.748 €	17.335 €	21.401 €	587 €	4.853 €	-3%	-22%					
Lebenszykluskosten inkl. Risikokosten*	Nominal	**17.155.261 €**	**22.016.713 €**	**23.445.488 €**	**-4.860.452 €**	**-6.290.226 €**	**-22%**	**-27%**	**2,5**	**3,4**	**2,4**	**(A+B+C)/3**	**PPP: Anreizstrukturen fördern Qualitätsmanagement: Kostenobergrenzen, Bonus/Malus, Einsparbeteiligung, Betreiberhaftung**
	Barwert	16.558 €	18.494 €	20.538 €	-1.936 €	-3.980 €	-10%	-19%					
Lebenszykluskosten inkl. Risikokosten* und USt-Mehreinnahmen Bund, Länder, Kommunen	Nominal	**17.041.529 €**	**22.016.713 €**	**23.445.488 €**	**-4.974.184 €**	**-6.403.959 €**	**-23%**	**-27%**					
	Barwert	16.494 €	18.494 €	20.538 €	-2.001 €	-4.044 €	-11%	-20%					

[1] Nominalwerte über 23,5 Jahre indexiert, Basisjahr 2008 (Nutzungsbeginn), Barwert - Diskontierungszinssatz 4,74 %

[2] 1 = sehr gute Qualität, 2 = gute Qualität, 3 = mittlere Qualität, 4 = einfache Qualität, 5 = sehr niedrige Qualität [3] Fragebogen Bewertung Bau- und Betriebsleistung durch Auftraggeber

Pos	Bezeichnung	Index	PPP[1]	KGSt[1]	BKI[1]	PPP - KGSt	PPP - BKI	PPP/ KGSt	PPP/ BKI	Qualität[2] PPP	KGSt	BKI	WERT	Anmerkungen	FB B+B[3]
DIN 276	**Baukosten**									**2,3**	**2,8**	**2,8**	**100%**	A Bauqualität, Kosten- und Terminsicherheit	
DIN 277	BGF in m²		11.433	11.433	11.433										
	Bauzeit in Monaten		19	26	26	-7	-7	-27%	-27%	1	3	3	10%	Terminsicherheit 100%	1
DIN 276	Baukosten ohne KG 760		25.782.069 €	29.476.070 €	29.476.070 €	-3.694.001	-3.694.001	-13%	-13%	2,75	2,75	2,75	70%	Überdurchschnittlicher Baustandard	2
	Baukosten / qm BGF in T€		2.255 €	2.578 €	2.578 €	-323	-323	-13%	-13%	2	3	3	10%	Kostensicherheit: +2,5%	
KG 760	Zwischenfinanzierung, Nebenkosten		283.303 €	285.261 €	285.261 €	-1.958	-1.958	-1%	-1%						
	Zinssatz		1.128%	0.528%	0.528%	0.60%	0.60%	114%	114%	1	3	3	10%	Zinssicherung fördert die hohe Kosten- und Terminsicherheit	
DIN 276	Baukosten incl. KG 760		26.065.372 €	29.761.331 €	29.761.331 €	-3.695.959	-3.695.959	-12%	-12%						
	Baukosten / qm BGF in T€		2.280 €	2.603 €	2.603 €	-323	-323	-12%	-12%						
DIN 1896	**Nutzungskosten ohne Risikokosten**		**60.949.336**	**63.975.403**	**80.658.774**	**-3.026.067**	**-19.709.438**	**-5%**	**-24%**	**2,7**	**3,3**	**2,7**	**100%**	B Hochwertiges Instandhaltungs-/Energie-/Objektmanagement	
	Nutzungskosten inkl. Risikokosten*		**60.949.336**	**66.347.322**	**80.658.774**	**-4.397.986**	**-19.709.438**	**-7%**	**-24%**						
KG 100	Kapitalkosten		34.683.369 €	39.601.323 €	39.601.323 €	-4.917.954	-4.917.954	-12%	-12%	3	3	3	10,0%	Endfinanzierung durch Kommune	1
KG 100	Zinsen Endfinanzierung		8 617 997 €	9 839 992 €	9 839 992 €	-1 221 995	-1 221 995	-12%	-12%						
KG 100	Zinssatz Endfinanzierung		2,000%	2,000%	2.000%	0.00%	0.00%								
KG 200	Objektmanagement	1,42%	5.347.761 €	4.717.917 €	3.792.172 €	629.844	1.555.589	13%	41%	2	3	3	10,0%	MWSt (Personal) / CaFM / /Qualitätssicherung/ Vergütung Personal	1
KG 210	Projektleitung, techn. Hausmeister etc.	1,42%	3.339.152 €												
KG 210	Eigenkosten der Stadt (inkl. Pedell)	1,42%	2 008 609 €												
KG 300	Betriebskosten		15.947.690 €	12.874.296 €	24.435.062 €	3.073.394 € -	8.487.373 €	24%	-35%						
KG 310	Versorgung		2 060 183 €	4 128 502 €	4 604 914 € -	2 068 320 € -	2 544 732 €	-50%	-55%	2	3	3,5	10,0%	Einsparungen bei Verbrauchsmengen werden hälftig geteilt	1
KG 311	Wasser	1,49%	119 568 €	107 847 €	209 723 €	11.720	-90 156	11%	-43%					Kostenvorteile sprechen für deutlich niedrigeren Energieverbrauch	
KG 312	Heizung	1,12%	1 055 445 €	2 088 044 €	2 227 097 € -	1 032 600 € -	1 171 652 €	-49%	-53%					Bislang noch keine qualitative Untersuchung	
KG 313	Strom	3,57%	885 170 €	1.932 611 €	2 168 094 €	-1.047.441	-1 282 924	-54%	-59%						
KG 320	Entsorgung	1,42%	756 113 €	756 113 €	756 113 €	0	0	0%	0%	3	3	3	10,0%	Bislang noch keine qualitative Untersuchung	1
KG 330	Reinigung	2,49%	7.908.109 €	6.891.591 €	6.248.878 €	1.016.518	1.659.231	15%	27%	3	3	3	10,0%	Bislang noch keine qualitative Untersuchung	1
KG 351	Energiemanagement	2,20%	174 267 €			174 267	174 267								
KG 352	Wartung, Inspektion	2,20%	4 815 691 €	402 445 €	11.366.060 €	4.413 246	-6.550.369	1097%	-58%	2	5	1	10,0%	PPP-Anreizstruktur: Service Levels und Betreiberhaftung zwingen	1
KG 370	Abgaben, Beitrage, Versicherungen	1,56%	0 €	255 445 €	1 031 302 €	-255 445	-1 031 302			3	3	3	10,0%	zu hochwertiger Inspektion&Wartung	
KG 370	Begleitende Due Diligence	1,56%	0 €												
KG 391	Mensabetrieb	1,42%	233 328 €	233 328 €	233 328 €	0	0	0%	0%	3	3	3	10,0%	Bislang noch keine qualitative Untersuchung	
KG 393	Sonstige Betriebskosten	1,42%	0 €	206 872 €	194 467 €	-206 872	-194 467			3	3	3	10,0%		
KG 400	Instandsetzung	2,92%	4.970.517 €	6.781.868 €	12.830.217 € -	1.811.351 € -	7.859.700 €	-27%	-61%					Hochwertiges Instandhaltungsmanagement: Service levels.	1
KG 460	Risiko Bauschäden (Instandhaltung)*	2,92%		1.371 919 €		-1.371 919	1.371.919							Nutzeransprüche auf Einhaltung von Reaktions-/Behebungszeiten	
KG 200/350/400	Instandhaltung	2,92%	14 504 124 €	7 184 313 €	24 196 277 €	7 319 811	-9 692 152	102%	-40%	3	4	1	10,0%	Kostenobergrenzen, bauteilspezifische Instandhaltungskalkulation	
KG 200/350/400	Instandhaltungskosten in% der WHK p.a.	1,20%	1,18%	0,65%	2,04%									Entgeltkürzung bei Schlechtleistung, Rücklagenkonto	
	Einnahmen ohne Risikokosten		**42.872.478 €**	**42.872.478 €**	**42.872.478 €**	**0 €**	**0**	**0%**	**0%**	**3,0**	**4,0**	**1,0**	**100%**	C Chance auf guten Restwert ohne Instandhaltungsstau	
	Einnahmen inkl. Risikokosten*		**42.546.865 €**	**33.115.294 €**	**48.220.926 €**	**9.431.571 €**	**-5.674.062**	**28%**	**-12%**						
	Einnahmen inkl. Risikok.* / USt-Mehreinnahmen		**43.104.636 €**	**33.115.294 €**	**48.220.926 €**	**9.989.342 €**	**-5.116.290**	**30%**	**-11%**						
KG 500	Restwert inkl. Instandhaltungsrisiko	2,92%	42.546.865 €	33.115.294 €	48.220.926 €	9.431.571	-5.674.062	28%	-12%	3	4	1	100%	(1) Zusammenhang Instandhaltungsbudget / Nutzungsdauer	1
	Nutzungsdauer		79	58	101	21	-22	36%	-22%					(vgl. PPP-Schulstudie 2019, Rn. 137) / (2) PPP/BKI: günstigere	
	Restwertrisiko (Instandhaltung)*		-325 614 €	-9 757 185 €	5 348 448 €	9 431 571	-5 674 062	-97%	-106%					Baukosten führen zu stillen Reserven (3) Indexierung Restwert	
KG 500	USt-Mehreinnahmen Bund/Länder/Kom.	1,42%	557 771 €												
	Lebenszykluskosten ohne Risikokosten	Nominal	**18.076.858 €**	**21.102.925 €**	**37.786.295 €**	**-3.026.067 €**	**-19.709.438 €**	**-14%**	**-52%**						
		Barwert	21.635.872 €	23.962.990 €	36.217.397 €	-2.327.118 €	-14.581.525 €	-10%	-40%						
	Lebenszykluskosten inkl. Risikokosten*	Nominal	**18.402.472 €**	**32.232.029 €**	**32.437.848 €**	**-13.829.557 €**	**-14.035.376 €**	**-43%**	**-43%**	**2,7**	**3,4**	**2,2**	**(A+B+C)/3**	PPP: Anreizstrukturen fördern Qualitätsmanagement: Kostenobergrenzen, Bonus/Malus, Einsparbeteiligung, Betreiberhaftung	**1,2**
		Barwert	21.819.229 €	21.472.120 €	21.375.562 €	347.109 €	443.667 €	2%	2%						
	Lebensz	Nominal	**17.844.700 €**	**32.232.029 €**	**32.437.848 €**	**-14.387.328 €**	**-14.593.147 €**	**-45%**	**-45%**						
		Barwert	21.403.246 €	21.472.120 €	21.375.562 €	-68.874 €	27.684 €	0%	0%						

[1] Nominalwerte über 30 Jahre indexiert. Basisjahr 2019. Barwert - Diskontierungszinssatz 2 %

[2] 1 = sehr gute Qualität, 2 = gute Qualität, 3 = mittlere Qualität, 4 = einfache Qualität, 5 = sehr niedrige Qualität. [3] Fragebogen Bewertung Bau- und Betriebsleistung durch Auftraggeber

PPP-Wirtschaftlichkeitsuntersuchung Projekt 17 (Sanierung/Bildungssektor)		Index	PPP[1]	KGSt[1]	BKI[1]	PPP - KGSt	PPP - BKI	PPP/ KGSt	PPP/ BKI	Qualität[3] PPP	KGSt	BKI	WERT	Anmerkungen	FB B+B[4]
DIN 276	**Baukosten**									2,4	3,0	3,0	100%	A. Bauqualität, Kosten- und Terminsicherheit	
DIN 277	BGF in m²		23.300	23.300	23.300										
	Bauzeit in Monaten (Ø pro Gebäude)		30	39	39	-9	-9	-23%	-23%	1	3	3	10%	Terminsicherheit: 100%	
DIN 276	Baukosten ohne KG 760		27.127.029 €	31.559.332 €	31.559.332 €	-4.432.303	-4.432.303	-14%	-14%	3	3	3	70%	Durchschnittlicher Baustandard, Denkmalschutzprojekt	
	Baukosten / qm BGF in T€		1.164 €	1.354 €	1.354 €	-190	-190	-14%	-14%	1	3	3	10%	Kostensicherheit +3,5% Mehrkosten bei Denkmalschutzprojekt	
KG 760	Zwischenfinanzierung, Nebenkosten		354.111 €	457.579 €	457.579 €	-103.468	-103.468	-23%	-23%						
	Zinssatz		2,705%	2,105%	2,105%	0,60%	0,60%	29%	29%	1	3	3	10%	Zinssicherung fördert die hohe Kosten- und Terminsicherheit	
DIN 276	Baukosten incl. KG 760		27.481.140 €	32.016.911 €	32.016.911 €	-4.535.771	-4.535.771	-14%	-14%						
	Baukosten / qm BGF in T€		1.179 €	1.374 €	1.374 €	-195	-195	-14%	-14%						
DIN 18960	**Nutzungskosten ohne Risikokosten**		92.553.953	82.260.956	100.145.441	10.292.997	-7.591.488	13%	-8%	2,3	3,3	2,6	100%	B Hochwertiges Instandhaltungs-/Energie-/Objektmanagement	
	Nutzungskosten inkl. Risikokosten*		92.553.953	83.578.540	100.145.441	8.975.413	-7.591.488	11%	-8%						
KG 100	Kapitalkosten Sanierung und Bestandsgebäude		43.572.779 €	49.723.970 €	49.723.970 €	-6.151.192	-6.151.192	-12%	-12%	3	3	3	11,1%	Forfaitierung mit Einredeverzicht	
KG 100	Zinsen Endfinanzierung Sanierung und Bestandsgebäude		16.091.639 €	17.707.059 €	17.707.059 €	-1.615.420	-1.615.420	-9%	-9%						
KG 100	Zinssatz Endfinanzierung		3,46%	3,29%	3,29%	0,17%	0,17%	5%	5%						
KG 200	Objektmanagement	1,42%	12.711.809 €	6.503.659 €	6.183.360 €	6.208.150	6.528.448	95%	106%	2	3	3	11,1%	MWSt (Personal) / CaFM / /Qualitätssicherung/ Vergütung Personal	
KG 210	Personalkosten	1,42%	12.297.577 €		6.183.360 €										
KG 210	Eigenkosten der Stadt	1,42%	414.232 €												
KG 300	Betriebskosten		22.128.091 €	18.337.418 €	26.192.320 €	3.790.673	-4.064.229	21%	-16%						
KG 310	Versorgung[2]	[2]	4.898.233 €	7.329.885 €	7.330.341 €	-2.431.652	-2.432.108	-33%	-33%	2	3	3	11,1%	Einsparungen ggü. garantierten Maximalmengen erhält AG zu 100%	
KG 311	Wasser	1,49%	236.596 €	1.083.567 €	1.140.161 €	-846.971	-903.566	-78%	-79%					Verbrauch Betriebsjahr 1-15: 32% < garantierte Maximalmenge	
KG 312	Wärme	1,12%	3.272.234 €	3.678.873 €	4.028.224 €	-406.639	-755.990	-11%	-19%					Verbrauch Betriebsjahr 1-15: 43% < garantierte Maximalmenge	
KG 313	Strom	3,57%	1.389.404 €	2.567.445 €	2.161.956 €	-1.178.042	-772.552	-46%	-36%					Verbrauch Betriebsjahr 1-15: 24% > garantierte Maximalmenge, Risiko AN	
KG 320	Entsorgung	1,42%	1.205.219 €	1.205.219 €	1.205.219 €	0	0	0%	0%	3	3	3	11,1%	Bislang noch keine qualitative Untersuchung	
KG 330	Reinigung	2,49%	7.461.468 €	8.575.787 €	9.068.994 €	-1.114.319	-1.607.526	-13%	-18%	3	3	3	11,1%	Bislang noch keine qualitative Untersuchung	
KG 351	Bedienung TGA - Energiemanagement	2,20%													
KG 350	Wartung, Inspektion	2,20%		718.241 €	6.748.351 €	-718.241	-6.748.351			2	5	1	11,1%	Service Level + Betreiberhaftung zwingen zu intensiver Wartung&Inspektion	
KG 360	Sicherheits- und Überwachungsdienste			0 €	0 €										
KG 370	Abgaben, Beiträge, Versicherungen	1,56%	794.132 €	442.340 €	1.547.381 €	351.792	-753.249	80%	-49%	3	3	3	11,1%	Bislang noch keine qualitative Untersuchung	
KG 393	Sonstige Betriebskosten	1,42%	7.769.039 €	65.946 €	292.033 €	7.703.093	7.477.005	11681%	2560%	2	3	3	11,1%	PPP: Bürgschaften, Verwaltungskosten als Teil des Qualitätsmanagements	
KG 400	Instandsetzung	2,92%	14.141.275 €	7.695.909 €	18.045.791 €	6.445.366	-3.904.516	84%	-22%					Hochwertiges Instandhaltungsmanagement: Service levels,	
KG 460	Risiko Bauschäden (Instandhaltung)*	2,92%		1.317.584 €		-1.317.584	1.317.584							Nutzeransprüche auf Einhaltung von Reaktions-/Behebungszheiten	
KG 200/350/400	Instandhaltung	2,92%	16.869.686 €	8.414.149 €	27.921.479 €	8.455.537	-11.051.793	100%	-40%					Kostenobergrenzen, bauteilspezifische Instandhaltungskalkulation	
KG 200/350/400	Instandhaltungsbudget/WHK p.a.; KGST-SOL 1,19%		1,98%	0,65%	1,81%					1	4	1,5	11,1%	Entgeltkürzung bei Schlechtleistung, Rücklagenkonto	
	Einnahmen ohne Risikokosten		58.877.495 €	58.877.495 €	58.877.495 €	0 €	0	0%	0%	1,0	4,0	1,5	100%	C Chance auf guten Restwert ohne Instandhaltungsstau	
	Einnahmen inkl. Risikokosten*		64.013.731 €	48.726.202 €	63.103.152 €	15.287.529 €	910.579	31%	1%						
	Einnahmen inkl. Risikok.* / USt-Mehreinnahmen		65.987.702 €	48.726.202 €	63.103.152 €	17.261.500 €	2.884.550	35%	5%						
KG 500	Restwert	2,92%	64.013.731 €	48.726.202 €	63.103.152 €	15.287.529	910.579	31%	1%	1	4	1,5	100%	(1) Zusammenhang Instandhaltungsbudget / Nutzungsdauer	
	Nutzungsdauer		99	58	95	41	4	71%	4%					(vgl. PPP-Schulstudie2019, Rn. 137) / (2) PPP/BKI: günstigere	
	Restwertchance/-risiko (Instandhaltung)*		5.136.237 €	-10.151.292 €	4.225.658 €	15.287.529	910.579	-151%	22%					Baukosten führen zu stillen Reserven (3) Indexierung Restwert	
KG 500	USt-Mehreinnahmen Bund/Länder/Kom.	1,42%	1.973.971 €												
	Lebenszykluskosten ohne Risikokosten (Nominal)		33.676.458 €	23.383.461 €	41.267.946 €	10.292.997 €	-7.591.488	44%	-18%						
	(Barwert)		37.537 €	29.411 €	40.554 €	8.126 €	-3.017 €	28%	-7%						
	Lebenszykluskosten inkl. Risikokosten* (Nominal)		28.540.221 €	34.852.338 €	37.042.289 €	-6.312.116 €	-8.502.067 €	-18%	-23%	1,9	3,4	2,4	(A+B+C)/3	PPP: Anreizstrukturen fördern Qualitätsmanagement: Kostenobergrenzen, Bonus/Malus, Einsparbeteiligung, Betreiberhaftung	
	(Barwert)		35.462 €	34.044 €	38.847 €	1.418 €	-3.385 €	4%	-9%						
	Lebenszykluskosten inkl. Risikokosten* und USt.-Mehreinnahmen Bund, Länder, Kommunen (Nominal)		26.566.251 €	34.852.338 €	37.042.289 €	-8.286.087 €	-10.476.038 €	-24%	-28%						
	(Barwert)		34.198 €	34.044 €	38.847 €	153 €	-4.650 €	0%	-12%						

[1] Nominalwerte über 29 Jahre indexiert, Basisjahr 2005, Barwert - Diskontierungszinssatz: 4,74 % [2] Basis KG 310: 1= Vertragliche PLAN-Verbrauchsmengen, 2= IST-Verbrauchsmengen
[3] 1 = sehr gute Qualität, 2 = gute Qualität, 3 = mittlere Qualität, 4 = einfache Qualität, 5 = sehr niedrige Qualität [4] Fragebogen Bewertung Bau- und Betriebsleistung durch Auftraggeber

PPP-Wirtschaftlichkeitsuntersuchung Projekt 18 (Sanierung)		Index	PPP1)	KGSt**	BKI**	PPP - KGSt	PPP - BKI	PPP/ KGSt	PPP/ BKI	Qualität[2] PPP	KGSt	BKI	WERT	Anmerkungen	FB B+B[3]
DIN 276	**Baukosten**									2,4	3,0	3,0	100%	A Bauqualität, Kosten- und Terminsicherheit	
DIN 277	BGF in m²		7.691	7.691	7.691										
	Bauzeit in Monaten		17	26	26	-9	-9	-35%	-35%	1	3	3	15%	Terminsicherheit N.N	2
DIN 276	Baukosten ohne KG 760		9.000.256 €	9.824.364 €	9.824.364 €	-824.108	-824.108	-8%	-8%	3	3	3	70%	Mittlerer Baustandard	2
	Baukosten / qm BGF in T€		1.170 €	1.277 €	1.277 €	-107	-107	-8%	-8%					Kostensicherheit N.N	
KG 760	Zwischenfinanzierung, Nebenkosten		359.811 €	415.913 €	415.913 €	-56.102	-56.102	-13%	-13%						
	Zinssatz		4.973%	4.373%	4.373%	0.60%	0.60%	14%	14%	1	3	3	15%	Zinssicherung fördert die hohe Kosten- und Terminsicherheit	
DIN 276	Baukosten incl. KG 760		9.360.067 €	10.240.277 €	10.240.277 €	-880.210	-880.210	-9%	-9%						
	Baukosten / qm BGF in T€		1.217 €	1.331 €	1.331 €	-114	-114	-9%	-9%						
DIN 18960	**Nutzungskosten ohne Risikokosten**		30.017.790	27.265.058	32.139.972	2.752.732	-2.122.182	10%	-7%						
	Nutzungskosten inkl. Risikokosten*		30.017.790	27.665.727	32.139.972	2.352.063	-2.122.182	9%	-7%	2,7	3,3	2,8	100%	B Hochwertiges Instandhaltungs-/Energie-/Objektmanagement	
KG 100	Kapitalkosten Sanierung und Bestand		16.415.890 €	17.026.836 €	17.026.836 €	-610.947	-610.947	-4%	-4%	2	3	3	10,0%	Forfaitierung ohne Einredeverzicht (Projektfinanzierung)	2
KG 100	Zinsen Endfinanzierung Sanierung und Bestand		7 055 823 €	6 786 559 €	6 786 559 €	269.263	269.263	4%	4%						
KG 100	Zinssatz Endfinanzierung		5,3%	4.74%	4.74%	0.56%	0.56%	12%	12%						
KG 200	Objektmanagement	1.42%	846.425 €	2.066.998 €	1.784.114 €	-1.220.572	-937.689	-59%	-53%	2	3	3	10,0%	MWSt (Personal) / CaFM / /Qualitätssicherung/ Vergütung Personal	2
KG 210	Personalkosten	1.42%	775.028 €		1.784.114 €									KG 390 Kosten enthalten Objektmanagementkosten (PFI)	
KG 210	Eigenkosten der Stadt	1.42%	71.397 €												
KG 300	Betriebskosten		8.779.495 €	6.002.131 €	8.345.275 €	2.777.364	434.220	46%	5%						
KG 310	Versorgung		3 004 996 €	1 939 396 €	2 642 528 €	1 065 600	362 468	55%	14%	4	3	4	10,0%	Einsparungen bei Verbrauchsmengen gehen zu 100% an AN	2
KG 311	Wasser	1.49%	170 411 €	80 477 €	122 396 €	89 935	48 016	112%	39%					Bislang noch keine qualitative Untersuchung	
KG 312	Wärme	1.12%	2 294 523 €	1 126 903 €	1 682 375 €	1 167 620	612 148	104%	36%						
KG 313	Strom	3.57%	540.062 €	732.016 €	837.758 €	-191.954	-297.696	-26%	-36%						
KG 320	Entsorgung	1.42%	311 433 €	311.433 €	311 433 €		0	0%	0%	3	3	3	10,0%	Bislang noch keine qualitative Untersuchung	
KG 330	Reinigung	2.49%	2 416 393 €	2 940 144 €	2 670 796 €	-523 751	-254 403	-18%	-10%	3	3	3	10,0%	Bislang noch keine qualitative Untersuchung	
KG 351	Bedienung TGA - Energiemanagement	2.20%													
KG 350	Wartung, Inspektion	2.20%		225.003 €	1.836.842 €	-225 003	-1.836.842			3	5	1	10,0%	Service Levels/ Betreiberhaftung zwingen zu intensiver W&I	
KG 360	Sicherheits- und Überwachungsdienste														
KG 370	Abgaben, Beiträge, Versicherungen	1.56%	477 986 €	108 264 €	454 063 €	369 722	23 923	342%	5%	3	3	3	10,0%	Bislang noch keine qualitative Untersuchung	
KG 391	Mensabetrieb	1.42%	406 734 €	406 734 €	406 734 €	0	0	0%	0%	3	3	3	10,0%	Bislang noch keine qualitative Untersuchung	
KG 393	Sonstige Betriebskosten	1.42%	2 161 953 €	71 158 €	22 880 €	2 090 795	2 139 073	2938%	9349%	2	3	3	10,0%	Verwaltungskosten, Mehrkosten PFI fördern Qualitätsmanagement	
KG 400	Instandsetzung	2.92%	3.975.980 €	2.569.762 €	4.983.747 €	1.406.218	-1.007.767	55%	-20%					Überdurchschnittliches Instandhaltungsmanagement: Service levels.	
KG 460	Risiko Bauschäden (Instandhaltung)*	2.92%		400.669 €		-400.669	400.669							Nutzeransprüche auf Einhaltung von Reaktions-/Behebungszeiten	
KG 200/350/400	Instandhaltung		4 568 478 €	2 877 440 €	7 625 763 €	1 691 038	-3 057 285	59%	-40%					Kostenobergrenzen, bauteilspezifische Instandhaltungskalkulation	2
KG 200/350/400	Instandhaltungsbudget/WHK p.a.; KGST-Soll:	1,17%	1,53%	0,61%	1,63%					3	4	2	10%	Entgeltkürzung bei Schlechtleistung: Rücklagenkonto	
Einnahmen ohne Risikokosten			19.044.400 €	19.044.400 €	19.044.400 €	0 €	0	0%	0%						
Einnahmen inkl. Risikokosten*			19.919.781 €	15.551.408 €	20.090.796 €	4.368.373 €	-171.015	28%	-1%	2,5	4,0	2,0	100%	C Chance auf guten Restwert ohne Instandhaltungsstau	
Einnahmen inkl. Risikok.* / USt-Mehreinnahmen			20.036.968 €	15.551.408 €	20.090.796 €	4.485.559 €	-53.828	29%	0%						
KG 500	Restwert	2.92%	19.919.781 €	15.551.408 €	20.090.796 €	4.368.373	-171.015	28%	-1%	2.5	4	2		(1) Zusammenhang Instandhaltungsbudget / Nutzungsdauer	
	Nutzungsdauer		89	57	91	32	-2	56%	-2%					(vgl. PPP-Schulstudie 2019, Rn. 137) / (2) PPP/BKI: günstigere	
	Restwertchance/-risiko (Instandhaltung)*		875 381 €	-3 492 992 €	1 046 396 €	4 368 373	-171 015	-125%	-16%					Baukosten führen zu stillen Reserven (3) Indexierung Restwert	
KG 500	USt-Mehreinnahmen Bund/Länder/Kom.	1.42%	117.186 €												
Lebenszykluskosten ohne Risikokosten		Nominal	10.973.390 €	8.220.658 €	13.095.572 €	2.752.732 €	-2.122.182 €	33%	-16%						
		Barwert	11.148 €	9.561 €	12.347 €	1.584 €	-1.202 €	17%	10%						
Lebenszykluskosten inkl. Risikokosten*		Nominal	10.098.009 €	12.114.319 €	12.049.176 €	-2.016.310 €	-1.951.167 €	-17%	-16%					PPP: Anreizstrukturen fördern Qualitätsmanagement: Kostenobergrenzen, Bonus/Malus, Einsparbeteiligung, Betreiberhaltung	2,0
		Barwert	10.858 €	10.843 €	12.003 €	15 €	-1.145 €	0%	-10%	2,5	3,4	2,6	(A+B+C)/3		
Lebenszykluskosten inkl. Risikokosten* und USt.-Mehreinnahmen Bund, Länder, Kommunen		Nominal	9.980.823 €	12.114.319 €	12.049.176 €	-2.133.497 €	-2.068.354 €	-18%	-17%						
		Barwert	10.790 €	10.843 €	12.003 €	-52 €	-1.213 €	0%	-10%						

** Nominalwerte über 25 Jahre indexiert, Basisjahr 2008 (Nutzungsbeginn), Barwert - Diskontierungszinssatz 4.74 %

2) 1 = sehr gute Qualität, 2 = gute Qualität, 3 = mittlere Qualität, 4 = einfache Qualität, 5 = sehr niedrige Qualität 3) Fragebogen Bewertung der Bau- und Betriebsleistung durch den AG

ANHANG B1 – Internet-Recherche – Verzögerungen bei Schulbauprojekten

lfd. Nr.	Überschrift	Standort	Quelle	Datum	Verzögerung	Fundstelle
1	Fertigstellung der Rickenbacher Schule verzögert sich	Rickenbach	Badische Zeitung	20.02.2020	6 Monate	https://www.badische-zeitung.de/fertigstellung-der-rickenbacher-schule-verzoegert-sich--182350013.html
2	Fertigstellung der Otto-Hahn-Schulen erneut verschoben	Bergisch Gladbach	IGL Bürgerportal	31.10.2019	12 Monate	https://in-gl.de/2019/10/31/fertigstellung-der-otto-hahn-schulen-erneut-verschoben/
3	Neubau der Wiehagenschule: Verantwortliche räumen Fehler in öffentlicher Aufklärung ein	Werne	Ruhr Nachrichten	22.06.2019	3-4 Monate	https://www.ruhrnachrichten.de/werne/wiehagenschule-neubau-fehler-stadtverwaltung-eingeraeumt-werne-1419388.html
4	Teilmodernisierung der Sporthalle Geschwister-Scholl-Schule	Leipzig	Kleine Anfrage Freibeuterfraktion	23.07.2017	2 Monate	https://fdp-stadtrat-leipzig.de/anfragen/verzoegerungen-bei-bau-und-sanierungsarbeiten-an-schulen-und-kitas/
5	Brandschutzmaßnahme Förderschule Rosenweg	Leipzig	Kleine Anfrage Freibeuterfraktion	23.07.2017	8 Monate	https://fdp-stadtrat-leipzig.de/anfragen/verzoegerungen-bei-bau-und-sanierungsarbeiten-an-schulen-und-kitas/
6	Energetische Sanierung F.A.Brockhaus-Schule	Leipzig	Kleine Anfrage Freibeuterfraktion	23.07.2017	12 Monate	https://fdp-stadtrat-leipzig.de/anfragen/verzoegerungen-bei-bau-und-sanierungsarbeiten-an-schulen-und-kitas/
7	Neue Grundschule: Fertigstellung verzögert sich weiter	Peine/Stederdorf	Peiner Allgemeine	22.02.2018	6 Monate +x	https://www.paz-online.de/Stadt-Peine/Neue-Schule-in-Stederdorf-Fertigstellung-verzoegert-sich-weiter
8	Firma spurlos verschwunden: Bauverzögerung an der Grundschule in Rickenbach	Rickenbach	Südkurier	24.09.2020	+ 3 Monate	https://www.suedkurier.de/region/hochrhein/rickenbach/firma-spurlos-verschwunden-bauverzoegerung-an-der-grundschule-in-rickenbach;art372616,10622324
9	Lindenschule Fertigstellung verzögert sich	Stadt Frechen	Rheinische Anzeigenblätter	22.03.2018	+ 5 Monate	https://www.rheinische-anzeigenblaetter.de/mein-blatt/wochenende/frechen/lindenschule-fertigstellung-verzoegert-sich-29910618
10	Darum verzögert sich die Fertigstellung des Schulzentrums Aspe um Jahre	Bad Salzuflen / Lippe	LZ.DE	10.09.2020	+ 36 Monate	https://www.lz.de/lippe/bad_salzuflen/22858394_Darum-verzoegert-sich-die-Fertigstellung-des-Schulzentrums-Aspe-um-Jahre.html
11	Von oben bis unten durchnässt: Wasserschaden verzögert Schuleröffnug	Gemeinde Haar	Merkur.de	03.12.2020	+ 3 Monate	https://www.radiolippe.de/nachrichten/lippe/detailansicht/verzoegerungen-am-schulzentrum-aspe-werden-teuer.htm?L=0&cHash=fb6115c15c2b6d4d574671c8c17d7886
12	Schulzentrum wegen Cyberangriff später fertig	Potsdam	Potsdamer neueste Nachrichten	28.06.2020	+ 6 Monate	https://www.merkur.de/lokales/muenchen-lk/haar-ort104496/von-oben-bis-unten-durchnaesst-90045570.html
13	Fertigstellung der Paul-Gerhardt-Schule verzögert sich - Umzug in den Herbstferien	Euskirchen	Homepage der Stadt	14.08.2019	+ 3 Monate	https://www.euskirchen.de/leben-in-euskirchen/aktuelle-mitteilungen/detail/news/2019/8/14/fertigstellung-der-paul-gerhardt-schule-verzoegert-sich-umzug-in-den-herbst
14	Umzug im Juli 2020 - Grundschule an der Kad-Sittler-Straße wird 1 Jahr später fertig	Poing	Süddeutsche Zeitung	17.12.2019	+12 Monate	https://www.sueddeutsche.de/muenchen/ebersberg/schulgebaeude-in-poing-umzug-im-juli-2020-1.4727037
15	Richtfest verschiebt sich um ein Jahr	Freiberg	Bietigheimer Zeitung	19.06.2020	+12 Monate	https://www.bietigheimerzeitung.de/inhalt.freiberg-richtfest-verschiebt-sich-um-ein-jahr.e39744b4-971d-43e7-b7dd-f916c9a01a42.html
16	Verzögerung bei Fertigstellung der Theodor-Fontane-Schule	Ludwigsfelde	Homepage der Stadt	27.07.2017	+ 3 Monate	https://www.ludwigsfelde.de/verzoegerung-bei-fertigstellung-der-theodor-fontane-schule/
17	Schwerin: Erich-Weinert-Schule bleibt Baustelle	Schwerin	Schwerin lokal	03.12.2020	+ 6 Monate	https://schwerin-lokal.de/schwerin-erich-weinert-schule-bleibt-baustelle/
18	Umzug der Mühlbergschule in Frankfurt verzögert sich	Frankfurt Sachsenha	Frankfurter Rundschau	27.09.2020	+ 3 Monate + x?	https://www.fr.de/frankfurt/sachsenhausen-ort29377/umzug-der-muehlbergschule-in-frankfurt-verzoegert-sich-90054533.html
19	Fertigstellung der Max-von-Laue-Schule verzögert sich erneut	Berlin - Lichterfelde	Berliner Woche	19.08.2013	+ 3 Monate	https://www.berliner-woche.de/lichterfelde/c-sonstiges/fertigstellung-der-max-von-laue-schule-verzoegert-sich-erneut_a33565
20	Nachsitzen beim Magdeburger Schulbau (Verzögerungen bei 8 Schulbauprojekten)	Magdeburg	www.volksstimme.de	25.06.2020	+ 1-3 Monate +x	https://www.volksstimme.de/oka/magdeburg/verzug-nachsitzen-beim-magdeburger-schulbau
21	Frankfurt: Umzug der Merianschule verzögert sich schon wieder - Elternschaft verärgert: „Das ist ein Witz"	Frankfurt	Frankfurter Rundschau	08.09.2020	24 Monate	https://www.fr.de/frankfurt/nordend-ort904333/nordend-merianschule-muss-weiter-warten-90038955.html
22	Neubau Schollschule: Fertigstellung verzögert sich	Jüterborg	Märkische Allgemeine	16.02.2020	+ 2 Monate	https://www.maz-online.de/Lokales/Teltow-Flaeming/Jueterbog/Neubau-Schollschule-Jueterbog-Bauarbeiten-dauern-laenger
23	Einweihungsparty erst im September 2019 - Verzögerung um 6 Monate	Elmshorn	Elmshorner Nachrichten	15.12.2018	+ 6 Monate	https://www.shz.de/lokales/elmshorn/einweihungsparty-erst-im-september-2019-id21983002.html
24	Fertigstellung des Schulneubaus in Kolkwitz/Gołkojce verzögert sich	Landkreis Spree-Neiße	Homepage	07.05.2020		https://www.lkspn.de/aktuelles/landkreis-spree-neisse/pressearchiv/27025-fertigstellung-des-schulneubaus-in-kolkwitzgolkojce-verzoegert-sich.html
25	Kreuzschule: Der Bau verzögert sich	Regensburg	Mittelbayerische Nachrichten	23.07.2019	+ 3 Monate	https://www.mittelbayerische.de/region/regensburg-stadt-nachrichten/kreuzschule-der-bau-verzoegert-sich-21179-art1808576.html
26	Sanierung der Regionalen Schule "Erich Weinert" verzögert sich	Schwerin	Homepage Schule	01.10.2020		https://www.weinertschule-schwerin.de/Aktuelles/Schulsanierung
27	Stadt München: Ein Jahr Verzögerung für neue Grundschule an der Theodor-Fischer-Straße - BA verärgert	München-Untermenzing	Hallo München	19.03.2020	+12 Monate	https://www.hallo-muenchen.de/muenchen/west/muenchen-untermenzing-grundschule-theodor-fischer-verzoegerung-neubau-13605317.html
28	Brandschutz: Behelfsschule verzögert sich	Lübeck	HL-Live	03.12.2020	+ 6 Monate	https://www.hl-live.de/text.php?id=134885
29	Neubau der Paul-Winter-Schule verzögert sich um mehrere Monate - Schuldfrage ist offen	Neuburg	Donaukurier	06.12.2018	mehrere Monate	https://www.donaukurier.de/lokales/neuburg/Falscher-Bodenaustausch-auf-Baustelle;art1763,4009568
30	Keine Klage riskieren: Neubau des Gutenberg-Gymnasiums verzögert sich	Mainz	Allgemeine Zeitung	15.04.2019	einige Monate	https://www.allgemeine-zeitung.de/lokales/mainz/nachrichten-mainz/keine-klage-riskieren-neubau-des-gutenberg-gymnasiums-verzoegert-sich_20085420
31	Handwerkermangel verzögert Kita-Neubau in Dollbergen	Uetze	Hannoversche Allgemeine	15.04.2019	+ 3 / mehrere Monate	https://www.haz.de/Umland/Uetze/Uetze-Handwerkermangel-verzoegert-Kta-Neubau-in-Dollbergen
32	Alles andere als ideal - Neubau Grundschule Grandlstraße verzögert sich	München-Pasing	Wochenanzeiger München	25.04.2017	+ 3 Monate	https://www.wochenanzeiger-muenchen.de/allach-menzing/alles-anders-als-ideal,90886.html
33	MPG-Neubau in Groß-Umstadt verzögert sich	Groß-Umstadt	Echo-online	10.03.2020	Arbeiten hinter Zeitplan	https://www.echo-online.de/lokales/darmstadt-dieburg/gross-umstadt/mpg-neubau-in-gross-umstadt-verzoegert-sich_21380404
34	Wasserschaden: OGS-Neubau der Overbergschule wird erst im April fertig	Lünen	Ruhrnachrichten	20.11.2020	+ 3 Monate	https://www.ruhrnachrichten.de/luenen/wasserschaden-ogs-neubau-der-overbergschule-wird-erst-im-april-fertig-1576241.html
35	Mensabau für Schwanenschule verzögert sich	Wermelskirchen	RP-online	30.10.2019	+ 3 Monate	https://rp-online.de/nrw/staedte/wermelskirchen/wermelskirchen-mensabau-fuer-schwanen-schule-verzoegert-sich_aid-46823647
36	Verzögerungen kosten die Stadt Millionen: Bürgermeister hat Plan zum Schul-Schnellbau	Dresden	Tag24	01.09.2020	viele Vorhaben 1 Jahr	https://www.tag24.de/dresden/politik-wirtschaft/verzoegerungen-kosten-die-stadt-millionen-buergermeister-jan-donhauser-hat-einen-plan-zum-schul-schnell-bau-stoed-1
37	Riesiges Schulbauprojekt gerät ins Stocken	Kreis Ludwigsburg	Stuttgarter Zeitung	09.03.2020	+ 6 Monate	https://www.stuttgarter-zeitung.de/inhalt.kreis-ludwigsburg-riesiges-schulbauprojekt-geraet-ins-stocken.7ce3422f-1820-4232-b2a6-b88a26de95a3.html
38	Neubau der John Cranko Schule wird erst 2019 eröffnet	Stuttgart	Beteiligungsportal BW	17.10.2017	+12 Monate	https://beteiligungsportal.baden-wuerttemberg.de/de/informieren/service/pressemitteilung/pid/neubau-der-john-cranko-schule-wird-erst-2019-eroeffnet/
39	Neubau an der Ihringshäuser Grundschule verzögert sich	Fuldatal	HNA.de	18.07.2017	+ 3 Monate	https://www.hna.de/lokales/kreis-kassel/fuldatal-ort83863/neubau-an-ihringshaeuser-grundschule-verzoegert-sich-8493814.html
40	Der Neubau der Schule an der Nathrather Straße verzögert sich um etwa sechs Monate	Wuppertal	Westdeutsche Zeitung	28.07.2018	+ 6 Monate ggf. + 9	https://www.wz.de/nrw/wuppertal/grundschul-rohbau-fast-fertig_aid-25009629
41	Bauboom wirbelt Pläne durcheinander	Achim	kreiszeitung.de	30.10.2019	+ 3 Monate	https://www.kreiszeitung.de/lokales/verden/achim-ort44553/baumboom-wirbelt-plaene-durcheinander-13122115.html
42	Egmating: Umzug ins neue Rathaus verschoben	Egmating	Meine Anzeigenzeitung	19.09.2018	+ 6 Monate	https://www.meine-anzeigenzeitung.de/lokales/ebersberg/umzug-egmating-verzoegert-sich-auch-konsequenzen-grundschueler-13018558.html
43	Verzögerung beim Neubau der Mathilde Anneke Schule	Münster	Homepage der Stadt	01.06.2018	+12 Monate	https://www.wn.de/Muenster/3374468-Verzoegerung-beim-Neubau-der-Mathilde-Anneke-Schule-Schule-wird-ein-jahr-spaeter-fertig
44	Fertigstellung Berufskolleg Campus Moers verzögert sich	Moers	Kreis Wesel Homepage	31.08.2018	+12 Monate	https://www.kreis-wesel.de/de/presse/fertigstellung-berufskolleg-campus-moers-verzoegert-sich/
45	Grundschule: Klage verzögert die Fertigstellung des Neubaus um ein halbes Jahr	Frankfurt Berkershei	Frankfurter Neue Presse	29.08.2018	+ 6 Monate	https://www.fnp.de/lokales/grundschule-klage-verzoegert-fertigstellung-neubau-halbes-jahr-10370958.html
46	"Belastetes Material" unter der Goetheschule: Neubau verzögert sich und wird teurer	Wetzlar	mittelhessen.de	25.06.2019	+2,5 Monate	https://www.mittelhessen.de/lokales/wetzlar/wetzlar-belastetes-material-unter-der-goetheschule-neubau-verzoegert-sich-und-wird-teurer_20238591
47	Fertigstellung der Bildungslandschaft Altstadt-Nord verzögert sich	Köln	Homepage der Stadt	10.03.2020	neuer Zeitplan i.A.	https://www.stadt-koeln.de/politik-und-verwaltung/presse/mitteilungen/21543/index.html
48	Heide-Ost: Eröffnung der Turnhallen verzögert sich um Monate	Heide	Boyens Medien	02.08.2019	+ 4 Monate	https://www.boyens-medien.de/artikel/dithmarschen/heide-ost-eroeffnung-der-turnhallen-verzoegert-sich-um-monate-285477.html /NULL
	Durchschnittliche Verzögerung				7 Monate	

ANHANG B2 – Internet-Recherche – Kostenexplosion bei Schulbauprojekten

lfd. Nr.	Überschrift	Standort	Quelle	Datum	Baukosten in Mio.€ SOLL	IST	Diff.	Ursachen	Neubau/ Sanierung	Fundstelle
1	Kostenexplosion bei Schulbauten, Berufsschulzentrum Nord	Darmstadt	Echo-online	22.03.2019	115,5	126,7	10%	erheblich gestiegende Vergaberisiken, nur 1 Angebot	San+Erweiterung	https://www.echo-online.de/lokales/darmstadt/kostenexplosion-bei-schulbauten_20031652
2	Kostenexplosion bei Schulbauten: Neubau Grundschule+Kita Lincoln-Siedlung	Darmstadt	Echo-online	23.03.2019	27,9	33,8	21%	erheblich gestiegende Vergaberisiken, nur 1 Angebot	Neubau	https://www.echo-online.de/lokales/darmstadt/kostenexplosion-bei-schulbauten_20031653
3	Kostenexplosion bei Schulbauten	Bayern	br.de	26.11.2017				3 Beispiele stellvertretend für die Gesamtlage in Bayern; kommunale Forderung; Erh		https://www.br.de/nachrichten/bayern/kostenexplosion-bei-schulbauten,Qc17T5b
4	Kostenexplosion bei Schulbau Theodor Heuß Gymnasium	LK Donau-Ries	br.de	27.11.2017	20,0	30,0	50%	keine Preissteigerung bei Kostenplanung, unliebsame Überraschungen im Bauverlauf		https://www.br.de/nachrichten/bayern/kostenexplosion-bei-schulbauten,Qc17T5b
5	Kostenexplosion bei Schulzentrum	Rain am Lech	br.de	28.11.2017	25,0	60,0	140%			https://www.br.de/nachrichten/bayern/kostenexplosion-bei-schulbauten,Qc17T5b
6	Kostenexplosion bei Berufsschule Vilshofen	Vilshofen	br.de	29.11.2017	35,0	70,0	100%			https://www.br.de/nachrichten/bayern/kostenexplosion-bei-schulbauten,Qc17T5b
7	Grundschule wird eine Million Euro teurer	Schongau	Merkur	26.11.2015	17,2	20,0	16%	zusätzliche Abbruchkosten; Erhöhung Bodenplatte wg. Grundwasserproblemen etc.		https://www.merkur.de/lokales/schongau/neue-kostenberechnung-neue-grundschule-wird-eine-m
8	Kostenexplosion bei Schulbau	Lahr	Badische Zeitung	20.07.2007		0,9				https://www.merkur.de/lokales/schongau/neue-kostenberechnung-neue-grundschule-wird-eine-m
9	Kostenexplosion bei bei Errichtung der dritten Gesamtschule	Gütersloh	UWG-Gütersloh	13.11.2019			70%			https://www.uwg-guetersloh.de/index.php/2019/11/13/hier-ist-nichts-schiefgelaufen-kostenexplo
10	Schulbaukosten in Frankfurt explodieren - Revisionsamt offenbart Planungsfehler	Frankfurt	FNP.de	05.12.2018				Kostenexplosionen sind in Frankfurt mittlerweile eher die Regel als die Ausnahme.		https://www.fnp.de/frankfurt/schulbaukosten-frankfurt-explodieren-10804404.html
11	- KGS Niederrad	Frankfurt	FNP.de	06.12.2018	22,4	29,5	32%			https://www.fnp.de/frankfurt/schulbaukosten-frankfurt-explodieren-10804404.html
12	- IGS Kalbach-Riedberg	Frankfurt	FNP.de	07.12.2018	39,6	46,9	18%			https://www.fnp.de/frankfurt/schulbaukosten-frankfurt-explodieren-10804404.html
13	Sophie-Opel Schule-NEUBAU IN RÜSSELSHEIM CDU will „die Notbremse ziehen"	Rüsselsheim	FNP.de	08.11.2016				Anstieg Planungskosten von 30,5 Mio. auf über 50 Mio. €		https://www.fnp.de/lokales/kreis-gross-gerau/ruesselsheim-ort29367/viel-darf-schule-kosten-1064
14	Stadt ringt beim Schulbau mit Kostenexplosionen	Dresden	Pressreader	13.08.2019						https://www.google.com/search?q=Kostenexplosion+bei+SChulbau&ei=2R_KX47iiMK8kwXQ15D4A
15	Stadt Köln: Verdopplung der Kostensteigerung bei städtischen Großbauprojekten	Köln	die Wirtschaft Koeln	18.07.2018			15%	Durchschn. 15,46% (2018): Entwicklung Kostensteigerung b. Großbauprojekten: 2017		https://www.diewirtschaft-koeln.de/kostensteigerung-bei-koelner-bauprojekten-_id3927.html
16	Kölner Bildungs-Campus Kosten für Schulbauten am Klingelpützpark explodieren	Köln	Kölner Stadt Anzeiger	15.01.2019	80,7	116,1	44%	Ursachen: Baupreisstieg., Umplanung in der Bauphase, Fehlende Fachleute in der		https://www.ksta.de/koeln/innenstadt/koelner-bildungs-campus-kosten-fuer-schulbauten-am-klin
17	Hansa Gymnasium	Köln	Kölner Stadt Anzeiger	16.01.2019			73%	Bauverwaltung; lange Zeitspanne zw. Projektbeschluss und Realisierung		https://www.ksta.de/koeln/innenstadt/koelner-bildungs-campus-kosten-fuer-schulbauten-am-klin
18	Abendgymnasium	Köln	Kölner Stadt Anzeiger	17.01.2019			63%			https://www.ksta.de/koeln/innenstadt/koelner-bildungs-campus-kosten-fuer-schulbauten-am-klin
19	Michelberg Gymnasium kaputtsaniert: Wie ein verpfuschter Schulbau eine Stadt zu ruinieren droht	Geislingen	news4teachers.de	16.02.2020				Schaden 25-37 Mio. €; Leuchtturmprojekt und Ökobau nach Sanierung in 2016		https://www.news4teachers.de/2020/02/drohende-pleite-regierungspraesidium-verhindert-sanier
19	Michelberg Gymnasium Gy bei „Mario Barth deckt auf": „Eine Schule, die kaputtsaniert wurde"	Geislingen	RTL	09.04.2020				jetzt von Schließung bedroht (Einsturzgefahr), schwere Brandschutzprobleme		https://www.swp.de/suedwesten/staedte/geislingen/michelberg-gymrasium-geislingen-migy-bei-
20	Kulturhaus Laubusch: Brandschutz wird deutlich teurer	Laubusch	lausitz LR-online	08.05.2019	0,1	0,4	207%	Brandschutzauflagen		https://www.r-online.de/lausitz/hoyerswerda/kulturhaus-laubusch-brandschutz-wird-deutlich-teu
21	Schulerweiterung verzögert sich erneut	Radebeul	Sächsische SZ DE	27.11.2019				Weil die Kosten zu explodieren drohten, wird der Bau neu ausgeschrieben		https://www.saechsische.de/plus/schulerweiterung-verzoegert-sich-erneut-5144412.html
22	Schulneubau im Grimmaer Ortsteil Böhlen wird teurer	Grimma	Leipziger Volkszeitung	15.04.2019	8,4	10,5	25%	Klage u.a.		https://www.lvz.de/Region/Grimma/Schulneubau-im-Grimmaer-Ortsteil-Boehlen-wird-teurer
23	Nach Verzögerung und Kostenexplosion: Endlich gehen die Bauarbeiten in Schenefeld voran	Schenefeld	Hamburg Abendblatt	27.07.2019						https://www.abendblatt.de/region/pinneberg/article226600311/Endlich-gehen-die-Bauarbeiten-in
24	Kostenexplosion bei öffentlicher Bauten	Hamburg	DIE WELT	13.08.2009				Von 217 Projekten werden 63 teurer, nur 18 wurden günstiger. Fast jedes dritte Bauprojekt		https://www.welt.de/regionales/hamburg/article4316476/Kostenexplosion-bei-oeffentlichen-Baut
25	- Grunderneuerung der Schule am Falkenberg	Hamburg	DIE WELT	13.08.2009	2,4	15,0	525%	Bauprojekt in Hamburg wird teurer als veranschlagt. Schulbau ist besonders		https://www.welt.de/regionales/hamburg/article4316476/Kostenexplosion-bei-oeffentlichen-Baut
26	- Abriss und Neubau Grundschule Barlsheide	Hamburg	DIE WELT	13.08.2009	6,6	18,0	173%	oft betroffen. Auch die Kosten für Krankenhausbauten laufen aus dem Ruder		https://www.welt.de/regionales/hamburg/article4316476/Kostenexplosion-bei-oeffentlichen-Baut
27	Um- und Neubau der Gewerbeschule	Hamburg	DIE WELT	13.08.2009	1,9	7,8	311%			https://www.welt.de/regionales/hamburg/article4316476/Kostenexplosion-bei-oeffentlichen-Baut
28	Berliner Schulbauoffensive: Kosten für Schulbau explodieren	Berlin	Berliner Zeitung	04.11.2018	1.200,0	1.700,0	42%	Kostenbedarf steigt von 1,2 auf 1,7 Mrd. €;		https://www.berliner-zeitung.de/mensch-metropole/berliner-schulbauoffensive-kosten-fuer-schul
29	- Neubau Schulzentrum Adlershof mit Grund + Sekundarschule	Berlin	Berliner Zeitung	04.11.2018	63,0	100,5	60%			https://www.berliner-zeitung.de/mensch-metropole/berliner-schulbauoffensive-kosten-fuer-schul
30	- Umbau Sollingschule	Berlin-Marienfelde	Berliner Zeitung	04.11.2018	13,0	45,0	246%			https://www.berliner-zeitung.de/mensch-metropole/berliner-schulbauoffensive-kosten-fuer-schul
31	- Sanierung B.Traven-Schule	Berlin-Spandau	Berliner Zeitung	04.11.2018	10,0	54,0	440%			https://www.berliner-zeitung.de/mensch-metropole/berliner-schulbauoffensive-kosten-fuer-schul
32	Grundstein im Erdgeschoss	Offenbach	op-online	25.08.2011	250,0	334,0	34%	Kostenbedarf 32 Schulen steigt		https://www.op-online.de/offenbach/grundstein-erdgeschoss-1375177.htm
33	Millionen mehr für Gesamtschule Kleve werden akzeptiert	Kleve	NRZ	04.11.2019		+18		Torf im Untergrund und Starkregen		https://www.nrz.de/staedte/kleve-und-umland/millionen-mehr-fuer-gesamtschule-kleve-werden-a
34	Kostenexplosion Gesamtschule Stadtmitte	Mönchengladbach	fwg.in-mg.de	07.09.2013			700%			https://www.fwg-in-mg.de/index.php/schule/114-kostenexplosion-gesamtschule-stadtmitte
35	Bis 2022 soll das Viereck stehen	Kell/Trier	Volksfreund	22.03.2018	8,8	12,5	42%	Dabei wird es nicht bleiben		https://www.volksfreund.de/region/trier-trierer-land/schule-in-kell-kostet-nun-12-5-millionen-eur
36	Lippstädter Architekt nimmt Stellung zur Kostenexplosion bei Wickeder Sekundarschule	Lippstadt	wickede.ruhr	29.05.2015	5,3	6,3	19%	4007€ liegen im üblichen Rahmen; zusätzliche Nutzerwünsche		https://www.wickedepunktruhr.de/heimat-online/Aktuelle_Meldungen/2015-05-28_Sekundarschu
37	Affären beschäftigen Berner Rathaus	Berne	NWZ	19.06.2008	2,0	3,0	50%	1. Kostenschätzung war politischer Preis		https://www.nwzonline.de/berne/affaeren-beschaeftigen-berner-rat-haus_a_3,1,27889342.html
38	Einblicke in das Triptis Geheimpapier Kostenexplosion auf der Schulbaustelle	Triptis	Ostthüringer Zeitung	13.09.2017				1. Zwischenbericht zur Kostenexpolsion 13 S. wird nicht herausgegeben.		https://www.otz.de/politik/einblicke-in-das-triptis-geheimpapier-id223212181.html
39	Neubau Rossert-Grundschule	Kelkheim	Prof. Berner	17.11.2015	7,4	9,6	30%	Baukostenverschwendung im Schulbaubereich 1,76 Mrd.€		https://docplayer.org/61573534-Universitaet-stuttgart-kostensteigerungen-bei-oeffentlichen-bauv
40	Umbau und Sanierung Schulzentrum Menden	St. Augustin	Prof. Berner	17.11.2015	4,1	7,3	78%	Gründe: Trennung Verantwortung Palnung + Umsetzung; Defizite in der Planung		https://docplayer.org/61573534-Universitaet-stuttgart-kostensteigerungen-bei-oeffentlichen-bauv
41	Sanierung Schule Kroonhorst	Hamburg	Prof. Berner	17.11.2015	2,6	10,6	314%	und Bausausführung, mangelhafte Kostenschätzung/-management		https://docplayer.org/61573534-Universitaet-stuttgart-kostensteigerungen-bei-oeffentlichen-bauv
42	Sanierung 3 Schulen	Magdeburg	Stadtelternrat	06.09.2019	29,3	35,8	22%	Preissteigerungen wegen langem Planungszeitraum über 4 Jahre		https://stadtelternrat-magdeburg.de/preisexplosion-im-schulbau/
43	Ein ganz normales Gymnasium - für 94 Millionen Euro	Kirchheim	Süddeutsche	01.06.2019	75,0	94,0	25%	1. Kostenobergrenze 75 Mio €; 1 Kostenschätzung 88 Mio.€		https://www.sueddeutsche.de/muenchen/landkreismuenchen/landkreis-muenchen-kirchheim-sch
44	- Zitat Philip Leistner, Fraunhofer Institut Kongress Zukunftsraum Schule							Schulbauten idR um 80% teurer als urspr. geplant; Ø Kosten: 3-4T€/qm Nutzfläche		https://www.sueddeutsche.de/muenchen/landkreismuenchen/landkreis-muenchen-kirchheim-sch
45	Schulbau wird noch teurer: 39,5 Millionen Euro - Karlsfeld muss Kreditaufnahme erhöhen	Karlsfeld	Merkur	12.07.2020	20,0	39,5	98%	2015: unter 20 Mio. erste Kostenschätzung; Mitte 2019: 34 Mio. €		https://www.merkur.de/lokales/dachau/karlsfeld-ort28903/schule-krenmoosstrasse-kralsfeld-neub
46	Lernort Horrem	Dormagen	NGZ Online	05.10.2018	9,8	12,7	30%	30 Prozent Risikozuschlag		https://rp-online.de/nrw/staedte/dormagen/dormagen-mehrkosten-und-verzoegerung-beim-umba
47	Sekundarschule	Dormagen	NGZ Online	15.11.2019	8,2	15,5	90%			https://rp-online.de/nrw/staedte/dormagen/dormagen-mehrkosten-und-verzoegerung-beim-umba
48	Kosten für Bochumer Gesamtschule explodieren	Bochum	lokalkompass.de	07.03.2020	21,0	50,0	138%	Neuer Kostenrahmen 40-50 Mio €		https://www.lokalkompass.de/bochum/c-politik/kosten-fuer-bochumer-gesamtschule-explodieren
49	Erhebliche Kostensteigerung beim neuen Berufskolleg	Remscheid	waterboelles.de	11.02.2020	21,0	30,0	43%	Gestiegene Baukosten und weitere Präzisierungen der Planung		https://www.waterboelles.de/archives/26944-Erhebliche-Kostensteigerung-beim-neuen-Berufskoll
50	Neubau der Grund- und Mittelschule Rott: Kosten marschieren nach oben	Rott am Inn	Wasserburg24.de	19.07.2019	16,5	18,4	17%			https://www.wasserburg24.de/wasserburg/region-wasserburg/rott-am-inn-ort60205/rott-erneut-ko
	Durchschnittliche Erhöhung der Baukosten						116%			

ANHANG D

Europäische PPP-Vergleichsstudie - Deutsche Projekte - Definitionen				
A	**DIN 18960**	**Nutzungskosten**	**Summe der Kostengruppen KG 100-400**	**Instandhaltungskosten** (KG 200 anteilig+KG 350+KG 400)
1	KG 100	Kapitalkosten	Zins und Tilgung	
2	KG 200	Objektmanagementkosten	Alle mit dem Objektmanagement zusammenhängenden Personalkosten inkl. Sachkosten und Overheadkosten; enthalten anteilig Kosten für Instandhaltung	Anteilige Onjektmanagementkosten
3	KG 300	Betriebskosten	Summe der Kostengruppen KG 310-390	
4	KG 310	Versorgungskosten	Koste für Strom, Heizung/Kühlung, Wasser	
5	KG 320	Entsorgungskosten	Abwasser, Niederschlagswasser, Müll	
6	KG 330	Reinigung und Pflege von Gebäuden	Gebäudereinigung (regelmäßige Reinigung, Grundreinigung), Fensterreinigung	
7	KG 340	Reinigung und Pflege von Außenanlagen	Reinigung von Außenanlagen und Grünflächen	
8	KG 350	Bedienung, Inspektion, Wartung	Teil der Instandhaltungskosten	Wartung&Inspektion
9	KG 360	Sicherheits- und Überwachungsdienste	Objekt- und Personenschutz, Kontrollen aufgrund öffentlich-rechtlicher Bestimmungen	
10	KG 370	Abgaben und Beiträge	Z.B. Versicherungen, Bürgschaften	
11	KG 390	Sonstige Betriebskosten	Z.B. Catering für Mensa/Cafeteria, Rechtsberatung, Wirtschaftsprüfung	
12	KG 400	Instandsetzung	Ausbesserung und Ersatz von abgenutzten Bauteilen, inkl. Verbesserungen, Schönheitsreparaturen; Teil der Instandhaltungskosten	Instandsetzung
B		**Einnahmen und Restwert**		
13		Betriebseinnahmen	Z.B. Parkgebühren Tiefgarage	
14		Restwert	Voraussichtlicher Wert des Gebäudes zum Ende des Lebenszyklusabschnitts, abzgl. noch nicht getilgter Restschulden	
C		**Lebenszykluskosten**	**Nutzungskosten abzüglich Einnahmen und Restwert**	

Literaturverzeichnis

Bahr, Carolin, Realdatenanalyse zum Instandhaltungsaufwand öffentlicher Hochbauten", Dissertation 2008, Universität Karlsruhe

Bahr Carolin / Lennerts, Kunibert, Lebens- und Nutzungsdauern von Bauteilen, Gutachten im Rahmen des Forschungsprogramms Zukunft Bau, Februar 2010

Bewer, Rebecca / Iding, Andreas / Kronsbein, Dirk, Richtig handhaben: das Rücklagenkonto bei ÖPP-Projekten, PPP Jahrbuch 2012, S. 163 ff.

BKI Baukosten 2015 Neubau, Teil 1, Statistische Kostenkennwerte für Gebäude, Stuttgart 2015

BKI Baukosten 2014, Teil 1, Statistische Kostenkennwerte für Gebäude, Stuttgart 2014

BKI Objektdaten, NKS Nutzungskosten, Kosten von Bestandsimmobilien und statistische Kostenkennwerte, Stuttgart 2015

Bogenstätter, Ulrich, Property Management und Facility Management, München 2008

Brand, Stephan / Steinbrecher, Johannes, Kommunaler Investitionsrückstand bei Schulgebäuden erschwert Bildungserfolge, KfW Research Nr. 143, 24.09.2016

Bürsch, Michael, Eine neue Arbeitsteilung, in: Pauly, Lothar (Hrsg.), PPP - Das neue Miteinander, Hamburg 2006, S. 163 ff.

Bürsch, Michael / Funken, Klaus, Kommentar zum ÖPP-Beschleunigungsgesetz, Frankfurt am Main, 2007

Bundesgutachten PPP im Öffentlichen Hochbau, Berlin 08/2003, Gutachtergruppe Price Waterhouse Coopers, Freshfields Bruckhaus Deringer, VBD, Bauhaus Universität Weimar, Creative Concept; Band I: Leitfaden PPP im Öffentlichen Hochbau, Band II: Rechtliche Rahmenbedingungen, Band III: Wirtschaftlichkeitsuntersuchung, Band IV: Sammlung und systematische Auswertung zu Informationen zu PPP-Beispielen, Band V: Strategie/Taskforces

Bundesministerium der Finanzen, Das System der öffentlichen Haushalte, 2015

Bundesministerium des Innern, für Bau und Heimat, Bewertungssystem Nachhaltiges Bauen (BNB), Unterrichtsgebäude (BNB_UN 2.1.1), Gebäudebezogene Kosten im Lebenszyklus, Stand: 12.12.2017

Bundesministerium für Verkehr, Bau und Stadtentwicklung, Leitfaden Wirtschaftlichkeitsuntersuchungen (WU) bei der Vorbereitung von Hochbaumaßnahmen des Bundes., 2. Auflage 2013

Bundesrechnungshof, Bericht an den Haushaltsausschuss des Deutsches Bundestages nach § 88 Abs. 2 BHO über Öffentlich Private Partnerschaften (ÖPP) als Beschaffungsvariante im Bundesfernstraßenbau, 04.06.2014 (Gz.: V3-2013-5166)

Bundesrechnungshof, Bericht nach § 88 Absatz 2 BHO, Erfolgskontrollen als Voraussetzung für eine wirkungsorientierte Haushaltsführung, 26.07.2023 (Gz: V5 – 0001610)

Christen, Jörg, in: PPP-Handbuch, Leitfaden für Öffentlich-Private Partnerschaften, Hrsg.: Bundesministerium für Verkehr, Bau und Stadtentwicklung sowie Deutscher Sparkassen- und Giroverband, 2. Aufl. 2009, Kapitel 1, Einführung, S.7 ff.

Christen, Jörg, Sind PPP-Projekte wirtschaftlicher als Eigenbau? Praxiserfahrungen zum Wirtschaftlichkeitsnachweis bei PPP-Projekten, in: Gralla, Mike/ Sundermaier, Matthias (Hrsg.) Innovationen im Baubetrieb, Festschrift Prof. Dr.-Ing. Udo Blecken zum 70. Geburtstag, Köln 2011, S. 599 ff.

Christen, Jörg / Dusch, Sandra, Wirtschaftliche Dotierung von Instandhaltungsbudgets am Beispiel von 370 konventionellen und 7 PPP-Kitas, in: Kessel, Tanja/Gawlitta, Marcel/Hilbig, Corinna/Walther, Martina (Hrsg.), Festschrift für Prof. Dr. Dieter Jacob, Frankfurt 2015, S. 385

Christen, Jörg / Guerriero, Raffaele: Wirtschaftlichkeit von Bau und Instandhaltung bei 880 konventionellen Schulen und 50 PPP-Schulprojekten; Mainz, 2019 [PPP-Schulstudie (2019)]

Christen, Jörg / Rüdiger, Danny, Wirtschaftlichkeitsuntersuchung zum PPP-Berufskolleg Duisburg, Mainz, 2024

Christen, Jörg / Strobel, Michael / Thomas, Ise, Südbad Trier, Vom Denkmal zum PPP-Pilotprojekt, Mainz 2010

Clement, Wolfgang, Ärmel hoch und weiter, Verbesserung der PPP-Rahmenbedingungen - eine Daueraufgabe, in: Pauly, Lothar (Hrsg.), PPP - Das neue Miteinander, Hamburg 2006, S.157 ff.

Denker, Philipp / Kunzmann, Melanie / Vogt, Henrik, in: ÖPP Deutschland AG (Hrsg.), Wirtschaftlichkeitsuntersuchungen für Öffentlich-Private Partnerschaften im Hochbau, Analyse und Potenziale, ÖPP-Schriftenreihe Band 18, Berlin 2016

Deutsches Institut für Urbanistik (DIFU), Public Private Partnership Projekte - eine aktuelle Bestandsaufnahme in Bund, Ländern und Kommunen, Berlin 2005

Dusch, Sandra, Wirtschaftliche Dotierung von Instandhaltungsbudgets, Masterarbeit im Studiengang Immobilienprojektmanagement, Fachhochschule Mainz, November 2013

EUROSTAT, PPP – A Guide to the Statistical Treatment of PPPs, Luxemburg, 09/2016

Funken, Klaus, in SPD-Bundestagsfraktion (Hrsg.), Öffentlich Private Partnerschaften – eine Zwischenbilanz im Jahre 2009, dokumente Nr. 09/09, SPD-Bundestagsfraktion, Berlin Juni 2009, S. 7 ff.

FMK-Leitfaden, Leitfaden Wirtschaftlichkeitsuntersuchungen bei PPP-Projekten, 2006, Homepage Bundesministerium für Umwelt, Naturschutz, Bau und Reaktorsicherheit, Suchbegriff: „Bundeseinheitlicher Leitfaden für PPP-Wirtschaftlichkeitsuntersuchungen"

Gemeinsamer Erfahrungsbericht der Rechnungshöfe des Bundes und der Länder zur Wirtschaftlichkeit von ÖPP-Projekten, Wiesbaden 2011

Gornig, Martin / Michelsen, Claus, Kommunale Investitionsschwäche: Engpässe bei Planungs- und Baukapazitäten bremsen Städte und Gemeinden aus, DIW Wochenbericht Nr. 11.2017, S. 211 ff.

Gottschling, Ines / Pickenäcker, Birgit Anne, PPP evaluieren, in: Evaluation von PPP-Schulprojekten, PPP-Newsletter der PPP Task Force im BMVBS, Sonderausgabe 2008

Grabow, Busso / Hollbach-Grömig, Beate / Schneider, Stefan, PPP und Mittelstand, Untersuchung von 30 ausgewählten PPP-Hochbauprojekten in Deutschland, 2008, DIFU-Studie im Auftrag der PPP Task Force im BMVBS und der PPP Task Force NRW

Großmann, Achim, PPP-Initiative der Bundesregierung, Pressemitteilung vom 7.9.2005, www.baulinks.de

Hopfe, Jörg / Napp, Hans-Georg/Bergmann, Sebastian / Keckeis, Lothar, in: PPP-Handbuch, Leitfaden für Öffentlich-Private Partnerschaften, Hrsg.: Bundesministerium für Verkehr, Bau und Stadtentwicklung sowie Deutscher Sparkassen- und Giroverband, 2. Aufl. 2009, Kapitel 4 Finanzierung, S. 164 ff.

Hoppenberg, Michael / Dinkhoff, Marc / Schäller, Sebastian, in: PPP-Handbuch, Leitfaden für Öffentlich-Private Partnerschaften, Hrsg.: Bundesministerium für Verkehr, Bau und Stadtentwicklung sowie Deutscher Sparkassen- und Giroverband, 2. Aufl. 2009, Kapitel 3, Vertragsgestaltung, S. 65 ff.

Icha, Petra, Lauf, Thomas, Kuhs, Gunter, Bundesumweltamt (Hrsg.), Entwicklung der spezifischen Treibhausgas-Emissionen des deutschen Strommix in den Jahren 1990 – 2021, Dessau-Roßlau, April 2022

Institut für Demoskopie Allensbach, Die Zufriedenheit mit ÖPP-Projekten im Schulbereich aus Sicht von Auftraggebern, Schulleitern und Elternvertretern, 2010

Jacob, Dieter, Wirtschaftlichkeit von Public Private Partnership am Beispiel Schulen, Freiberg 2005

Kalusche, Wolfdietrich, Frühzeitige Ermittlung der Baunebenkosten bei der Gebäudeplanung, in: BKI Baukosten Gebäude, Statistische Kostenkennwerte 2014, S, 44

Klingenberger, Jens: Ein Beitrag zur systematischen Instandhaltung von Gebäuden, Dissertation, Darmstadt 2007

Kessel, Tanja / Schottel, Kristin / Peuker, Swaantje, ÖPP-Praxistest 2.0: Evaluierung der Nutzungsphase, Studie im Auftrag des Hauptverbands der Deutschen Bauindustrie e.V., Berlin Oktober 2016

KfW-Kommunalpanel 2024, in Kooperation mit dem Deutschen Institut für Urbanistik, Frankfurt/Main, Mai 2024

KGSt, Kommunale Gemeinschaftsstelle für Verwaltungsmanagement (KGSt): Hochbauunterhaltung, Richtwerte und Gestaltungsvorschläge zur Mittelbemessung, Maßnahmenplanung und Mittelbereitstellung, Bericht 9, Köln, 1984

Knop, Detlef (Hrsg.), Public Private Partnership Jahrbuch 2013, Frankfurt/Main 2013

Koalitionsvertrag 2021 – 2025 zwischen der Sozialdemokratischen Partei Deutschlands (SPD), BÜNDNIS 90 / DIE GRÜNEN und den Freien Demokraten (FDP)

Kommunale Gemeinschaftsstelle für Verwaltungsmanagement (KGSt): Instandhaltung Kommunaler Gebäude, Bericht 7, Köln 2009

Krajewski, Gunther, PPP – Heilslehre oder Grundsatzdebatte? Ordnungspolitische Instrumente werden durch PPP in Frage gestellt, DAB 2002, S. 1-

Krawczyk, Stanislaus, Erfahrungsbericht aus Eppelheim, in: Evaluation von PPP-Schulprojekten, PPP Newsletter der PPP Task Force im BMVBS, Sonderausgabe 2008, S. 2-4

Landesrechnungshof Hessen - Der Präsident des Hessischen Rechnungshofs – Überörtliche Prüfung kommunaler Körperschaften, 182. Prüfung Nachschau PPP Kreis Offenbach, Schlussbericht vom 26.3.2015

Landesrechnungshof Hessen, 18. Bericht, PPP-Projekt Schulen des Landkreises Offenbach, Zusammenfassender Bericht zum 6. 2.2009, 1. 151 ff.

Landesrechnungshof Rheinland-Pfalz, Prüfbericht zum PPP-Projekt Südbad Trier, 24.1.2011, S. 44 ff.

Landesrechnungshof Sachsen-Anhalt, Jahresbericht 2013, Teil 2, S. 66 ff. Ziff. 4: Umsetzung von Schulprojekten im Vergleich zwischen ÖPP und konventioneller Beschaffungsvariante

Lennerts, Kunibert; Pfründer, Uwe; Bahr, Carolin.: Lebenszyklusorientierte ganzheitliche Unterhalts- und Instandhaltungsstrategien für Schulen. Broschüre "Kostenoptimierung bei Schulgebäuden", EnergieEffizienzAgentur.E2A Rhein-Neckar, Ludwigshafen, Dezember 2006

Littwin, Frank, PPP - kein Allheilmittel, aber mehr Kostentransparenz und verstärktes wirtschaftliches Handeln, in: Ifo Schnelldienst 24-2006, S. 5

McCleary, Boyd, PFI in Großbritannien – Erfahrungen mit der privaten Finanzierung öffentlicher Projekte, DAB 2002, S. 16

Partnerschaft Deutschland, ÖPP-Mustervertrag für ein Inhabermodell, ÖPP-Schriftenreihe Band 15

Pols, Helge, Rechtliche Grundlagen und Rahmenbedingungen für PPP, Augsburg 2006

PPP Task Force des Bundes im Bundesministerium für Verkehr, Bau und Stadtentwicklung, PPP-Schulstudie, Leitfaden 1: Chancen und Risiken von PPP in den Neuen Bundesländern, Leitfaden 2: Kriterienkatalog PPP-Eignungstest für Schulen, Leitfaden 3: Outputorientierte Ausschreibungsunterlagen, Leitfaden 4: PPP-Wirtschaftlichkeitsuntersuchung, Leitfaden 5, Mustervertrag PPP-Inhabermodell / PPP-Mietmodell, Berlin Juni 2007

PPP Task Force im Finanzministerium Nordrhein-Westfalen, Bericht zur Untersuchung der Auswirkungen von unterschiedlich umfangreichen Instandhaltungs- und Sanierungsmaßnahmen an kommunalen Gebäuden, Düsseldorf (2011)

PPP Task Force im Finanzministerium Nordrhein-Westfalen, Public Private Partnership im Hochbau, Vertragsrechtliche Aspekte am Beispiel von PPP-Schulprojekten, Düsseldorf November 2005

Proll, R. Uwe / Drey, Franz, Die 20 Besten: PPP-Beispiele aus Deutschland, Köln 2006

Quaschning, Volker, Regenerative Energiesysteme, 11. Auflage, München 2021

Rein, Stefan und Gottschling, Ines, Wirtschaftlichkeitsuntersuchungen im öffentlichen Hochbau, in: Kessel, Tanja / Gawlitta, Marcel / Hilbig,Corinna / Walther, Martina (Hrsg.) Festschrift für Prof. Dr. Dieter Jacob, Frankfurt 2015, S. 277

Richtlinien für die Durchführung von Bauaufgaben des Landes Rheinland-Pfalz Ausgabe 2006, Stand Juli 2014

Ritter, Frank, Lebensdauer von Bauteilen und Bauelementen, Dissertation, Darmstadt 2011

Ross, Frank-Wilhelm / Brachmann, Rolf / Holzner, Peter, Ermittlung des Bauwertes von Gebäuden und des Verkehrswertes von Grundstücken, Hannover 1997, S. 267-268

Scheel-Siebenborn, Axel, Ist Erfolg öffentlicher Hochbauprojekte objektiv messbar ?, in: Kessel, Tanja / Gawlitta, Marcel / Hilbig, Corinna / Walther, Martina (Hrsg.), Festschrift für Prof. Dr. Dieter Jacob, Frankfurt 2015, S. 291

Scheidt, Konstantin, Betreiberhaftung bei der konventionellen und PPP-Instandhaltung, 2020, Münster/Mainz

Schmitz, Heinz / Krings, Edgar / Dahlhaus, Ulrich J. / Meisel, Ulli, Baukosten 2012/2013: Altbau

Senatsverwaltung für Bildung, Jugend und Wissenschaft, Die Senatorin, Handlungsrahmen Berliner Schulbau 2026 vom 8. Juni 2016

Schönfelder, Uwe Thomas: Verfahren zur Ermittlung des Abnutzungsvorrats von Baustoffen als Grundlage für Instandhaltungsstrategien am Beispiel der Gebäudehülle, Dissertation, Dortmund 2010, S. 43

SPD-Bundestagsfraktion (Hrsg.), Positionspapier der Projektarbeitsgruppe PPP, dokumente 04/2002

SPD-Bundestagsfraktion (Hrsg.), Öffentlich Private Partnerschaften – ein Wegweiser für Kommunen, dokumente Nr. 01/04

SPD-Bundestagsfraktion (Hrsg.), Das ÖPP-Beschleunigungsgesetz - ein Projekt der SPD-Bundestagsfraktion, dokumente Nr. 03/05

SPD-Bundestagsfraktion (Hrsg.), Öffentlich Private Partnerschaften - eine Zwischenbilanz im Jahre 2009, dokumente Nr. 09/09

Stächele, Willi, Öffentlich-Private Partnerschaften (ÖPP) im staatlichen Hochbau, Finanzministerium in Baden-Württemberg, September 2010

Steinbrück, Peer, Wir brauchen eine PPP-Kultur, in Pauly, Lothar (Hrsg.): Das neue Miteinander. Public Private Partnership für Deutschland, Hamburg 2006, S. 145 ff.

Stiepelmann, Heiko, PPP - Der partnerschaftliche Weg aus dem öffentlichen Investitionsstau, in: Knop (Hrsg.): Public Private Partnership. Jahrbuch, Wiesbaden 2004, S. 73 ff.

Stolpe, Manfred, Investitionen mobilisieren, staatliches Handeln modernisieren, in: Pauly, Lothar (Hrsg.), PPP - Das neue Miteinander, Hamburg 2006, S. 65 ff.

Tiefensee, Wolfgang, Anteil von PPP an öffentlichen Investitionen soll weiter steigen, Erster Erfahrungsbericht zu Public Private Partnership, 17.4.2007, Kurzlink: www.bauingenieur24.de/url/700/1821

Tomm, Arwed / Rentenmeister, Oswald / Finke, Heinz Geplante Instandhaltung, Landesinstitut NRW für Bauwesen und angewandte Bauschadensforschung, Aachen 1995

Truger, Achim, Die Goldene Regel für öffentliche Investitionen als Ausweg aus der Wirtschaftskrise im Euroraum, in: Junkernheinrich, Martin/Korioth, Stefan / Lenk, Thomas / Scheller, Henrick / Woisin, Matthias (Hrsg.), Jahrbuch ür öffentliche Finanzen 2-2016, S. 347 ff.

VDI-Richtlinie 2067 Blatt 1 "Wirtschaftlichkeit gebäudetechnischer Anlagen - Grundlagen und Kostenberechnung, Stand: 09/2010

Verweij, Stefan / van Meerkerk, Ingmar / Casady, Carter B., Assessing the Performance Advantage of Public-Private Partnerships, Edward Elgar Publishing, 2022

Vöst, Sebastian, Energieeffizienz bei PPP-Projekten, Masterarbeit, KIT – Karlsruher Institut für Technologie/Hochschule Mainz, Fachbereich Technik, Karlsruhe/Mainz 2022

Walter, Peter, PPP für Schulen im Kreis Offenbach, in: Knop, Detlef (Hrsg.): Public Private Partnership Jahrbuch, Wiesbaden 2004, S. 84 ff.

Weber, Martin / Schäfer, Michael / Hausmann, Friedrich Ludwig, Praxishandbuch Public Private Partnership, 2. Auflage, München 2018

Wissenschaftlicher Beirat beim Bundesministerium der Finanzen, Chancen und Risiken Öffentlich-Privater Partnerschaften, Gutachten, Berlin, 02/2016

Zehle, Sonja, Schulprojekte evaluieren! – PPP Newsletter 01/2008 der PPP Task Force im Bundesministerium für Verkehr, Bau und Stadtentwicklung, S. 3

Anmerkungen

[1] Vgl. Verweij/van Meerkerk/Casady, Assessing the Performance Advantage of Public Private Partnerships, S. 217 ff.

[2] Vgl. Christen, Jörg, PPP-Handbuch. S. 15 ff.; PPP-Bundesgutachten 2003, Bd. IV, S. 8f mit dem „Anfangs-verdacht" aus positiven Projektberichten von 46 PPP-Vorläuferprojekten der 90er Jahre, bei denen aus der Kopplung von Bau- und Finanzierungsverantwortung Einsparungen von 20% im Vergleich zum Status quo berichtet wurden. Bei einer DIFU-Bestandsaufnahme im Jahr 2005 benannten 83% der befragten 231 Gemeinden und 80% der befragten 63 Landkreise die Erwartung von Effizienzgewinnen als Hauptgrund für die Durchführung von PPP-Projekten.

[3] Vgl. Bericht des Bundesrechnungshofs vom 4.6.2014 zur Unwirtschaftlichkeit der ÖPP/PPP-Autobahnen i.H.v. 1,9 Mrd. €, die aus um 17% höheren privaten Finanzierungskosten abgeleitet wird (S. 15), diese Mehrkosten seien durch Produktivitätsgewinne bei den Baukosten wegen starrer technischer Normen nicht kompensierbar (S. 17). Eine Bewertung von qualitativen Unterschieden zwischen der PPP-Projektfinanzierung und der konventionellen Finanzierung erfolgte nicht, ebenso wenig wie die Bewertung des Nachtrags- und Terminrisikos (vgl. Bericht des Europäischen Rechnungshofs vom 3.9.2013, dort lagen die Nachträge bei 6 deutschen Autobahnprojekten bei 26%, die Terminüberschreitungen bei 59%, vgl. unten Endnote 24).

[4] Vgl. Gemeinsamer Erfahrungsbericht der Rechnungshöfe des Bundes und der Länder zur Wirtschaftlichkeit von ÖPP-Projekten, 2011.

[5] Vgl. Die Zeit (25.10.2012): „Schön gerechnet".

[6] Vgl. Welt am Sonntag (15.2.2015): „Stein des Weisen ?": Zitat Prof. Dr. Lars Feld (Sachverständigenrat für Wirtschaft): „Es besteht die Gefahr, eine Verschuldung außerhalb des Budgets zu schaffen" sowie Dr. Anton Hofreiter (MdB) zu den Vorschlägen der Fratzscher-Kommission: „Das ist nichts anderes als eine Subvention für die Lebensversicherer durch Umgehung der Schuldenbremse mit überteuerten Zinsen." Die Kritik trifft für den kommunalen Bereich und damit für den Hauptteil der bisherigen deutschen PPP-Projekte idR nicht zu, soweit der kommunale Haushalt nach der Methodik der Doppik geführt wird.

[7] Eine Auswertung der PPP-Projektdatenbank des Bundes (www.ppp-projektdatenbank.de), der ÖPP-Plattform des Hauptverbands der Deutschen Bauindustrie (www.oepp-plattform.de) und weiterer Quellen (Internet-Seite der VIFG - Verkehrsinfrastrukturfinanzierungsgesellschaft mbH, PPP-Newsletter des BWI-Bau, Pressemitteilungen etc.) ergibt zum Stand 12/2023 für den Bereich Hochbau 281 Projekte mit einem Investitionsvolumen von 9,6 Mrd. € und für den Bereich Verkehr 26 Projekte mit einem Investitionsvolumen von 7,8 Mrd. Euro, das sind insgesamt 307 Projekte mit Bauinvestitionskosten von 17,4 Mrd. €. Hier nicht miteinberechnet sind Projekte, bei denen neben Planung, Bau und Finanzierung nur geringfügige Betriebsleistungen Vertragsinhalt sind. Der Bildungssektor stellt mit 110 Projekten den größten Teilsektor dar.

[8] Vgl. Gemeinsamer Erfahrungsbericht der Rechnungshöfe des Bundes und der Länder zur Wirtschaftlichkeit von ÖPP-Projekten, September 2011; vgl. auch Landesrechnungshof Sachsen-Anhalt, Jahresbericht 2013, Teil 2, S. 66 ff. Ziff. 4: Umsetzung von Schulprojekten im Vergleich zwischen ÖPP und konventioneller Beschaffungs-variante.

[9] Der maßgebliche Zeitraum für die Ermittlung der jeweiligen Preissteigerung war 2007 bis 2021.

[10] Bei einigen PPP-Projekten umfassen die garantierten Verbrauchsmengen auch den Nutzerstrom.

[11] Vgl. BKI-Objektdaten – Sonderband Schulen, Stuttgart 2017, S. 294 ff.

[12] Das Preisrisiko liegt in der Regel beim Öffentlichen Auftraggeber.

[13] Vgl. Quaschning, Volker, Regenerative Energiesysteme, 11. Auflage, München 2021; https://www.volker-quaschning.de/datserv/CO2-spez/index.php.

[14] Vgl. Icha, Petra, Lauf, Thomas, Kuhs, Gunter, Bundesumweltamt (Hrsg.), Entwicklung der spezifischen Treib-hausgas-Emissionen des deutschen Strommix in den Jahren 1990 – 2021, Dessau-Roßlau, April 2022, S. 11.

[15] Vgl. Scheidt, Konstantin, Betreiberhaftung bei der konventionellen und PPP-Instandhaltung, Bachelorarbeit, FH Münster / HS Mainz 2020, S. 30 ff.

[16] Vgl. Scheidt, Konstantin, Betreiberhaftung, a.a.O.

[17] Vgl. KfW-Kommunalpanel 2024, S. 14, Graphik 10: Wahrgenommener Investitionsrückstand der Kommunen.

[18] Vgl. Gornig, Martin / Michelsen, Claus, Kommunale Investitionsschwäche: Engpässe bei Planungs- und Bau-kapazitäten bremsen Städte und Gemeinden aus, DIW Wochenbericht Nr. 11.2017, S. 211 ff.; Frankfurter Rund-schau vom 16.3.2017: Milliarden unverplant. Die Studie des Deutschen Instituts für Wirtschaftsforschung (DIW) vom 15.3.2017 zur kommunalen Investitionsschwäche weist auf erhebliche Engpässe bei den kommunalen Pla-nungs- und Baukapazitäten hin: Danach sank die Zahl der mit Baufragen befassten Angestellten in den Kommu-nalverwaltungen von Städten und Gemeinden zwischen 1991 und 2015 um etwa 45 Prozent. Obwohl der Bund

im Jahr 2015 einen Kommunalinvestitionsförderungsfonds für finanzschwache Kommunen i.H.v. 3,5 Mrd. Euro aufgelegt hat, sind davon erst 145 Mio. Euro abgerufen und 1,8 Mrd. Euro verplant.

[19] Vgl. zur Ermittlung der Lebenszykluskosten ohne und mit Risikokosten das Praxisbeispiel im Anhang A, S. 69, 71 und 74.

[20] Vgl. Rn. 153.

[21] Vgl. Rn. 162f.

[22] Vgl. KfW-Kommunalpanel 2024, S. 14, Graphik 10: Wahrgenommener Investitionsrückstand der Kommunen.

[23] Hier sind die Baukosten aller 18 PPP-Projekte addiert und verglichen mit der Summe aller konventionellen BKI-Vergleichsbaukosten. Bisher nicht betrachtet ist der unterschiedliche Zeitpunkt des Kostenanfalls (PPP-Baukosten von 2004, 2010, 2018 usw.).

[24] Zur Terminsicherheit bei ÖPP-Autobahnprojekten vgl. Bericht des Bundesrechnungshofs vom 4.6.2014: Hier wird die Einhaltung bzw. die Verkürzung von Bauzeiten attestiert, kürzere Bauzeiten könnten aber auch konventionell erzielt werden, wenn die Verwaltung mit entsprechendem Personal ausgestattet würde (S.27). Zur Kostensicherheit finden sich keine Aussagen. In seinem Bericht vom 14.4.2014 zum konventionellen Fernstraßenbau stellt der Bundesrechnungshof fest, dass viele Bundesfernstraßenprojekte teurer werden als geplant; es folgen eine Analyse der Ursachen (keine bedarfsgerechte Zuweisung von Haushaltsmitteln durch das BMVI, überdimensionierte Planungen, unzureichende Projektvorbereitungen, fehlende Bodengutachten, fehlerhafte Leistungsverzeichnisse) sowie 28 Seiten Empfehlungen zur Verbesserung des konventionellen Kostenmanagements; zur Höhe der festgestellten Kostensteigerungen finden sich keine Informationen. Der Europäische Rechnungshof hat in seinem Prüfbericht vom 3.9.2013 zum effizienten Einsatz von EU-Fördermitteln bei 24 europäischen Fernstraßenprojekten bei den untersuchten 6 deutschen Projekten nachträgliche Kostensteigerungen gegenüber den vertraglich vereinbarten Baukosten von 26% (EU-Durchschnitt: 21%) festgestellt, die vereinbarten Termine wurden um 59% (EU: 41%) überschritten.

[25] Eine beim PPP-Pilotprojekt Südbad Trier im Sommer 2010 durchgeführte Umfrage des PPP-Kompetenzzentrums Rheinland-Pfalz unter den 35 Nachauftragnehmern ergab, dass 83 Prozent der Bauaufträge der PPP-Firma an Nachunternehmer in das regionale Umland gingen. Die Umfrage zeigt insgesamt ein positives Bild: So geben 41 Prozent dem Projektverlauf ein „Gut", 22 Prozent gar ein „Sehr gut" und ebenso viele ein „Befriedigend". Ganz ähnlich sind die Ergebnisse bei den Themen „Terminliche Vorgaben", „Vergütung" und „Zahlungsmoral"; vgl. Christen/Strobel/Thomas, Südbad Trier - Vom Denkmal zum Pilotprojekt, 2010, S. 23f.

[26] Beim Südbad Trier konnte der vereinbarte Terminplan trotz zweier harter Winter und einiger Herausforderungen im Bauprozess (z.B. ein Wassereinbruch im Technikraum und unvorhergesehene Deckenschäden im Eingangsgebäude eingehalten werden. Vergleichbare Probleme im konventionellen Verfahren hätten leicht einen mehrmonatigen Baustopp, Mehrkosten durch eine neue Ausschreibung und den Verlust der Einnahmen aus einer kompletten Badesaison verursachen können, vgl. Christen/Strobel/Thomas, Südbad Trier - Vom Denkmal zum Pilotprojekt, 2010, S. 18.

[27] Damit ist das Instandhaltungsbudget der hier untersuchten 16 PPP-Projekte deutlich höher als das der 34 Neubauprojekte der PPP-Schulstudie (1,2% p.a.).

[28] Der Unterschied von PPP zur BKI-Variante ist minimal, obwohl das BKI-Instandhaltungsbudget in Prozent der Wiederherstellungskosten mit 1,7% p.a. über dem durchschnittlichen PPP-Budget (1,6% p.a.) liegt. Das liegt zum einen an Sonderkonstellationen bei 2 BKI-Projekten; zum anderen ist unterstellt, dass die Verlängerung der Nutzungsdauer bei steigenden Instandhaltungsbudgets etwas langsamer erfolgt als die Verkürzung bei abnehmenden Budgets.

[29] Der signifikant erhöhte prozentuale Unterschied zum Ergebnis bei den Nutzungskosten erklärt sich dadurch, dass die Bemessungsgrundlage für den Vergleich (Nutzungskosten abzgl. Restwert) deutlich kleiner ist.

[30] Vgl. Landtag Rheinland-Pfalz, LT-Drs. 17-6641 vom 17.07.2018, Kleine Anfrage zu PPP mit dem Unternehmen Arvato: „Eine generelle Aussage, dass PPP-Projekte grundsätzlich wirtschaftlicher sind als eine konventionelle Projektrealisierung, kann nach Ansicht der Landesregierung nicht getroffen werden. Die Legitimation von PPP-Projekten ist die wirtschaftliche Umsetzung des sog. Lebenszyklusansatzes. Zielsetzung muss sein, durch die organisatorische Verknüpfung von Planung, Bau, Betrieb, Finanzierung und ggf. Verwertung die Investitions- und Folgekosten von öffentlichen Infrastrukturprojekten nachhaltig zu optimieren. Der Einsatz von PPP ist dabei im Einzelfall nur gerechtfertigt, wenn die Wirtschaftlichkeit von Kosten, Qualitäten und Verfahren über den vorgesehenen Nutzungszeitraum gesichert ist und dies auch im Betrieb bestätigt wird."

[31] Bei den Immobilienleasingverträgen der ersten Generation wurden während der Vertragslaufzeit die Investitionskosten über die Leasingraten voll amortisiert. Zur Verbesserung der Liquiditätsbelastung während der Vertragslaufzeit wurde dann bei den Immobilienleasingverträgen der zweiten Generation auf Teilamortisation umgestellt.

[32] Vgl. PPP-Schulstudie (2019), Rn. 180 ff.

[33] Vgl. KfW-Kommunalpanel 2024, S. 14, Graphik 10: Wahrgenommener Investitionsrückstand der Kommunen.

[34] Nach den Ergebnissen dieser Arbeit beträgt der Anteil der PPP-Baukosten an den PPP-Nutzungskosten im Hochbau über 25 Jahre 37%. Daraus folgen bei Baukosten im Hochbau von 9,6 Mrd. € geschätzte Nutzungskosten von 26 Mrd. €. Bei einem unterstellt gleichen prozentualen Anteil von Baukosten und Nutzungskosten ergeben sich für die 307 deutschen PPP-Projekte im Hochbau und Verkehr geschätzte Nutzungskosten über 25 Jahre von 46 Mrd. €.

[35] Vgl. z.B. BMF, Das System der öffentlichen Haushalte, 2015, unter G. Ergebnisorientierung des Haushalts, S. 84: „Alle Maßnahmen sind einer Erfolgskontrolle zur Überprüfung des erreichten Ergebnisses zu unterziehen". Der Bundesrechnungshof hat in seinem Bericht vom 26.7.2023 (Erfolgskontrollen als Voraussetzung für eine wirkungsorientierte Haushaltsführung) festgestellt, dass die Bundesbehörden entgegen den Vorgaben zu § 7 BHO häufig keine oder nur unzureichende Erfolgskontrollen durchgeführt haben und dass der weitgehende Verzicht auf Erfolgskontrollen einen schwerwiegenden Verstoß gegen das Haushaltsrecht darstellt.

[36] Vgl. Koalitionsvertrag der Bundesregierung zur 20. Legislaturperiode, Zeile 5479 ff: „Bei Kernaufgaben des Staates verbleibt es grundsätzlich bei einer staatlichen Umsetzung und Finanzierung. Ausgewählte Einzelprojekte und Beschaffungen können im Rahmen Öffentlich-Privater Partnerschaften (ÖPP) umgesetzt werden. Dabei muss – unter Einbeziehung der Risiken – nach einheitlichen Kriterien durch eine Wirtschaftlichkeitsuntersuchung gezeigt werden, dass die Umsetzung eines konkreten ÖPP-Projektes wirtschaftlicher ist. Ein Controlling und die exekutive, parlamentarische und öffentliche Kontrolle sind sicherzustellen. Die jeweiligen Ergebnisse, inklusive der Wirtschaftlichkeitsuntersuchungen und vergebenen Verträge, müssen transparent im Internet veröffentlicht werden. Die Methodik für die Wirtschaftlichkeitsuntersuchung von ÖPP-Projekten wird unter Berücksichtigung bestehender Empfehlungen des Bundesrechnungshofes weiterentwickelt und an den Stand der Wissenschaft angepasst."